实用**服装裁剪制板**
与**成衣制作实例**系列

LINGJICHU CAD SHIZHAN YU SHILIPIAN

徐　军　王晓云　编著

化学工业出版社
·北京·

《零基础CAD实战与实例篇》以富怡服装CAD系统最新版本为基础，系统介绍了服装CAD系统的软硬件构成、界面组成、工具和菜单命令的具体应用，并重点介绍了代表性服装款式打板、推板的详细流程和方法，服装CAD排料以及纸样输入、输出的具体操作流程和方法。

全书加入了大量服装成品的实战操作实例，以数百张图片翔实说明，以便读者能够循序渐进地理解本书介绍的原理、方法与技巧，通俗易懂、言简意赅、简练易学、实用性强；非常符合服装爱好者的学习规律，能让零基础的读者成为快速精通服装CAD技法与制作的达人！

本书对于初学者或是服装制板爱好者而言，不失为一本实用而易学易懂的工具书，也可作为服装企业相关工作人员、广大服装爱好者及服装院校师生的工作和学习手册。

图书在版编目（CIP）数据

零基础CAD实战与实例篇/徐军，王晓云编著．北京：化学工业出版社，2017.5
（实用服装裁剪制板与成衣制作实例系列）
ISBN 978-7-122-29256-8

Ⅰ.①零…　Ⅱ.①徐…②王…　Ⅲ.①服装设计-计算机辅助设计-AutoCAD软件　Ⅳ.①TS941.26

中国版本图书馆CIP数据核字（2017）第048139号

责任编辑：朱　彤　　　文字编辑：谢蓉蓉
责任校对：边　涛　　　装帧设计：刘丽华

出版发行：化学工业出版社（北京市东城区青年湖南街13号　邮政编码100011）
印　　装：高教社（天津）印务有限公司
787mm×1092mm　1/16　印张16¼　字数395千字　2018年1月北京第1版第1次印刷

购书咨询：010-64518888（传真：010-64519686）　售后服务：010-64518899
网　　址：http://www.cip.com.cn
凡购买本书，如有缺损质量问题，本社销售中心负责调换。

定　　价：58.00元

前　言

中国于21世纪初提出要从“服装制造大国”转变为“服装强国”的服装产业战略。这就决定了服装行业必须要走新兴工业化道路，积极推进科技进步，促进服装产业升级和结构调整。服装CAD技术是计算机技术与服装工业结合的产物，它是企业提高工作效率、增强创新能力和市场竞争力的有效工具。

目前国内被广泛应用的富怡服装CAD软件适应性、亲和性较好，具有很好的人机互动功能，其性价比较高，售后服务也不错。因此，本书以富怡服装CAD系统最新版本为基础，系统介绍了富怡服装CAD系统的软硬件构成、界面组成、工具和菜单命令的具体应用，并重点介绍了代表性服装款式打板、推板的详细流程和方法，服装CAD排料以及纸样输入、输出的具体操作流程和方法。全书以多种方式提出易于读者学习掌握的纸样原理与方法，力求化解实际操作过程中的重点、难点和需要注意的事项。同时，本书还加入了大量服装成品的实战操作实例，图文并茂，以便读者能够更好地理解本书介绍的原理方法与技巧。通过本书，即使读者不太具备坚实的计算机基础，也可以由浅入深、循序渐进地了解和掌握服装CAD制板与设计实用技术，能够举一反三地应对款式变化，同时培养分析问题、解决问题的实际能力，更好地适应现代服装企业对人才的需求。

本书共分为十四章。第一章服装CAD概述，主要包括服装CAD简介、软件的选择以及国内外服装CAD发展历程及趋势等。第二章服装CAD软硬件构成，主要包括服装CAD硬件系统配置，软件系统功能等。第三章服装CAD的模块系统组成，主要包括服装款式计算机辅助设计、纸样计算机辅助设计、服装CAD纸样放缩等。第四章服装CAD设计与放码系统，主要包括设计与放码系统的介绍以及图标工具的简单操作演示和注意事项。第五章服装CAD排料系统，主要包括排料系统简介以及排料系统的具体操作要求。第六章服装CAD软件系统文件设置及输入输出，主要包括文件保存及格式转换、服装CAD系统设置以及常用快捷键等。第七章服装CAD褶裥设计，主要包括平行、弧形、转移切展法设计具体应用实例。第八章服装CAD省道设计与应用，主要介绍了部分、等份、平行和辐射状省的设计与制作。第九章服装CAD中领型设计应用，主要讲解了立领、无领、平领和企领的设计制作实例。第十章服装原型CAD制板，主要介绍了新文化式女装上衣原型制板，女西装裙制板和裤子制板基础知识。第十一章服装CAD实战应用，主要介绍了女衬衫、男衬衫的具体制板步骤。第十二章女式服装制板，主要介绍了女式风衣、连下摆女式服装、女式春秋装制板的具体步骤。第十三章服装CAD加缝份与打剪口，主要介绍了女衬衫、男衬衫、裤子和女式春秋装相关加缝份与打剪口操作实例。第十四章服装CAD纸样保存、放码、排料、加文字及输出，主要从男、女衬衫纸样角度来讲解关于保存、放码、排料、加文字和输出的内容。

本书由徐军、王晓云编著。本书在编写过程中得到了富怡软件公司曹学明先生及化学工业出版社相关人员的大力支持，在此深表感谢。

由于我们时间和水平所限，本书难免有不妥之处，敬请广大读者指正。

编著者

2017 年 8 月

目　录

第一章 服装CAD概述

我国于21世纪初提出要从“服装制造大国”转变为“服装强国”的服装产业战略目标。随着“十三五”规划的出台，服装CAD的广泛应用意味着中国服装企业的发展正在实现由传统模式向现代经营模式产业转型的目标迈进。

当今服装产业已经由传统的“劳动密集型”向“智能网络技术集成化”演变。根据大数据显示，美国已有近90%的服装企业配备了服装CAD软件系统；服装工业发源地的欧洲服装CAD软件系统普及率高达80%以上；亚洲的日本在服装CAD软件系统技术上的投资更是不遗余力，目前70%的服装企业采用服装CAD系统。我国最早采用服装CAD软件系统是在香港地区，当地的服装企业纷纷采用服装CAD软件系统，而且还出现了“服装CAD技术服务中心”，为服装生产厂家和贸易公司提供有关技术支持和后续服务，同时也开创了服装CAD技术推广和应用的新领域和新纪元。

第一节 服装CAD简介

一、服装CAD的概念

服装CAD系统是“Computer Aided Design”的缩写，即服装计算机辅助设计系统，又名电脑服装设计系统，是集服装效果设计、服装结构设计、服装厂工业样板设计和计算机图形学、数据库、网络通信等知识为一体的现代化高新精和全方位智能自动化技术。

二、服装CAD的作用

服装CAD是从20世纪70年代才发展起步的，但随着计算机技术以及网络技术的迅猛发展和普及，服装CAD技术更是以惊人的速度迅速发展，其在产业中的运用日益广泛，对服装业的贡献率更是显而易见：加快服装企业产品上市周期，提升企业竞争能力。据有关资料统计，产品提早上市一周，可提高企业利润20%。

三、服装CAD的系统构成

服装CAD系统通常由硬件系统和软件系统两部分组成，是充分利用计算机的软、硬件技术对服装新产品、服装工艺过程、服装的生产流通及营销过程等，按照服装设计的基本要求，进行输入、设计及输出等的一项专门性技术，是一项综合性，集计算机图形学、数据库、网络通信等计算机及其他领域知识于一体的高新前沿技术。

服装CAD发展到现今，主要由5大部分构成：打板系统、放码系统、排料系统、款式设计系统和计算机可视化成像试衣系统。具体操作将在后面的章节与具体实例中进行详细讲解。

第二节　服装CAD软件的选择

俗话说得好，“工欲善其事，必先利其器”，如何使用CAD的前提是应该如何选择更符合企业或个人实际需求的CAD软件，只有适合的，才是最好的。

一、如何选择服装CAD软件

服装CAD软件的选择通常情况下首先分为：个人单机版和企业版两种，根据需求的不同可以选择不同版本。由于目前市场上关于服装CAD的软件品牌较多，选择服装CAD软件可以说是一项综合性要求相对较高的工作。选择人员首先应需要具备服装领域、服装CAD领域和计算机软、硬件方面的综合性知识，这样才会对服装CAD软件做出正确的总体评估。目前，对国内外服装CAD软件总体评估还没有统一的行业内一致认可的标准。

二、鉴别服装CAD软件的标准

为了加深服装企业和大中专院校师生对服装CAD软件的了解和提高对服装CAD软件综合指标的鉴别能力，我们将从以下方面来评估服装CAD软件的购买综合指标，以作为购买服装CAD软件时的对比和参考依据。

1. 服装CAD软件的性价比

这里的性价比是指对服装CAD实际质量与价格的预期满意度之间的对比关系。当然，以服装CAD软件的综合性能高且价格又便宜的为最好。

2. 服装CAD软件的功能

目前服装CAD软件正向着智能化、简易化、集成化方向发展，使服装设计、服装纸样等工艺技术趋于一体化、生产自动化，使服装产品从设计、制造、加工、管理、销售、反馈所需的工作量和工作时间降低到最低限度，从而推动服装企业的快速发展。

3. 服装CAD软件操作系统的稳定性及界面的友好性

首先是操作平台或系统的稳定性及其界面的友好性、方便性、直观性和良好的人机交互性，使在更大众化的Windows等操作系统下运行的服装CAD软件更具有亲和力，操作简单、方便且安全。

4. 服装CAD的可持续发展性

服装CAD的应用与一般工具有所不同，它具有软件的特殊性和包容性，也就是可持续长期发展的延伸性能。购买具有强大开发实力企业的服装CAD应为明智之举，能保障软件功能的升级换代、系统维护和延伸产品的开发和良性循环。

5. 服装CAD培训服务的质量和系统的易学、易用性

一般来说，服装CAD的操作者主要是服装生产中的工艺人员和打板师们。对操作人员在计算机知识的要求越低，系统的普及越快，培训就越容易，推广也越容易。

6. 服装CAD售后服务和维护情况

服装CAD能在服装生产中正常发挥作用，相关售后服务必不可少。尤其是在当下行业激烈竞争的趋势下，细致入微的服务是企业赢得市场的必胜法宝之一。

第三节　服装CAD发展历程及趋势

一、国外服装CAD发展脉络

服装CAD是于20世纪60年代初在美国发展起来的，美国服装企业率先将服装CAD技术应用于服装加工领域并取得了良好业绩。目前美国、日本等发达国家的服装CAD普及率已很高，服装CAD对产业的贡献率也促进了本国企业的快速发展。

目前美国的格柏（GGT）公司、美国的匹吉姆（PGM）公司、法国的力克（Lectra）公司相继推出了各自的服装CAD系统，这3家公司在国际服装CAD/CAM领域形成了“三足鼎立”之势。除了上述3家公司的产品外，目前国外的服装CAD/CAM系统主要还有美国的SGI，日本的Toray、Juki、Nissyo，瑞士的Alexis，意大利B. K. R服装CAD系统等。

二、国内服装CAD发展概况

服装CAD的普及、应用、推广是我国服装业技术改造的重要内容和长期任务。服装CAD软件的使用和推广是我国服装业进一步发展的必然趋势。随着计算机技术的不断发展，多媒体和互联网技术的逐渐成熟，服装流行速度的加快，消费需求的多样化，服装CAD系统在服装企业中的应用将越来越广泛，并深入渗透到设计、生产、管理、销售的各个环节。服装CAD系统也将朝着网络化、集成化、高度智能化、三维立体化和可视化系统以及开放式与标准化的方向飞速发展。

基于本书的编写需要，将采用在国内比较流行的服装CAD软件——“富怡软件”，其涵盖纺织服装图艺设计系统、服装制板CAD、毛衫CAD、绣花CAD、模板CAD、箱包鞋帽CAD、绗缝CAD、花稿CAD、工艺单系统九大系列，可为纺织、服装、家纺行业的设计、版型提供全面、成熟的应用解决方案。目前，该系统的服装CAD系列产品包括企业版、网络版和院校版。

第二章　服装CAD软硬件构成

第一节　服装CAD的硬件系统配置

一、服装CAD系统配置综述

服装CAD系统是以计算机为核心，由硬件和软件两部分组成。硬件是指可见的实际物理设备，如计算机、绘图机、切割机、打印机、绘图板、读图板、扫描仪和数码相机等构成。其中计算机是起核心控制的硬件，也是软件运行的基础。软件是指为服装设计应用而专门编制的程序。软件是整个服装CAD系统的灵魂，只有在软件的控制下，计算机和外部设备才能够按照设计师的想法和意图，完成设计、打板、推板、排料、打印和绘图等工作。

二、服装CAD系统硬件配置及使用

1. 微型计算机

微型计算机的显著特点是它的CPU处理能力非常强大，选用微机作为服装CAD系统的主机已成为国内外服装CAD的主流。微型计算机通常由主机、显示器、键盘和鼠标组成。

2. 输入设备

输入设备包括数字化仪、鼠标器、扫描仪、摄像机、视频输入卡、传真卡等。

(1) 具体输入设备。如数字化仪也称为读图仪，是服装CAD系统中一种很重要的图形输入设备，它可以将手工打制的服装样板读入计算机储存起来，从而可以保存大量有价值的服装样板，如图2-1所示。

图2-1　数字化仪示意图

(2) 十六键鼠标各键的预置功能，如表 2-1 所示，十六键鼠标示意如图 2-2 所示。

表 2-1　十六键鼠标各键的预置功能

功能键符号	功　能
1	直线放码点
2	闭合/完成
3	剪口点
4	曲线非放码点
5	省/褶
6	钻孔(十字叉)
7	曲线放码点
8	钻孔(十字叉外加圆圈)
9	眼位
0	圆
A	直线非放码点
B	读新纸样
C	撤消
D	布纹线
E	放码
F	辅助键(用于切换的选中状态)

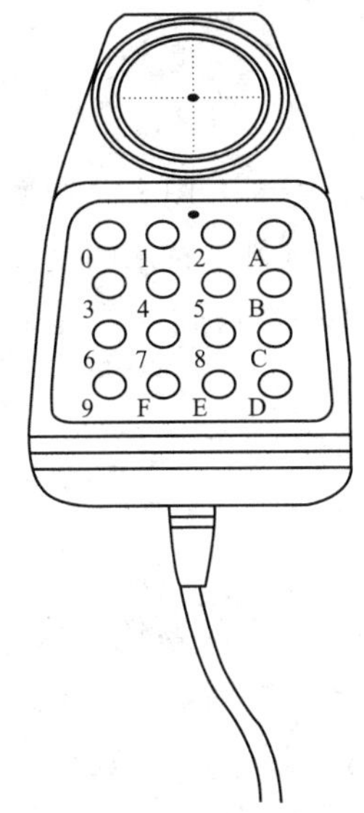

图 2-2　十六键鼠标示意图

图 2-3　打开数码相片示意图

(3) 数码输入功能。打开用数码相机拍的纸样图片文件或扫描图片文件。该方法比数字化仪读纸样效率高。具体操作过程如下（以打开数码相机拍的纸样为例）。

① 单击数码输入工具。

② 在弹出的对话框中设置好背景图的大小及定位点的个数（只需设置一次）。

③ 在对话框中单击打开数码相片，如图 2-3 所示。

④ 如图 2-4 所示，等待自动识别后，可以在此手动调整，最后单击“OK”，这些纸样会自动输入到软件中。

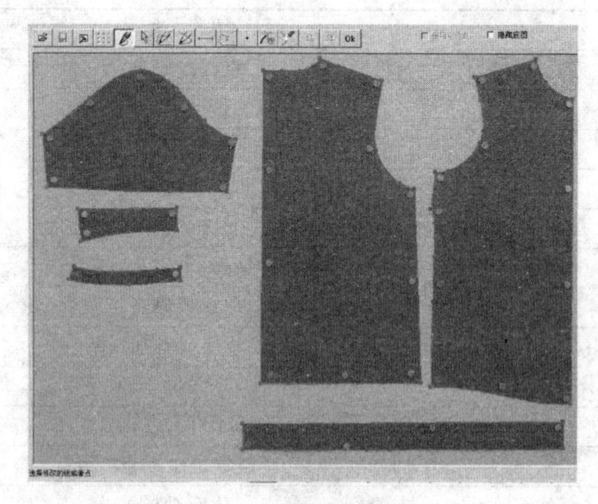

图 2-4 数码输入示意图

3. 输出设备

输出设备包括喷墨或激光色彩打印机、激光彩色喷绘机、高分辨率显示器、绘图机等。

第二节 服装 CAD 软件系统功能

一、服装 CAD 软件系统功能概述

服装设计是一门综合性艺术，它集中表现了款式、色彩、材料、图案、造型、工艺、时尚、流行等多方面美感，是技术与艺术的完美统一。随着计算机科学技术的发展，特别是使处理彩色图形、图像、活动图像和声音的功能变为现实，服装 CAD 软件系统在艺术领域也开始发挥出前所未有的作用。

二、服装 CAD 软件系统具体功能和应用

1. 图像输入及修改

有两种方法：一种方法是点输入设备（数字化仪或鼠标仪）以及系统提供的绘图工具，如：画笔、喷笔、橡皮，在屏幕上画直线、曲线、矩形、圆形、椭圆形等，被绘制图形的颜色、线宽、线型可由用户自由选择；另一种方法是用扫描仪把图片输入计算机，对计算机中已有的图形，用户可自由地进行颜色变换、存储、删除、编辑等操作。

2. 花型图案设计

用于填充的花型图案可以通过扫描仪或摄像机输入，也可以在屏幕上利用各种绘图工具绘出，扫描输入的图案被裁切为 32×32 点阵的图案单元存储在计算机中，形成一个花型图案库，自己绘制图案时，应首先从调色板中选择好颜色，然后再选择适当的绘图工具绘图，并可通过平移复制、旋转复制、镜像复制、四方连续、六方连续等操作形成各种花型图案并存入花型图案数据库，然后可任意进行拉长压扁、放大缩小、剪切复制、粘贴，能够非常容易地将设计后的花型图案移植到服装上，预视装饰效果，

对装饰的部位、面积的大小、色彩的搭配都迅速调整，从中选择最佳的装饰效果要求，然后逐步具体化，在款式、色彩、面料、工艺乃至配件等每一细节上都要反复斟酌，充分体现设计构思。另一种方法是从局部到整体，即事先没有整体轮廓和设计约束，而是从某个局部出发逐渐扩大到整体。

3. 颜色库

在计算机图形学上常用两种原色混合系统：对彩色显示器采用红色、绿色、蓝色（RGB）加色系统，对打印机、喷绘机采用青色、品红色、黄色（CMY）减色系统。用计算机进行彩色图形设计最突出的优点就是系统本身可以提供非常丰富的颜色，还可以调节RGB三原色的比例或控制HSV（色相、纯度、明度）的量值来选定颜色，并且还具有颜色记忆功能和吸取功能，用户可以从1760万种颜色中，选出256种作为自己的调色板，调色板中的每种颜色都由RGB三原色组成，每种原色具有256级灰度，其不同灰度的组合便可以产生出不同颜色，因此用户可以用调色板功能得到任意一种所需的颜色，颜色吸取功能是指从屏幕上显示的图形中吸取某种颜色作为当前的绘图颜色，用户自定义的调色板可以存储在计算机中，从而形成一个由许多调色板组成的颜色库，每个调色板都可以随时被取用，如图2-5所示。

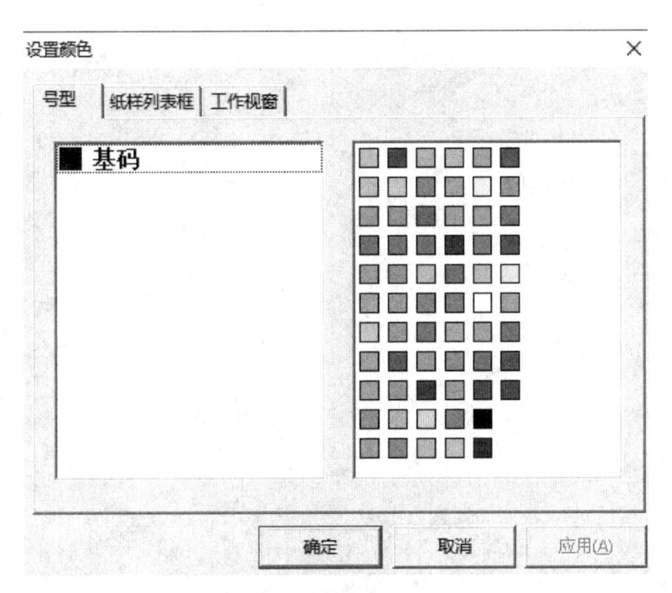

图2-5　服装CAD设置颜色示意图

4. 填充和面料变换

在一个封闭的区域内用某种颜色或色彩图案进行填充。填单色时，可用光标选择调色板上的任意一种，然后用光标指向欲填充的区域进行填充图案时，首先要选中一个图案作为填充单元，然后按连续重复、四方连续、六方连续等方式，对封闭区域进行填充。另外，还提供单色映射和图案映射功能，它是实现立体效果的填充方法，可在服装效果图上产生阴影明暗和褶皱的变化，从而产生逼真的立体效果。

面料变换中，首先选定要进行变换的图像区域，计算机自动完成分色操作，然后给出各种颜色变化后的新颜色的色表，经过一次扫描，就可以完成图案颜色的变换操作，屏幕上即显示新的颜色组合下的图案。

5. 款式图像处理

提供图像采集功能，对扫描输入的图片、实际布料等进行偏色，对比度及灰度处理功能，图像的马赛克处理功能，编辑功能等。

6. 色彩校正

在服装款式设计CAD系统的设计过程中，色彩的表现要通过三种物理设备（扫描仪、打印机、显示器）之间的转换，在实际系统存在色彩不一致的问题，其中包括色的亮度和色度两方面的误差问题。为了解决这个问题，系统以软件的方式提供了多种色彩校正工具和方法，如校正、线性校正、二值化校正等。

7. 图像输出

对于显示在屏幕上的图像可以用针式打印机、彩色喷墨打印机或色彩激光打印机等点阵式打印机作为输出设备，也可以用彩色图形拷贝机得到屏幕的色彩拷贝，或以照相的方式把其转换为照片等。

第三章　服装 CAD 的模块系统组成

计算机在服装界的应用范围包括：服装计算机辅助制造（服装 CAM），服装企业管理信息系统（Management Information System，MIS），服装裁床技术系统（computer Aided Manufacturing，CAM），还有服装销售系统、服装试衣系统、无接触服装量体系统等。服装 CAD 技术融合了设计师的思想、技术经验，通过计算机强大的计算功能，使服装设计更加科学化、高效化，为服装设计师提供了一种现代化的工具。它是未来服装设计的重要手段。服装 CAD 系统包括：款式设计系统（fashion design system）、结构设计系统（pattern design system）、推板设计系统（grading system）、排料设计系统（marking system）、试衣设计系统（fitting design system）、服装管理系统（management system）等。

其中由款式设计系统、样片设计系统、放码和排料系统组成的服装 CAD 系统覆盖了服装设计的全过程，也充分满足了人类渴望轻松坐在计算机前面，用鼠标来完成服装产业革命的现实。

第一节　服装款式计算机辅助设计

一、服装款式计算机辅助设计概述

该系统是利用计算机图形技术，在计算机软、硬件系统的基础上开发出来具有很强专业性的实用系统，让设计师在屏幕上设计服装款式和衣片。计算机中可存储大量的款式和图样供设计师选择、修改和调型，设计过程可大为简化。由于可参照的资料多了，设计师的想象力和创造力的拓展空间也就丰富了。服装 CAD 系统将服装设计师的设计思想、经验和创造力与计算机系统的强大功能密切结合，必将成为未来服装设计的主要方式，服装技术有力地支持了服装艺术向更高层次发展。

二、服装款式计算机辅助设计功能

主要体现在系统提供了各种画笔工具、颜色库、人体模特动态库、时装信息库、花型图案库等，例如款式设计系统就提供了各种绘画工具，有铅笔、马克笔、喷枪、毛笔、喷漆罐、水彩笔、油画棒、橡皮擦、直线、曲线、矩形、圆形、多边形等，使设计师可以随心所欲地进行创作，计算机中的各种款式图、效果图，以及从扫描仪和数码相机输入的各种服装图片，为设计师的创作提供了巨大作用。

服装设计的过程需要综合考虑款式、色彩、材料这 3 大要素，款式是骨架，色彩是外观，材料是基础，三者缺一不可。现代服装工业化分流设计由款式设计、结构设计、工艺设计 3 部分组成，款式设计的主要任务是把设计师构思中的服装形象可视化地表现出来，在穿着对象、环境、款式、色彩、材料、结构工艺、功能性等各方面形成一种初步的设计构想，把握设计的总体方向和调子，为后续的结构设计、工艺设计奠定基础，是服装设计的关键，如图 3-1 所示。

图 3-1 计算机辅助款式设计效果图

三、服装款式图样数据库存储和管理功能

服装图样数据库信息存储和管理内容包括如下。

1. 色彩信息库

国际流行色彩库、用户专用颜色库、面料颜色库等，如图 3-2 所示。

2. 人体模型库

人体模型库资料示意如图 3-3 所示。

3. 花形面料库

花形图案、面料图案。

4. 款式平面图库

5. 服装效果图库

6. 彩色款式图库

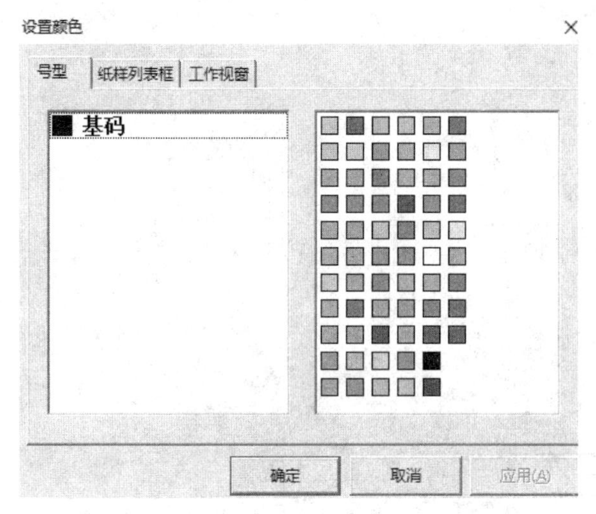

图 3-2 服装 CAD 设置颜色模板功能示意图

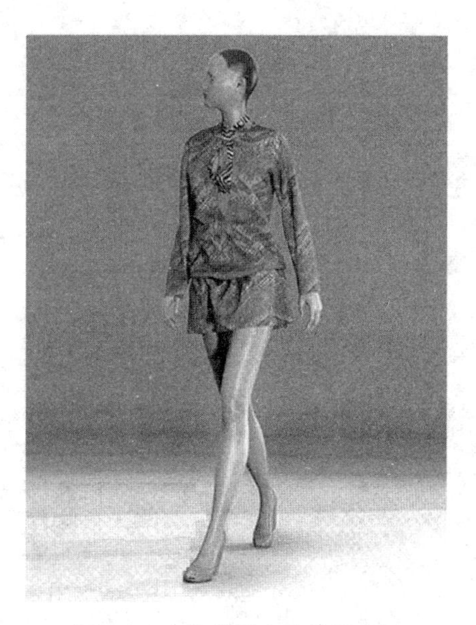

图 3-3 人体模型库资料示意图

四、服装款式图样数据库其他常规功能

1. 建库功能

通过扫描仪或摄像机等输入设备输入各种信息，或通过软件生成，用建库工具软件将各种图形、图案和图像信息以及相关的分类、名称、附注等文字信息装入库中，以供日后查阅、参考或使用。

2. 库管理功能

信息项的增加、删除、修改、库拷贝、查阅、浏览等功能。

3. 通信功能

利用该功能可实现多用户信息共享，如图 3-4 所示。

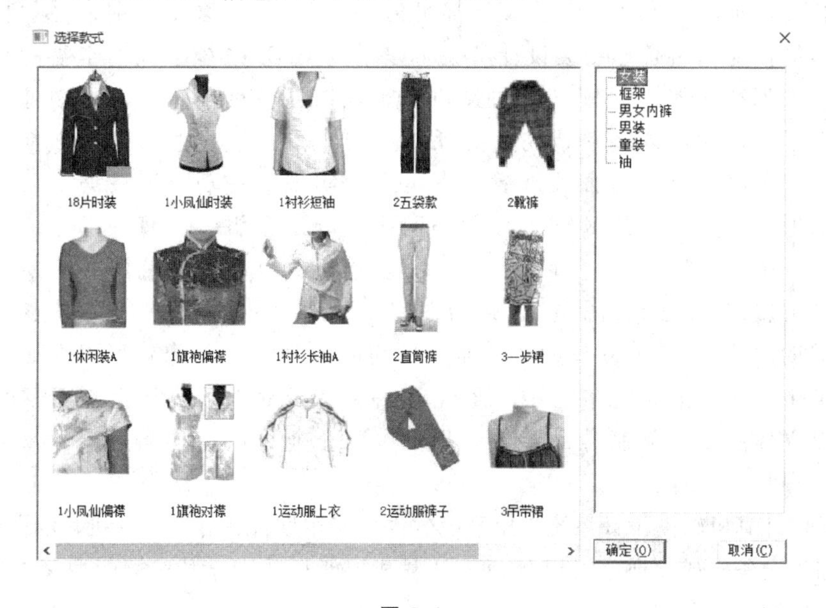

图 3-4

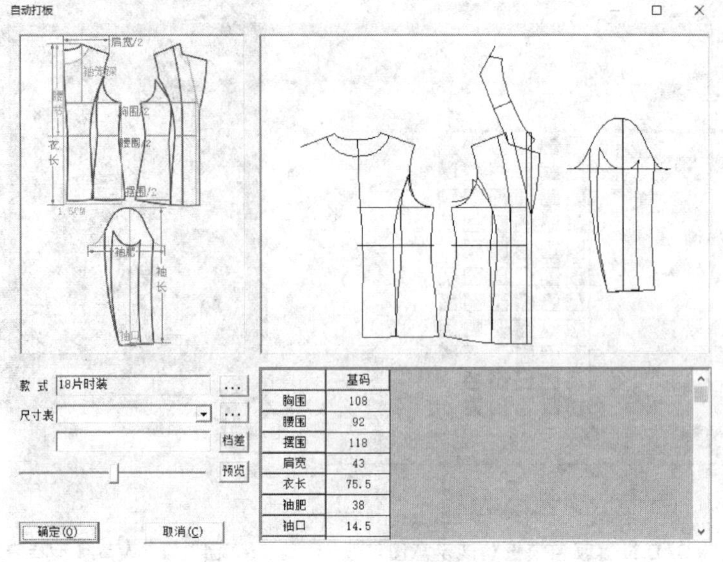

图 3-4　服装图样数据库存储和管理的信息示意图

第二节　服装纸样计算机辅助设计

一、服装纸样计算机辅助设计的意义及系统组成

服装纸样计算机辅助设计是指服装基本纸样的设计，即服装平面结构设计。主要过程包括设计方法的选择、规格标准的确定、数据分析与计算、结构要素分析与确定、裁剪图设计、裁片的形成与处理、纸样图绘制等。服装纸样计算机辅助设计是服装 CAD 纸样放缩与排料功能的基础。

凡从事服装面料设计与开发的人员都可借助服装 CAD 系统，利用高效快速的效果图展示色彩的搭配和组合。服装设计师又可以借助 CAD 系统强大而丰富的功能充分发挥自己的独特创造才能，创作出从抽象到写实效果的各种类型的图形图像，配以富于想象的处理手法，就可以轻松地完成既耗时又费事的修改色彩及修改面料的工作，表现同一款式、不同面料的服饰外观效果。实际上实现这一功能，只需要在照片上勾画出服装的廓形线，然后利用软件工具制作网格，以适合服装的每一部分。样衣制作在所有服装企业中是比较耗资耗时的工序。服装企业要以各种颜色的搭配来表现设计作品。如果没有服装 CAD 系统，在对原始图案进行修改时要经常进行许多重复性的工作。通过借助服装 CAD 的立体贴图功能，平面的各种织物图像就可以在照片上展示出来，节省了生产样衣的时间。此外，服装 CAD 系统还将织物变形后覆于照片中的模特儿身上，以立体展示成品服装的穿着效果。服装企业可以在样品生产出来之前，用这一方法向客户呈现设计作品。

服装纸样计算机辅助设计系统是由系统软件、应用软件、计算机主机、绘图仪器和其他智能缝制加工设备构成。通常可以分为工具型和智能型两类。其中智能型又可以分为交互式、半自动式和全自动式三种。

二、服装纸样计算机辅助设计的功能与作用

服装纸样计算机辅助设计功能就是最大限度利用服装电脑制板技术将人和计算机有机地结合起来，最大限度地提高服装企业的“快速反应”能力，在服装工业生产及其现代化进程中起到了不可替代的作用。主要体现在提高工作效率、缩短设计周期、降低技术难度、改善工作环境、减轻劳动强度、提高设计质量、降低生产成本、节省人力和场地、提高企业的现代管理水平和对市场的快速反应能力等。

第三节　服装 CAD 纸样放缩

一、服装 CAD 纸样放缩定义

所谓计算机辅助纸样放缩，就是通常所称的推档或放码，是以某个款式的某一个规格尺寸的纸样为基准，经过放大或缩小得到相同款式的不同尺寸的纸样网状图，是服装工业制板过程中一个必不可少的技术环节，也是一个打板师必须掌握的基本技能。

这个基准纸样一般又称为母板，为减少放缩过程所带来的误差，通常取尺码的中间号作为基准纸样。对于同一个款式的不同尺寸纸样之间的大小关系，并不是单纯的放大或缩小，纸样放缩是要按照人体的结构并根据服装设计者的经验做出符合所需尺寸的纸样。纸样放缩是服装工业生产中绘制系列纸样的一项重要技术准备工作，它必须满足以下两个条件。

① 必须按国家服装号型系列标准中规定的规格档差进行放缩

② 各档纸样的重要细部必须具有良好的保型性，这一技术要求工作量大、难度高、耗时长、劳动强度大，一直是我国传统服装工业生产的瓶颈环节。

二、服装 CAD 纸样放缩方法

服装企业生产中实际利用的服装纸样放缩手段有传统的手工放缩和计算机辅助放缩。根据放缩操作方法的不同，计算机辅助纸样放缩可以分为简易放缩法、点放缩法、切开线放缩法、自动放缩法等，它们虽然操作方法不同，但其基本原理是相通的。

1. 简易放缩法

简易放缩法又称为等分法，有的也叫线放码。先将最大号和最小号的基本纸样输入计算机，然后把各号型纸样上的对应点用线连起来并等分，最后把各等分点依次连起来，从而得出其他中间号型的纸样。由于这种方法的精确度较差，因此只能用于号型不多或要求不太高的服装纸样放缩上。

2. 点放缩法

点放缩法又称为坐标法，在具体服装生产中运用较多。其原理是先在纸样上设定好坐标轴，然后确定每一纸样放缩的控制点 X 和 Y 方向放缩量，即每扩出一号该点坐标的变化数值，并依据此放缩量确定出放缩后的新点位置，最后将所有新点按一定方式连接或拟合，就可

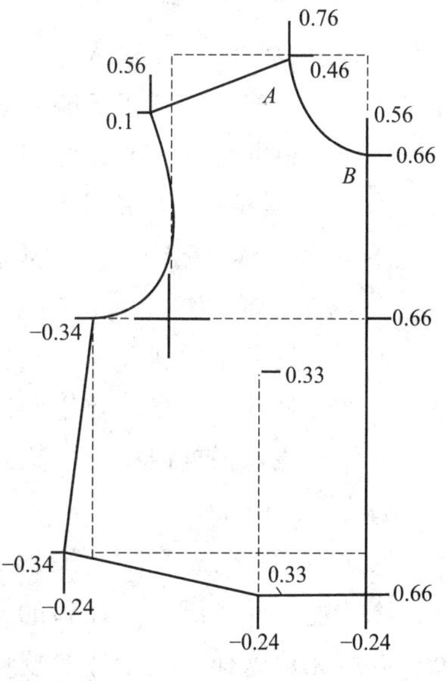

图 3-5　点放缩法示意图（单位：cm）

得到放缩后的纸样了。根据纸样控制点放缩量的确定方法，点放缩法又可分为两类。

(1) 规则表放缩法　其中控制点的放缩量是由放码规则决定的。这种放码方法适用于已设计好的标准纸样或来样加工。最常用的放码规则是点的偏移量规则和比例放码规则。如图3-5所示，基本纸样的号型为160/84，A点是纸样上的放缩控制点，需放出155/80、165/88、170/92号型的相应点，放缩量规则如表3-1所示。

表3-1　放缩量放码规则表　　单位：cm

放码点	放缩量/号型	155/80	160/84	165/88	170/92
A	ΔX	−0.46	0	0.46	0.46
	ΔY	−0.76	0	0.76	0.76

假设B点的坐标为(10,6)。比例放码规则如表3-2所示。

表3-2　比例放码规则表　　单位：cm

放码点	放缩量/号型	155/80	160/84	165/88	170/92
B	RX	−0.07	0	0.07	0.07
	ΔX	−0.66	0	0.66	0.66
	RY	−0.09	0	0.09	0.09
	ΔY	−0.56	0	0.56	0.56

(2) 参数公式放码　其中控制点的放缩量是由参数公式决定的。用这种方法放码比较精确，因为控制点的位置变化与多个参数（如衣长、胸围、腰围、臂长、领围等）相关，同时也反映出这些参数对纸样形状的影响，更适合非标准体型的纸样放码，如表3-3所示。

表3-3　放码量数值表　　单位：cm

部位/号型	155/80A	160/84A	165/88A	170/92A
Δ1 胸围档差	4	0	4	4
Δ3 袖窿深档差	0.8	0	0.8	0.8
Δ5 前领深档差	0.2	0	0.2	0.2

3. 切开线放缩法

切开线放缩法是先输入基本纸样，利用一些假想的切开线，在基本纸样的某个部位切开，并在这个部位切开或折叠一定的量，最后再修正圆顺纸样的外轮廓线，得到另外的某个号型纸样。根据切开量的方位不同，又可把切开线分为三类。

① 与基准线垂直，决定横向放缩量。

② 与基准线平行，决定纵向放缩量。

③ 与某一轮廓线垂直，决定与轮廓线垂直方向上的放缩量，如图3-6所示。

运用上述类型的切开线，根据设计款式的不同要求，又可将基本纸样进行假想的切割，并将一个号型的档差量分散于不同部位，只要保持切开量的总和等于某一个档差即可。对于每一条切开线，根据需要可以输入3个切开量，如图3-7所示。

4. 自动放缩法

服装CAD系统把推板的概念融合到了打板中。自动放缩法就是一种借助于计算机的快速计算功能，并将纸样设计师的打板方法等存储记忆在电脑中，形成了强大的数据库支持系统，以后无论怎样改变纸样的规格尺寸，调用内存里的打板操作记忆就可以得出所需服装号型的纸样。

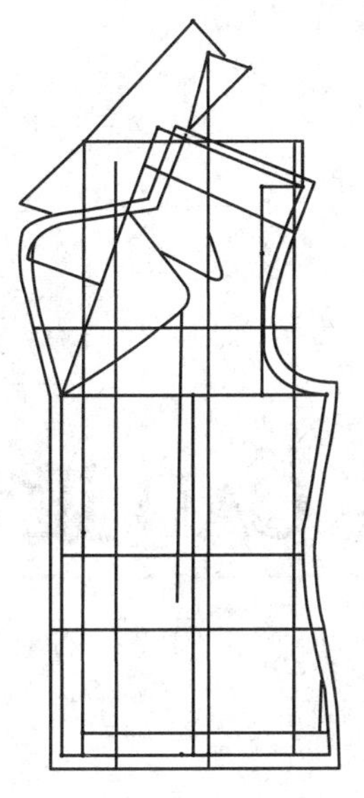

图 3-6 不同类型的切开线示意图

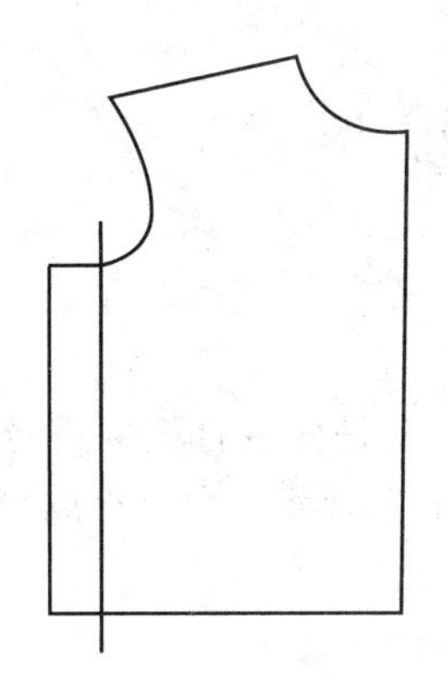
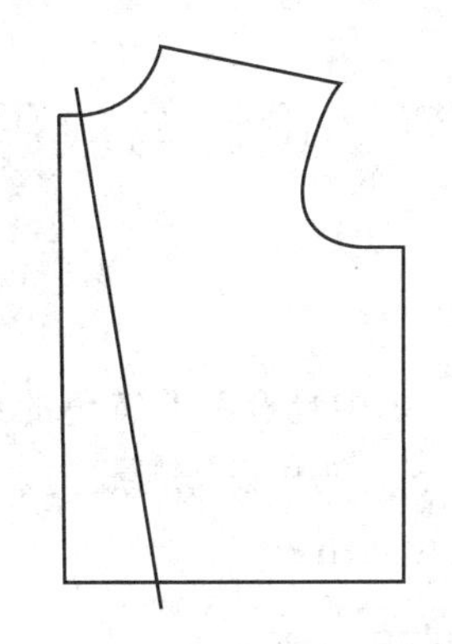
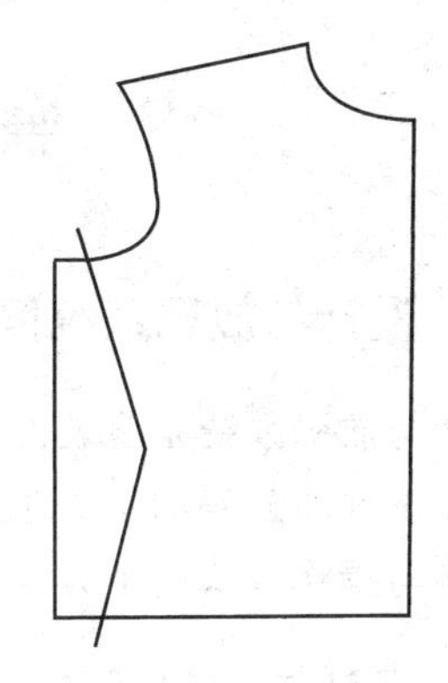

图 3-7 不同切开量对纸样的影响

如图 3-8 所示，只要用户对某一个号型的某一个尺寸进行修改，则该款式的所有号型纸样图都会相应做出自动调整。

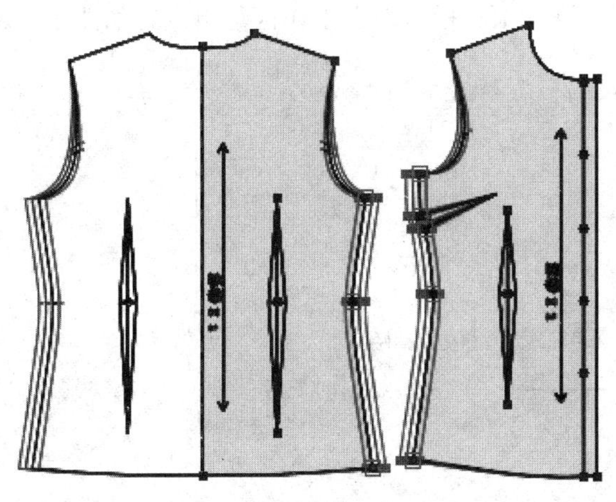

图 3-8 自动放缩法示意图

第四章　服装 CAD 设计与放码系统

第一节　设计与放码系统

一、设计与放码系统简介

设计与放码系统是服装 CAD 系统中具有鲜明特色的系统，也是服装打板师进行电脑打板、纸样设计和放码的主要工具。下面就从设计与放码系统的工作画面、窗口组成和图标工具的功能与操作方法两个方面来进行介绍。

二、设计与放码系统工作画面图解

双击桌面上的图标，进入富怡服装 CAD 设计与放码系统的工作画面。工作画面窗口主要由标题栏、菜单栏、快捷工具栏、衣片列表框、传统设计工具栏、专业设计工具栏、纸样工具栏、编辑工具栏、放码工具栏、左右工作区等组成，如图 4-1 所示。

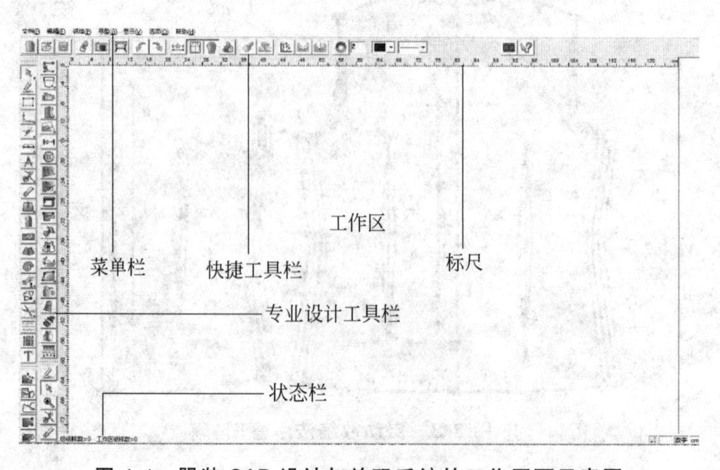

图 4-1　服装 CAD 设计与放码系统的工作画面示意图

1. 标题栏

标题栏位于服装CAD设计与放码系统工作画面的顶部，左侧显示软件名称和文件保存的路径，右侧有3个按钮，分别是“最小化”按钮“”，“向下还原”按钮“”和“关闭”按钮“”。

2. 菜单栏

菜单栏位于标题栏的下方，共有7个菜单，分别是“文档”“编辑”“纸样”“号型”“显示”“选项”和“帮助”，如图4-2所示。

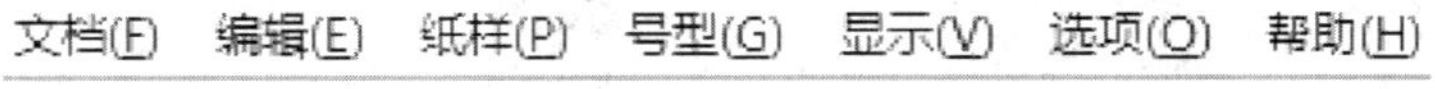

文档(F)　编辑(E)　纸样(P)　号型(G)　显示(V)　选项(O)　帮助(H)

图4-2　菜单栏示意图

3. 快捷工具栏

快捷工具栏位于菜单栏的下方，上面放置了新建、保存、撤销、纸样绘图、复制纸样、颜色设置等常用命令的快捷图标，如图4-3所示。

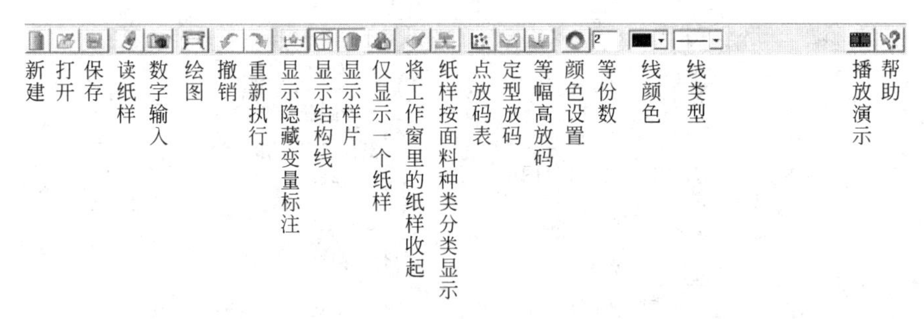

图4-3　快捷工具栏示意图

4. 衣片列表框

衣片列表框位于快捷工具栏的下方，用于放置用“剪刀”工具裁剪生成的服装样板，每一块样板单独放置在一小格衣片显示框中，如图4-4所示。

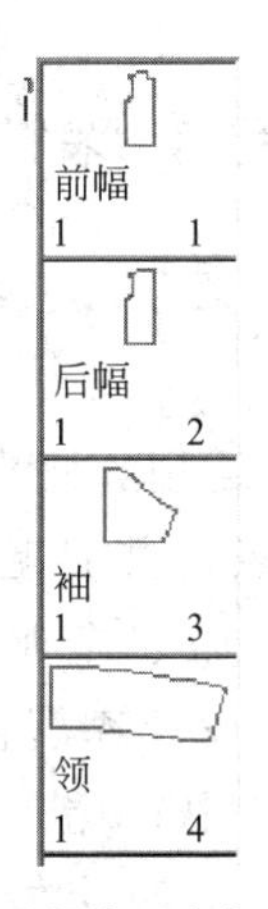

图4-4　衣片列表框示意图

5. 专业设计工具栏

专业设计工具栏位于传统设计工具栏的右上边，包括了“自由设计”打板模式下，服装打板需要用到的一些工具，如图 4-5 所示。

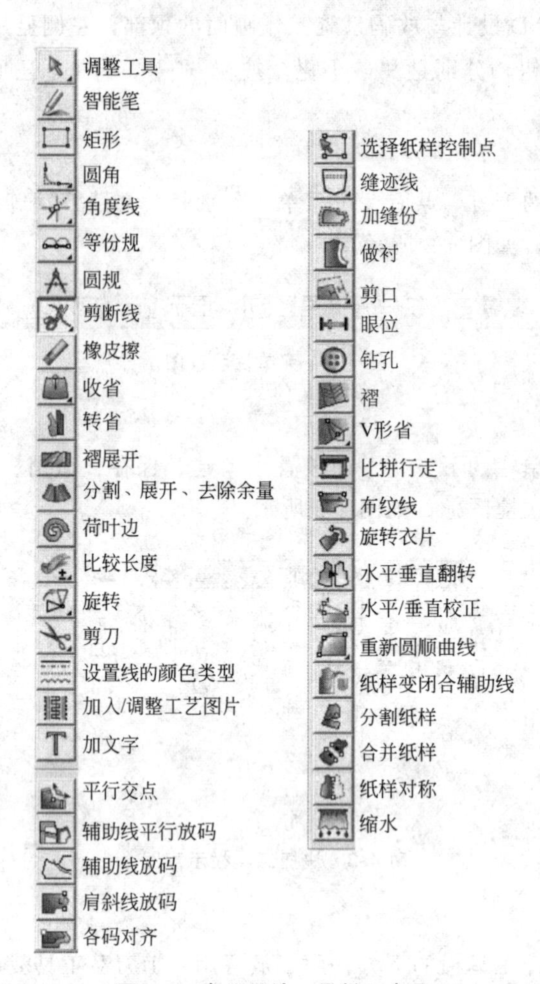

图 4-5　专业设计工具栏示意图

第二节　图标工具简单操作的介绍及注意事项

一、操作系统工具概述

随着服装企业快速发展模式的成功运用，企业如何能够运用一切手段来应对不断变化的具有多元化、个性化和时尚化特点，并且越来越精明的消费者不断提升的口味，把握住激烈竞争下的转瞬即逝的市场。服装企业就要充分利用计算机辅助设计系统来不断完善和积累出具有自我风格的原创设计库资源。服装 CAD 就具有为企业存储款式等设计资源的功能。自动设计模式软件中存储了大量纸样库，能轻松修改部位尺寸为订单尺寸，自动放码并生成新的文件，为快速估算用料提供了确切数据。用户也可自行建立纸样库。

现代的服装 CAD 软件不仅提供了强大的数据库功能，而且小到一个工具都进行了智能化和人性化的设计，充分带给应用者最大的便利性和人机交互性。

二、具体图标工具的使用与演示

1. 常用专业设计图标工具介绍

(1) 智能笔　智能笔的一支笔中包含了二十多种功能，一般款式在不切换工具的情况下可一气呵成；在不弹出对话框的情况下定尺寸制作结构图时，可以直接输入数据定尺寸，提高了工作效率；就近定位功能（“F9”键切换）在线条不剪断的情况下，能就近定尺寸，如图 4-6 所示。

① 自动匹配线段等分点，在线上定位时能自动抓取线段等分点。

② 鼠标的滑轮及空格键，可随时对结构线、纸样放缩显示或移动纸样。

③ 曲线与直线间的顺滑连接，一段线上有一部分直线和一部分曲线，连接处能顺滑对接，不会起尖角。

④ 调整时可有弦高显示，如图 4-7 所示。

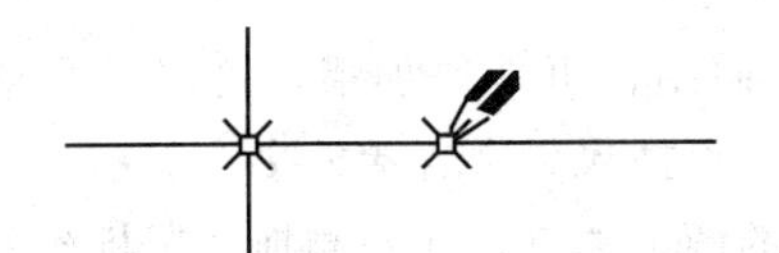

图 4-6　智能笔的使用示意图

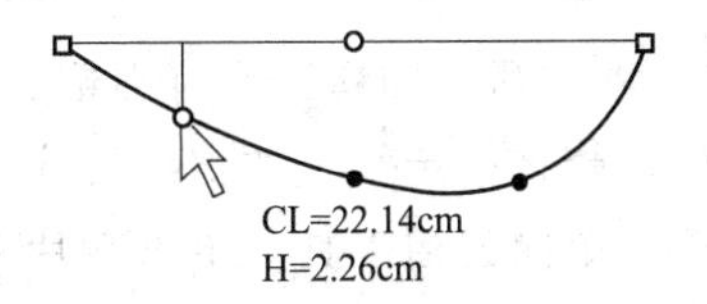

图 4-7　智能笔的使用示意图

⑤ 合并调整，能把多组结构线或多个纸样上的线拼合起来调整。

⑥ 对称调整的联动性，调整对称的一边，另一边也在关联调整。

⑦ 测量，测量的数据能自动刷新。

⑧ 画线时，如果靠近点或线则会自动吸附，按住“Ctrl”键取消吸附特性，如图 4-8 所示。

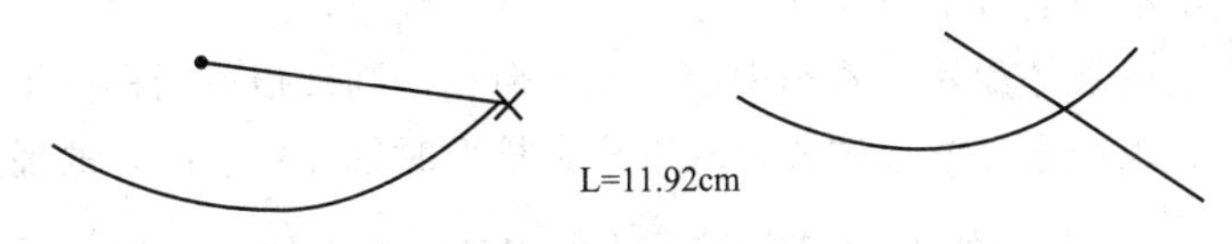

图 4-8　取消吸附特性示意图

⑨ 鼠标框选需要连角的两根线，单击右键完成，如图 4-9 所示。

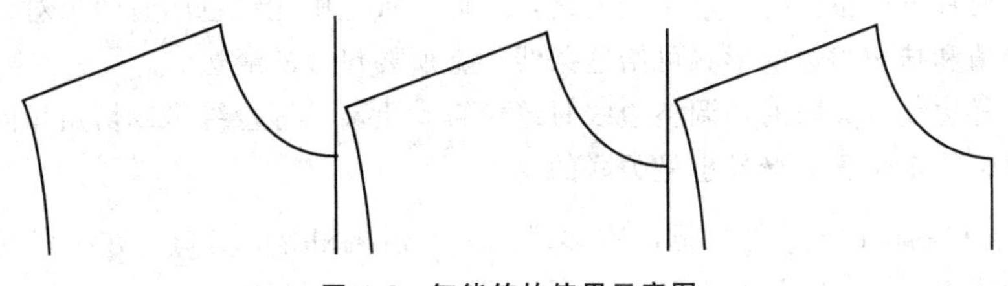

图 4-9　智能笔的使用示意图

(2) 转省　转省工具用于将纸样上的某一省道转移到新的位置或将纸样沿指定线展开，用在纸样设计中。

操作如下。

① 选取此图标，拖动鼠标选择转移线，可依次单击选取，也可拖出一矩形框选取，选取完成后单击右键。

② 单击左键选择纸样上的剪开线，确定剪开线后用鼠标左键单击不转移的部分，系统自动将与剪开线相交的所有线段断开。

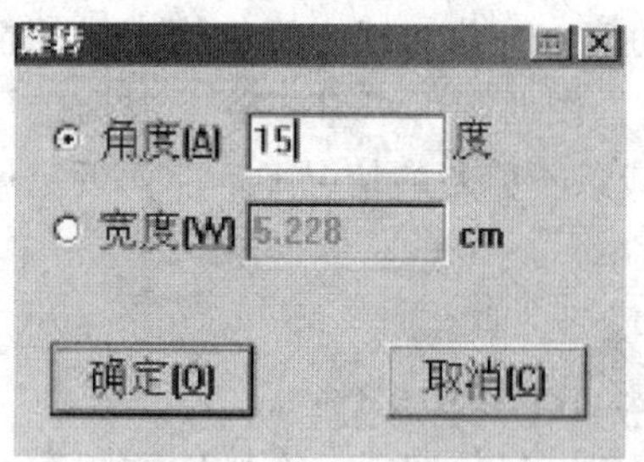

图 4-10 旋转对话框

③ 移动光标依次选取转移省的省尖点、省底点，按住省底点拖动鼠标并单击，弹出“旋转”对话框，如图4-10所示。

④ 在对话框内输入旋转角度或宽度数值即可。在转省操作前，应先将被转移省省底亮点之间的连线删除，并确定新省位的剪开线位置。在操作过程中，每进行一步在状态栏内提示下一步操作，可参照此提示完成。能同心转省、不同心转省、等份转省、一省转多省，可全省转移也可按比例转移，转省后省尖可以移动也可以不动。

(3) 加褶　加褶工具有刀褶、工字褶、明褶、暗褶，可平均加褶，可以是全褶也可以是半褶，能在指定线上加直线褶或曲线褶。在线上也可插入一个省褶或多个省褶。

如选择单向刀褶工具，单击裁片上的褶裥位置线的两个端点，往一侧拖动鼠标到所要位置生成褶裥；单击左键弹出对话框，编辑褶裥的类型、形状、宽度等参数确定完成。

(4) 分割、展开、去除余量　对指定线加长或缩短，在指定的位置插入省褶。

(5) 螺旋荷叶边　可做头尾等宽螺旋荷叶边，也可做头尾不等宽荷叶边。

(6) 圆角处理　能做等距离圆角与不等距圆角。

(7) 剪刀　剪刀工具栏包括两种工具：剪刀和衣片辅助线。

剪刀工具主要用于把纸样从辅助线里拾取出来成为单独的裁片，选中剪刀工具后，在工作视窗内，依次选中纸样上将来作为裁片轮廓线的点或线条，闭合后即可。该闭合纸样将自动在纸样列表框内生成纸样裁片，若选中填充衣片命令，则被拾取纸样以填充状态显示。

此外，剪刀工具也可通过框选方式拾取纸样，拾取时纸样轮廓线外的辅助线必须删除。

(8) 缝份　在裁片边线上的任意一点单击左键，弹出加缝边的对话框，输入数值后则在整个裁片的四周均匀地加上相应的缝边。

若要在裁片的不同边缘输入不同尺寸的缝头，在选择该工具后，先单击某条线段的起点，然后按顺时针方向按住拖到这条线的终点，此线被选中显红色同时弹出对话框，输入此缝边的宽度数值和抹角缝边的形状可给这条线加上所要尺寸的缝边。

缝份与纸样边线是关联的，调整边线时缝份自动更新。等量缝份或切角相同的部位可同时设定或修改，特定位置的缝份也是关联的。

(9) 剪口的定位或修改　同时在多段线上加距离相等的剪口、在一段线上等份加剪口，剪口的形式多样；在袖子与大身的缝合位置可一次性对剪口位。

对裁片打剪口进行对位点等处理，选中剪口工具，在所需位置或点上单击左键，再根据弹出的对话框编辑剪口的形状、大小、距离后，按确定键完成，选中此工具后单击任一裁片，系统会将该裁片默认为当前裁片。

如果要在线上打剪口，先在线的一端单击左键，按住拖至线的另一端点，松开，此时该线段变红，再在此线段上单击左键，再根据弹出的对话框编辑剪口的形状、大小、距离后，按“确定”完成。

(10) 缝迹线、绗缝线　提供了多种直线类型、曲线类型，可自由组合不同线型。绗缝线可以在单向线与交叉线间选择，夹角能自行设定。

(11) 缩水、局部缩水　对相同面料的纸样统一缩水，也可对个别的纸样局部缩水处理。

(12) 旋转　包括旋转、移动、翻转等工具，选择对称工具按住不动超过 1s 后就会弹出其他工具。

如对称工具，其操作步骤就是先用鼠标单击两个点作为对称轴，然后单击需要做对称的点或线，此点或线可以依次单击选取，也可以单击空白处拖出一矩形框选取，被选中的点、线就被放置到对称轴的另一侧。最后按右键确认即可。

(13) 合并调整　合并调整工具用于调整两条省线的长度和省合并后纸样边缘的圆顺度。

具体操作如下。

① 选该工具，分别单击两条目标线段即要调整的线段，单击右键完成。

② 分别单击省的两条边线，此时要调整的两条线段变红色，选择并移动调整点的位置，完成后单击右键结束。

(14) 剪断线　剪断线工具用于将两条相交的线段从交点处断开，或在线段上的任意点处将某线断开，使它变成两条直线或曲线。

① 选取剪断线命令。

② 移动光标到线段上单击，此时线段变红，系统自动抓取线段的某一端点，再次单击左键弹出“点的位置”对话框。

③ 在对话框内输入长度数值后单击“确定”即可，如图 4-11 所示。

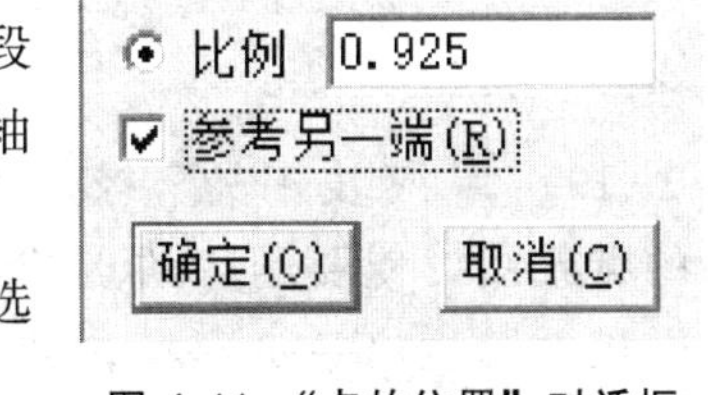

图 4-11 “点的位置”对话框

(15) 比较长度　用于将一条线段与另一条线段相减，并显示其差值。也可将几条线段相加，再减去另外几条线段相加的值。比如用于袖山弧线与袖窿弧线的比较上，可将袖山长再减去前后袖窿相加的值。

① 选该图标在线段上单击，此时线段变红色，也可框选线段一条或几条，单击右键确认前一组线段相加。

② 再单击或框选另一组线，单击右键即弹出“长度比较”对话框，该检查结果显示数值为前一组线段相加减去后一组线段相加的值。

③ 记录后，单击“OK”完成，如图 4-12 所示。

(16) 放大缩小　在视窗放大工具条上，按住鼠标左键超过 1s 就会出现下拉工具条，其中有比例缩小、全部可见（显示全图）、1∶1 显示和缩放四种功能选择。

选择放大时，在所需放大的部位单击左键并按住后拉出一放大虚线框，虚线框内的部分即按比例放大。

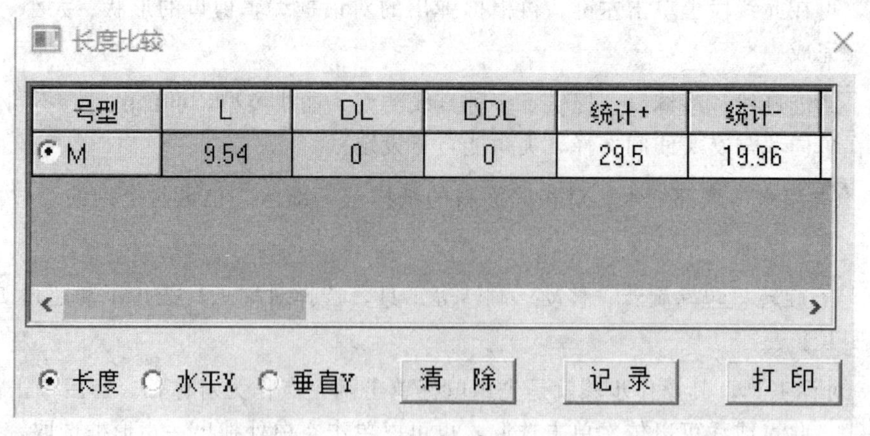

图 4-12 “长度比较”对话框

当选中放大时，按住“Ctrl”键可以在放大和缩小之间切换，单击右键就会回到全部可见视窗即可全屏操作区域。如将光标放在要选的位置，按住并拖出一个矩形框，将框的另一角定在所选的位置，矩形框内的物体就会放大到全屏。

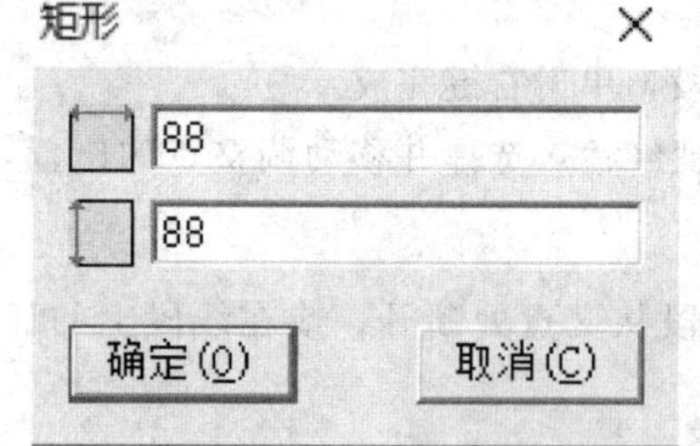

图 4-13 长度提示对话框

比例缩小，用该命令可使屏幕尺寸缩小，每按一次，缩小一定比例。

(17) 矩形工具 选择矩形工具，在所需位置单击左键，拉动鼠标后即可随意拖出矩形线，单击左键弹出长度提示对话框，然后分别输入矩形的长和宽的数值确定完成，如图 4-13 所示。

(18) 三角板

① 分别单击已知直线上的两端，则此时该直线被选中呈红色。

② 然后在此线上单击左键，弹出对话框，定出线上一点位置后，拖动鼠标，则可过此点作与该直线垂直的垂直线，最后确定它的长度完成。

③ 当直线被选中呈红色后，单击该直线外的一点，则可以直接过此点作该直线的垂直线。

(19) 橡皮工具 橡皮工具主要用来删除点或线段。选中该工具后，靠近想要删除的点或线，使要删除的点或线被选中变红，单击左键即可删除；或者在要删除的点线上用左键拉出一矩形框，使所有要删除的点线包含在这个矩形框中，松开左键即可删除这些点线。

(20) 圆规 从一点到已知直线的线段长是定长的，可以用圆规来做。选择该工具后，单击点，拖动鼠标到直线，此时直线变红，在线上单击左键，弹出对话框，输入点到直线的长度数值即可。例如，肩斜线可用此法。

另外作距离两点的距离是定长的点也可以用圆规来做。如袖子的前后袖窿。选择该工具后，先分别单击线段的两个端点，该线段呈红色，然后拖动鼠标拉出一个三角形，单击左键弹出对话框，输入该点相应距离点的长度数值，“确定”完成，如图 4-14 所示。

(21) 等份规　选中该工具后，快捷工具栏上出现等分的份数选项，在选项中直接输入等分的份数，接下来在需要等分处理的线段的两个端点上分别单击鼠标的左键，该线段上就会自动出现等分点。

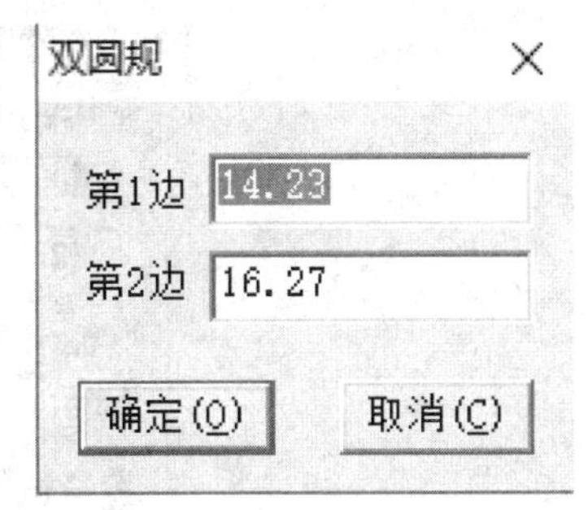

图 4-14　圆规工具使用示意图

(22) 文字工具　文字工具主要是在纸样裁片上输入文字或者文字说明。

① 选择文字工具后，在所要输入文字的纸样裁片上单击左键，即弹出文字对话框，在文字框里输入文字，调节文字的大小和角度以及字体，最后按确认结束。

② 选择文字工具后，如果靠近已有文字并单击，拖动鼠标，则可以移动文字到所要位置上。如果靠近已有文字并双击，则会弹出原来的文字对话框，改动原来输入的文字，即可对文字进行重新修改，最后按“确认”结束。

(23) 移动纸样　单击该工具，在所要移动的纸样上单击左键，原平展的手掌图形变为抓紧的握拳图形，然后拖动鼠标，即可把纸样移动到所要位置，最后单击“确定”即可。

(24) 钻孔　在工具栏中选加纽扣的图标，或在改样菜单中选加纽扣命令，或按快捷键。将加纽扣位工具点在第一个扣位的参照点上，工作区内显示一个“加纽扣”的对话框，如图 4-15 所示。

在对话框中输入数据，起始点的位置是指第一扣位相对参照点的位置，重复偏移是指扣位的数量和扣与扣之间的位置。

如果要以扣位作为以后对格对条的参考点，单击“属性”键，在弹出的“属性”对话框，输入相应的数字，按“确定”完成，如图 4-16 所示。

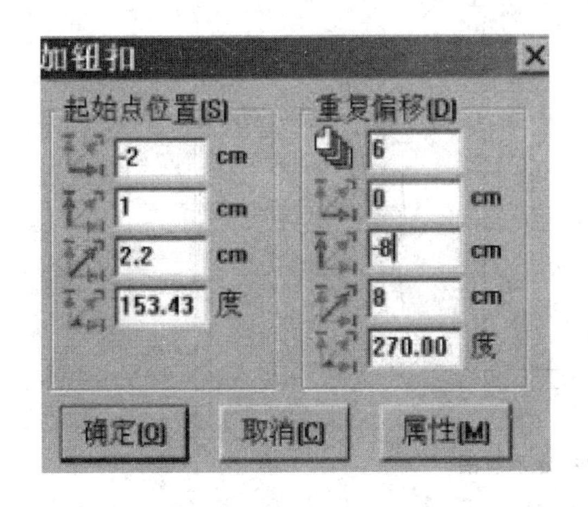

图 4-15　“加纽扣”对话框

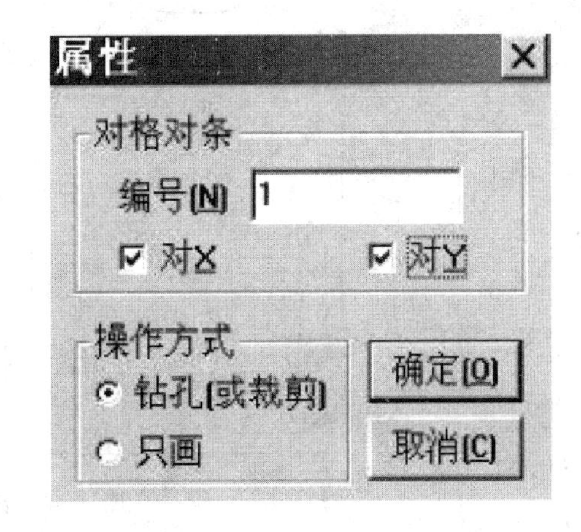

图 4-16　“属性”对话框

(25) 眼位　该工具选取可在改样菜单中选加眼位命令，或按快捷键，将加眼位工具点按在第一个眼位的参照点上，工作区内显示一个“加眼位”的对话框，如图 4-17 所示。

在对话框中输入数据，起始眼位是指第一眼位相对参照点的位置，重复偏移是指眼位的数量和眼与眼之间的位置，眼位形状是指扣眼的长度和角度。

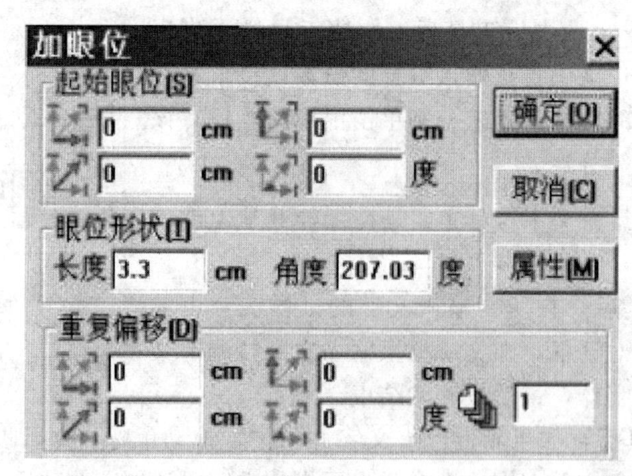

图 4-17 “加眼位”对话框

如果要以该眼位作为以后对格对条的参考点，单击“属性”按钮，弹出“属性”对话框，输入相应的数字，按“确定”完成。

(26) 比拼行走 比拼行走工具是合并纸样的一种模拟状态，用该命令可以将两纸样模拟对合在一起，调整纸样的公共线和点，以达到更好状态，最终纸样依然可以恢复到独立的状态。

① 在工具栏中选比拼行走的图标，或在改样菜单中选该命令，或按快捷键。

② 将光标点按在一纸样的对合线的某一点，移动鼠标至该点的相邻一点，按鼠标左键。

③ 将光标点按在另一纸样的对合线的某一点上，移动鼠标至该点的相邻一点，按鼠标左键，如图 4-18 所示。

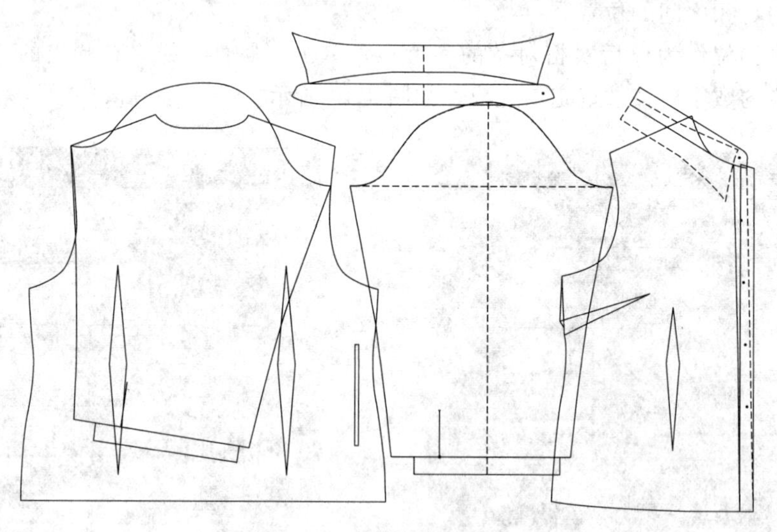

图 4-18 比拼行走示意图

(27) 调整工具 调整工具是在放码软件中使用的默认工具，这个工具用于选择纸样、点和线段。在不按选取工具图标使用选取工具时，需按一次鼠标的右键，从弹出的菜单中，用左键选中选取工具命令。在改样菜单中选取工具命令，或在工具栏中选取命令对应的图标，或按鼠标右键，在弹出的菜单中用左键选取该命令，或按相应的快捷键完成。

(28) 水平垂直翻转 当选项菜单中的限定旋转角度无效，或者有效但资料对话框中的排样限定选项中的“允许翻转”选项有效时，可用水平翻转工具对唛架上选中的纸样进行水平翻转。

当选项菜单中的限定旋转角度无效，或者有效但资料对话框中的排样限定选项中的“允许翻转”选项有效时，可用垂直翻转工具对唛架上选中的纸样进行垂直翻转，如图 4-19 所示。

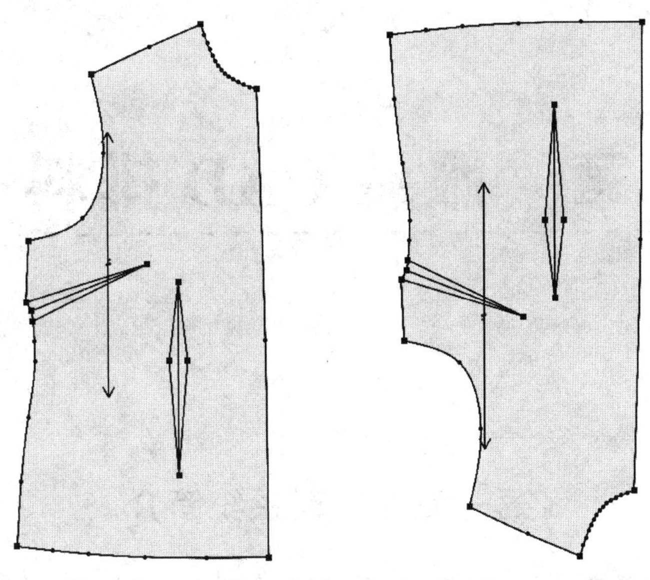

图 4-19　水平垂直翻转示意图

(29) 收省　为已经画好的样片插入省道，可直接调整边线，加省线。选取该工具图标。依次单击收省线边线和省线。在空白处单击，选择省的倒向。在弹出的对话框中输入省宽，“确定”即可。可看到边线变红色，加入的省道为蓝色，调整红色的线段，完成后单击右键结束。调整边线时，将鼠标放在点上，看到该点发光，按下“DEL”键，可将该点删除，可看到省道边自动加入省线，如图 4-20 所示。

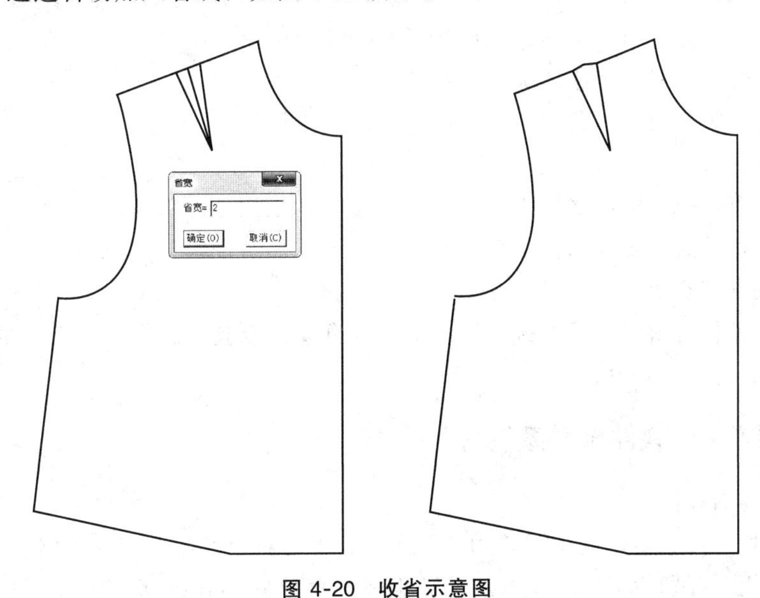

图 4-20　收省示意图

第五章　服装 CAD 排料系统

第一节　排料系统简介

服装 CAD 排料系统为排版建立长、宽可任意调节的模拟裁台，并且使其操作更加灵活、方便，这也就是排料系统的设计目标。

一、服装 CAD 软件排料系统功能概述

排料系统是为服装行业提供的排唛架专用软件，它界面简洁而友善，思路清晰而明确，所设计的排料工具功能强大、使用方便。为用户在竞争激烈的服装市场中提高生产效率，缩短生产周期，增加服装产品的技术含量和高附加值提供了强有力的保障，具有以下特点：

① 超级排料、全自动、手动、人机交互，按需选用；

② 键盘操作，排料，快速准确；

③ 自动计算用料长度、利用率、纸样总数、放置数；

④ 提供自动、手动分床；

⑤ 对不同布料的唛架自动分床；

⑥ 对不同布号的唛架自动或手动分床；

⑦ 提供对格对条功能；

⑧ 可与裁床、绘图仪、切割机、打印机等输出设备接驳，进行小唛架图的打印及 1∶1 唛架图的裁剪、绘图和切割。

二、服装 CAD 软件排料系统界面介绍

排料系统界面如图 5-1 所示。

（1）标题栏　位于窗口的顶部，用于显示文件的名称、类型及存盘的路径。

（2）菜单栏　标题栏下方是由 9 组菜单组成的菜单栏，GMS 菜单的使用方法符合 Windows 标准，单击其中的菜单命令可以执行相应的操作，快捷键为“Alt”键加命令后括号中

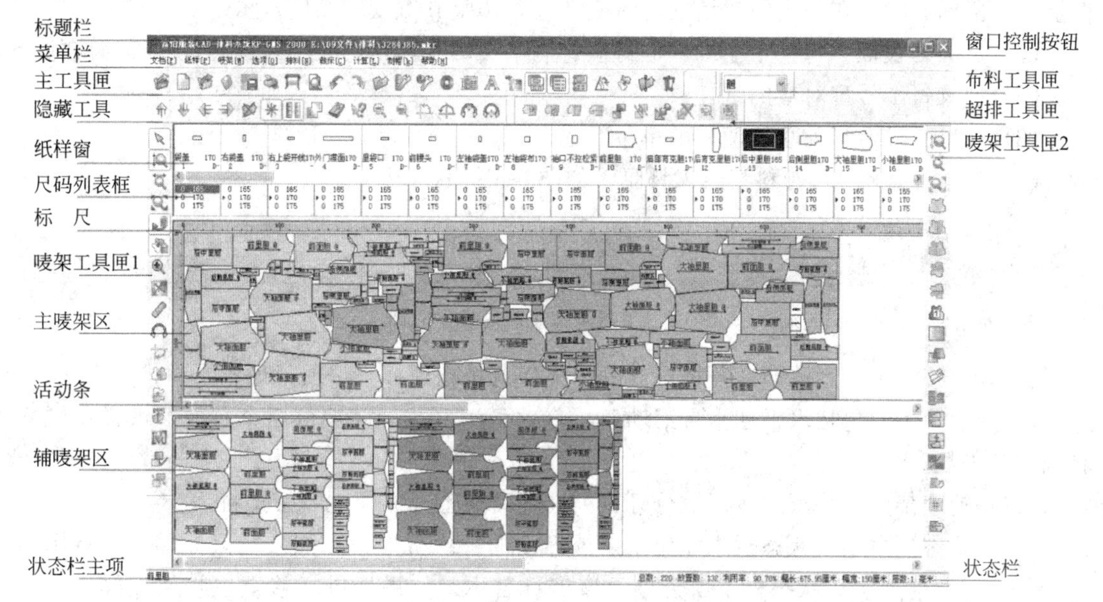

图 5-1　排料系统界面示意图

的字母且每个菜单的下拉菜单中又有各种命令。单击一个菜单时，会弹出一个下拉式命令列表。既可以用鼠标单击选择一个命令，也可以按键盘上的快捷键“↓↑”不放，再按菜单和命令后面括号中的字母，如图 5-2 所示。

文档[F]　纸样[P]　唛架[M]　选项[O]　排料[N]　裁床[C]　计算[L]　制帽[k]　帮助[H]

图 5-2　排料菜单栏示意图

（3）主工具匣　该栏放置着常用的命令，为快速完成设计与放码和排料工作提供了极大方便，如图 5-3 所示。

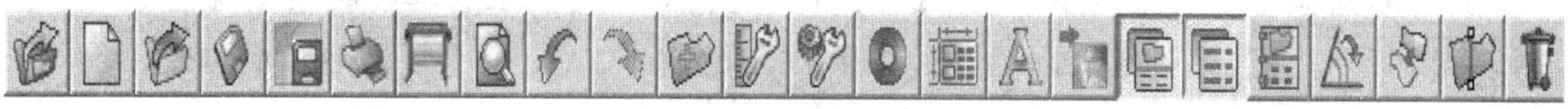

图 5-3　排料主工具匣示意图

（4）隐藏工具　排料隐藏工具如图 5-4 所示。

图 5-4　排料隐藏工具示意图

（5）超排工具匣　排料超排工具匣如图 5-5 所示。

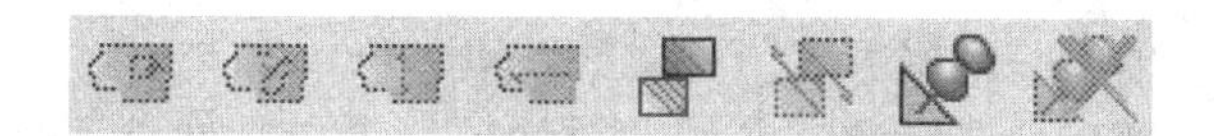

图 5-5　排料超排匣工具示意图

（6）纸样窗　纸样窗中放置着排料文件所需要使用的所有纸样，每一个单独的纸样放置在一小格的纸样框中。纸样框的大小可以通过拉动左右边界来调节其宽度，还可通过在纸样框上单击鼠标右键，在弹出的对话框内改变数值，调整其宽度和高度。

(7) 尺码列表框　每一个小纸样框对应着一个尺码表，尺码表中存放着该纸样对应的所有尺码号型及每个号型对应的纸样数。

(8) 标尺　显示当前唛架使用的单位。

(9) 唛架工具匣 1　排料唛架工具匣 1 如图 5-6 所示。

图 5-6　排料唛架工具匣 1 示意图

(10) 主唛架区　主唛架区可按自己的需要任意排列纸样，以取得最省布的排料方式。

(11) 滚动条　包括水平和垂直滚动条，拖动可浏览主辅唛架的整个页面、纸样窗纸样和纸样各码数。

(12) 辅唛架区　将纸样按码数分开排列在辅唛架上，方便主唛架排料。

(13) 状态栏主项　状态栏主项位于系统界面的最底部左边，如果把鼠标移至工具图标上，状态栏主项会显示该工具名称；如果把鼠标移至主唛架纸样上，状态栏主项会显示该纸样的宽、高、款式名、纸样名称、号型、套号及光标所在位置的 X 坐标和 Y 坐标。根据个人需要，可在参数设定中设置所需要显示的项目。

面

图 5-7　排料布料工具匣示意图

(14) 窗口控制按钮　可以控制窗口最大化、最小化显示和关闭。

(15) 布料工具匣　排料布料工具匣如图 5-7 所示。

(16) 唛架工具匣 2　排料唛架工具匣 2 如图 5-8 所示。

图 5-8　排料唛架工具匣 2 示意图

(17) 状态条　状态条位于系统界面的右边最底部，它显示着当前唛架纸样总数，放置在主唛架区纸样总数，唛架利用率，当前唛架的幅长、幅宽，唛架层数和长度单位。

第二节　排料系统的具体操作

一、服装 CAD 系统排料入门操作

① 单击新建，弹出“唛架设定”对话框，设定布封宽（唛架宽度可以根据实际情况来定）及估计的大约唛架长，最好略多一些。唛架边界可以根据实际情况自行设定，如图 5-9 所示。

② 单击“确定”，弹出“选取款式”对话框，如图 5-10 所示。

③ 单击“载入”，弹出“选取款式文档”对话框，单击文件类型文本框旁的三角按钮，可以选取文件类型是 DGS、PTN、PDS、PDF 的文件，如图 5-11 所示。

④ 单击文件名，单击“打开”，弹出“纸样制单”对话框。根据实际需要，可通过单击要修改的文本框进行补充输入或修改，如图 5-12 所示。

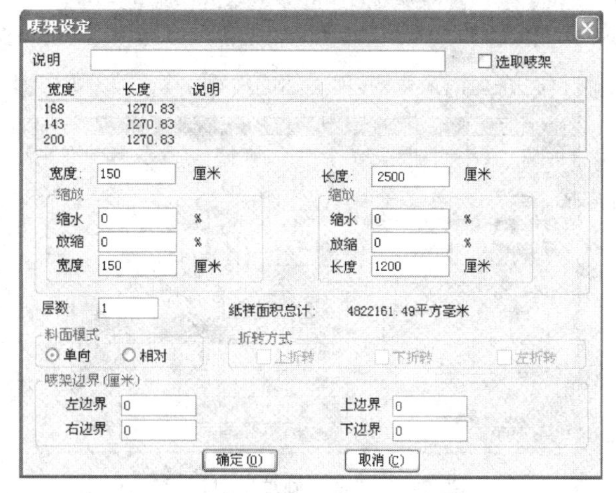

图 5-9 “唛架设定”对话框

图 5-10 “选取款式”对话框

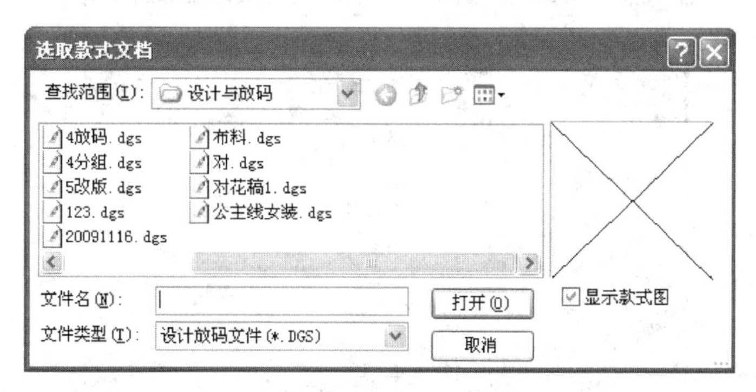

图 5-11 “选取款式文档”对话框

⑤ 检查各纸样的裁片数，并在“号型套数”栏，给各码输入所排套数。

⑥ 单击“确定”，回到上一个对话框，如图 5-13 所示。

⑦ 再单击“确定”，即可看到纸样列表框内显示纸样，号型列表框内显示各号型纸样数量。

⑧ 这时需要对纸样的显示与打印进行参数的设定。单击“选项”—“在唛架上显示纸样”弹出“显示唛架纸样”对话框，单击“布纹线”右边的三角箭头，在布纹线上下文本框内填写所需显示的内容，如图 5-14 所示。

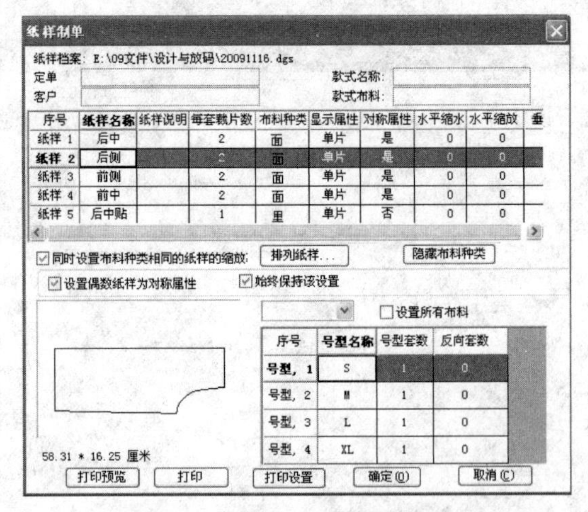

图 5-12 “纸样制单”对话框

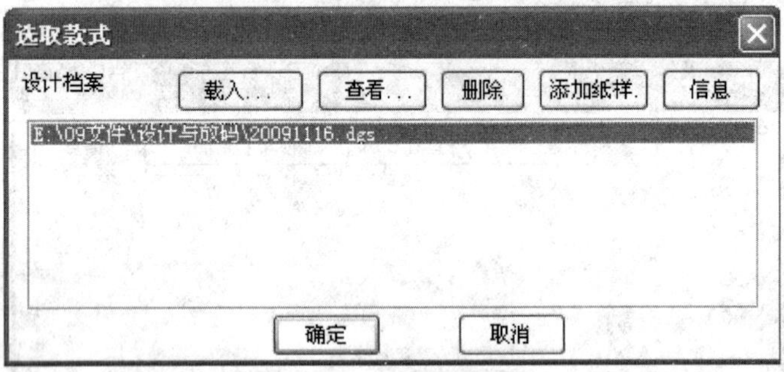

图 5-13 “选取款式”对话框

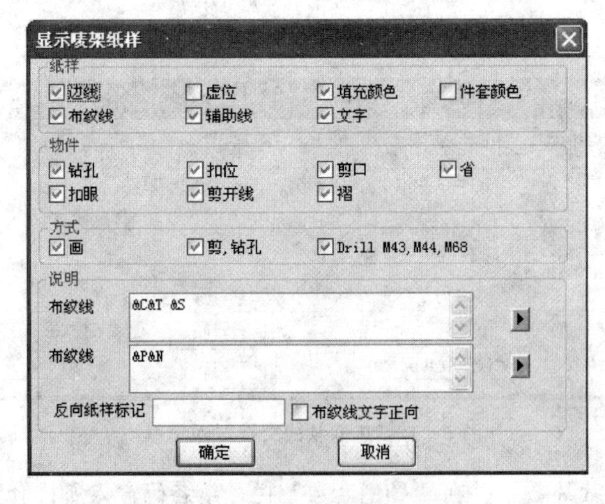

图 5-14 “显示唛架纸样”对话框

⑨ 运用手动排料或自动排料或超级排料等，排至满足利用率最高、最省料为目的。根据实际情况也可以用方向键微调纸样使其重叠，或用“1”键或“3”键旋转纸样等（如果纸样呈未填充颜色状态，则表示纸样有重叠部分）。

⑩ 唛架即显示在屏幕上，在状态栏里还可查看排料相关的信息，在“幅长”一栏里即是实际用料数，如图 5-15 所示。

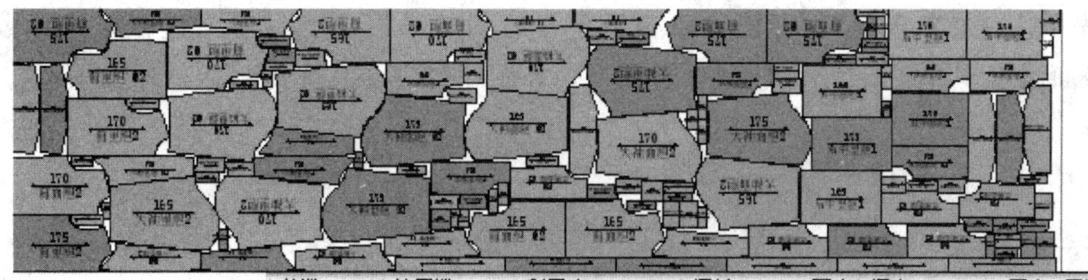

图 5-15 唛架示意图

最后单击“文档”—“另存”，弹出“另存为”对话框，保存唛架。

二、对格对条的操作流程

对格对条前，首先需要在对条格的位置上打上剪口或钻孔标记。如图 5-16 所示，要求前后幅的腰线对在垂直方向上，袋盖上的钻孔对在前左幅下边的钻孔上。

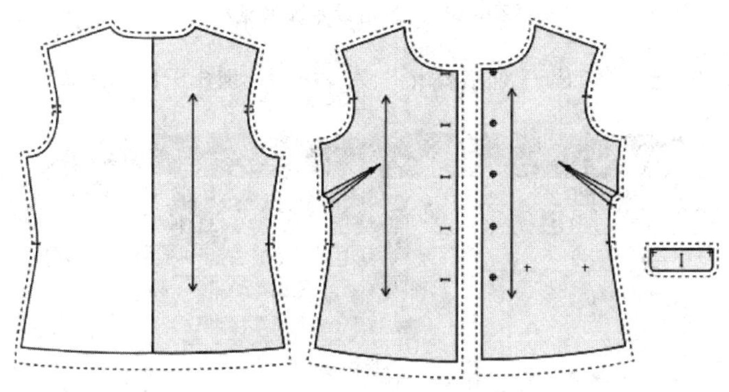

图 5-16 衬衫对格对条示意图

① 单击工具，根据对话框提示，新建一个唛架—浏览—打开—载入一个文件，具体步骤如开篇所述。

② 单击“选项”，勾选“对格对条”。

③ 单击“选项”，勾选“显示条格”。

④ 单击“唛架”—“定义对条对格”，弹出对话框，如图 5-17 所示。

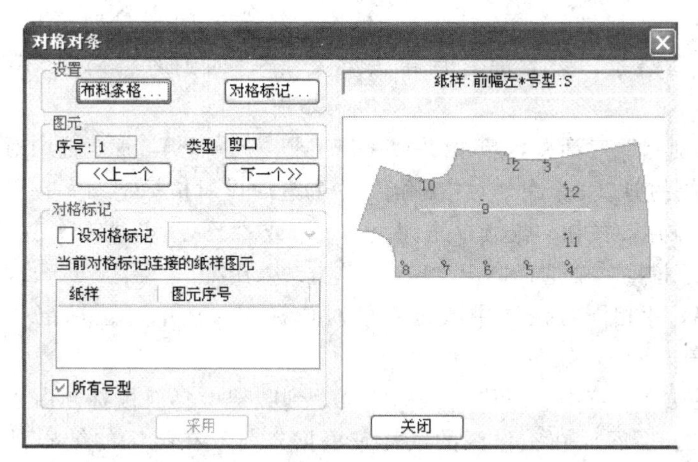

图 5-17 “对格对条”对话框（一）

⑤ 首先单击“布料条格”，弹出“条格设定”对话框，根据面料情况进行条格参数设定；设定好面料按“确定”，结束回到母对话框，如图 5-18 所示。

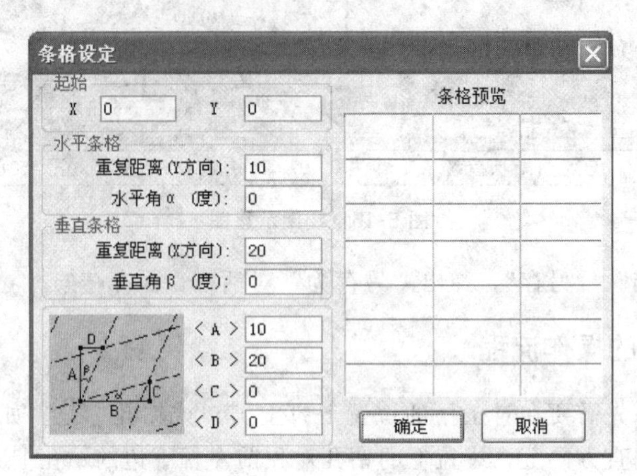

图 5-18 “条格设定”对话框

⑥ 单击“对格标记”，弹出“对格标记”对话框，如图 5-19 所示。

图 5-19 “对格标记”对话框

⑦ 在“对格标记”对话框内单击“增加”，弹出“增加对格标记”对话框，在“名称”框内设置一个名称如“a”对腰位，单击“确定”回到母对话框，继续单击“增加”，设置“b”对袋位，设置完之后单击“关闭”，回到对格对条对话框，如图 5-20 所示。

⑧ 在“对条对格”对话框内单击“上一个”或“下一个”，直至选中对格对条的标记剪口或钻孔如前左幅的剪口 3，在“对格标记”中勾选“设对格标记”并在下拉菜单下选择标记“a”，单击“采用”按钮。继续单击“上一个”或“下一个”按钮，选择标记“11”，用相同的方法，在下拉菜单下选择标记“b”并单击“采用”。

⑨ 选中后幅，用相同方法选中腰位上的对位标记，选中对位标记“a”，并单击“采用”，同样对袋盖设置好，如图 5-21 所示。

⑩ 单击并拖动纸样窗中要对格对条的样片，到唛架上释放鼠标。由于对格标记中没有勾选“设定位置”，后面放在工作区的纸样是根据先前放在唛区的纸样对位的，如图 5-22 所示。

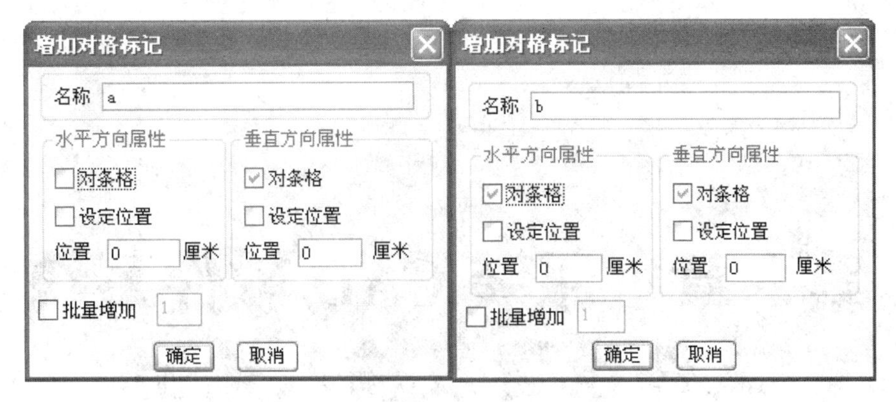

图 5-20 “增加对格标记”对话框

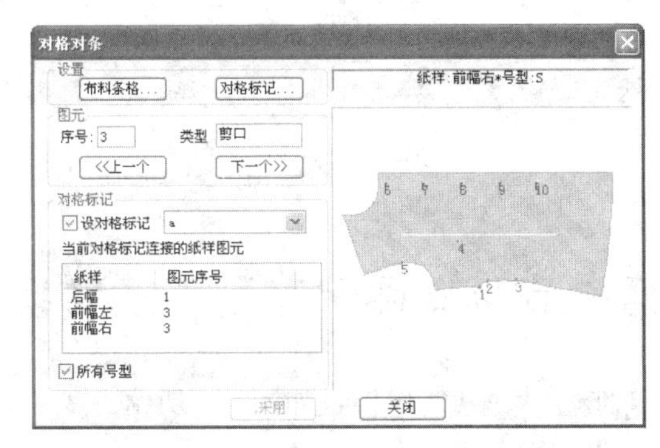

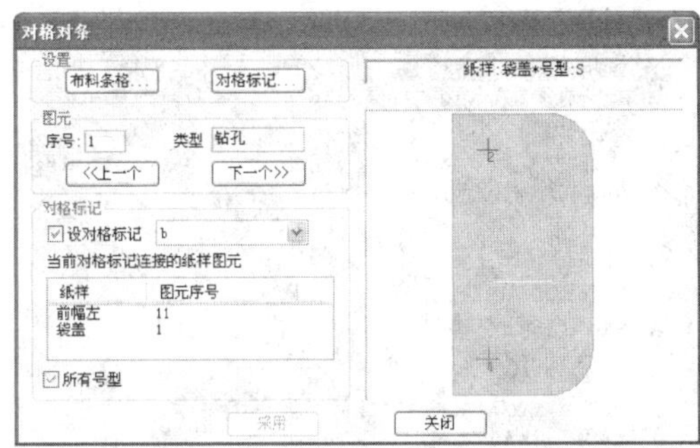

图 5-21 “对格对条”对话框（二）

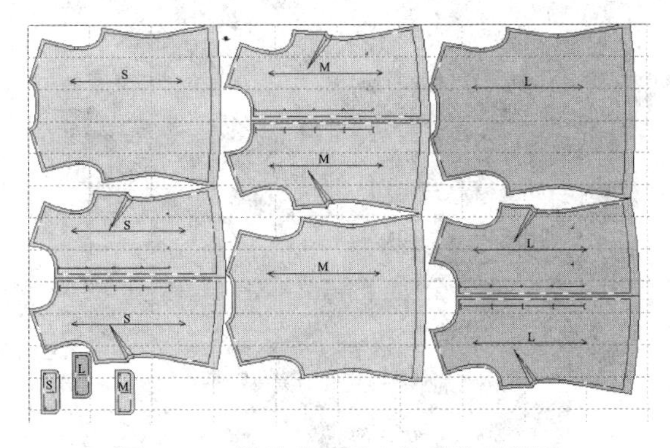

图 5-22 样片在唛区上的对位示意图

第六章　服装 CAD 软件系统文件设置及输入输出

第一节　文件保存及格式转换

服装 CAD 软件系统文件的保存具体操作，如图 6-1 所示。

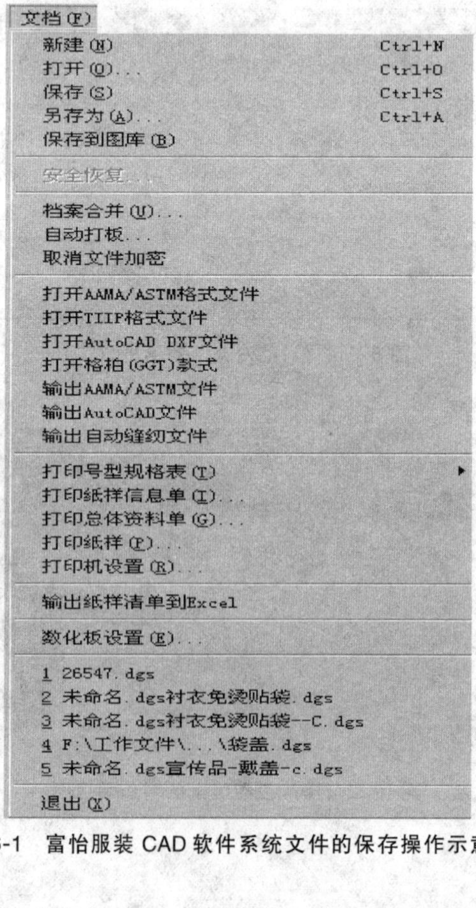

文档(F)
新建(N)　Ctrl+N
打开(O)...　Ctrl+O
保存(S)　Ctrl+S
另存为(A)...　Ctrl+A
保存到图库(B)
安全恢复...
档案合并(U)...
自动打板...
取消文件加密
打开AAMA/ASTM格式文件
打开TIIP格式文件
打开AutoCAD DXF文件
打开格柏(GGT)款式
输出AAMA/ASTM文件
输出AutoCAD文件
输出自动缝纫文件
打印号型规格表(T)
打印纸样信息单(I)...
打印总体资料单(G)...
打印纸样(P)...
打印机设置(R)...
输出纸样清单到Excel
数化板设置(E)...
1 26547.dgs
2 未命名.dgs衬衣免烫贴袋.dgs
3 未命名.dgs衬衣免烫贴袋--C.dgs
4 F:\工作文件\...\袋盖.dgs
5 未命名.dgs宣传品-戴盖-c.dgs
退出(X)

图 6-1　富怡服装 CAD 软件系统文件的保存操作示意图

一、如何保存服装CAD文件

① 单击 或按“Ctrl+S”键，第一次保存时弹出“文档另存为”对话框，指定路径后，在“文件名”文本框内输入文件名，单击“保存”即可，如图6-2所示。

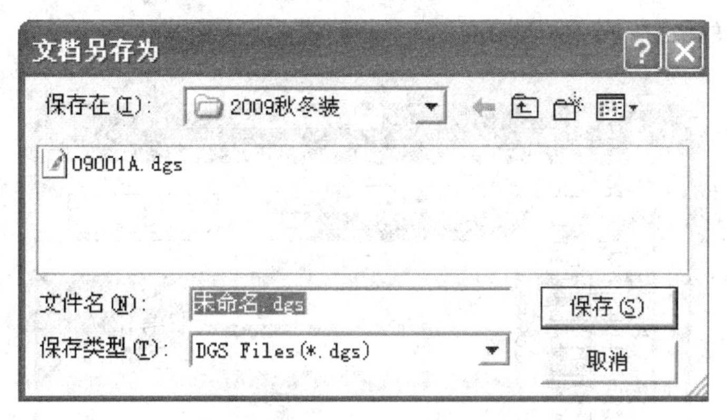

图6-2 “文档另存为”对话框

② 再次保存该文件，则单击该图标按“Ctrl+S”键即可，文件将按原路径、原文件名保存。

二、如何另存为CAD文件

单击“文档”菜单—“另存为”，弹出的“另存为”对话框，输入新的文件名或换一个不同的路径，即可另存当前文档。

三、文档如何保存到图库

① 用 加入/调整工艺图片工具左键框选目标线后单击右键，如图6-3所示。

图6-3 加入/调整工艺图片示意图

② 结构线被一个虚线框框住。

③ 单击“文档”菜单—“保存到图库”，弹出“保存到图库”对话框，选择存储路径输

入名称，单击“保存”即可。

四、如何使丢失文档安全恢复

① 打开软件。

② 单击“文档”菜单—“安全恢复”，弹出“安全恢复”对话框。

③ 选择相应的文件，单击“确定”即可，如图 6-4 所示。

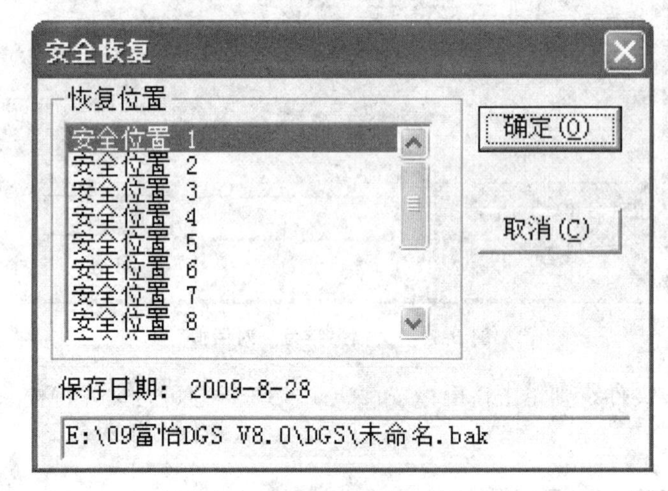

图 6-4 “安全恢复”对话框

第二节　服装 CAD 软件格式转换

所有的 CAD 软件都涉及格式如何转换的问题，这是决定服装 CAD 是否具有良好兼容性的关键，通常具体操作如下。

一、AAMA/ASTM 格式文件介绍

① 单击“文档”菜单—“打开 AAMA/ASTM 格式文件”，弹出“打开”对话框。

② 选择存储路径，在文件名上双击即可打开，如图 6-5 所示。

“打开”对话框参数说明如下。

放缩比例：根据实际情况可选择不同的比例输入在本软件中。

读入文本文字：勾选，文件输入后原文本文字存在，否则只输入纸样。

只读基码：勾选，即使输入的是放码文件也只有基码，否则原文件所有号型全部输入。

转换缝份：勾选，有缝份的文件输入后有缝份显示（缝份下方以影子的方式显示原缝份线的位置），否则文件输入后以辅助线显示。

二、TIIP 格式文件介绍

① 单击“文档”菜单—“打开 TIIP 格式文件”，弹出“打开”对话框。

② 选择存储路径，在文件名上双击即可打开。

注：读入的字符串字体默认系统设置的 T 文字字体，比如读日文文件可把 T 文字提前

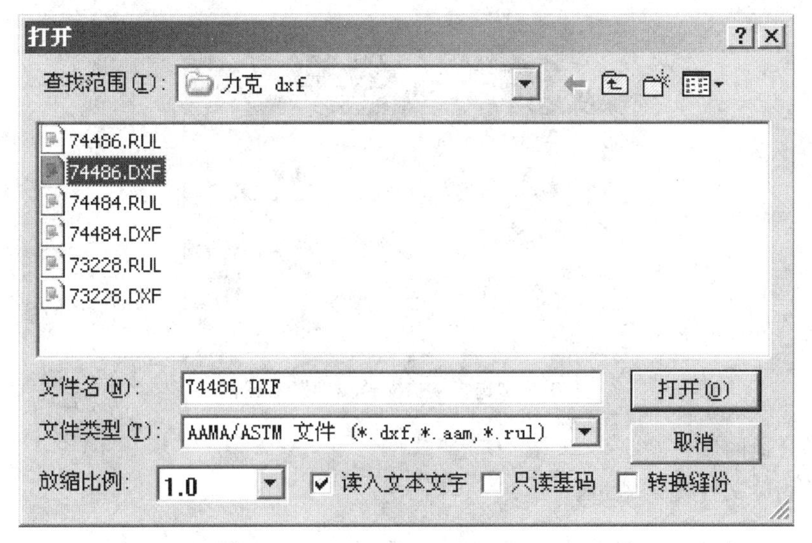

图 6-5 打开 AAMA/ASTM 格式文件示意图

设置成日文字体（选项菜单—“字体”—“T 文字字体”—“设置字体”—“MS Gothic”，字符集中选“日文”）。

三、AutoCAD DXF 文件介绍

① 单击“文档”菜单—“打开 AutoCAD DXF 文件”，弹出“打开”对话框，如图 6-6 所示。

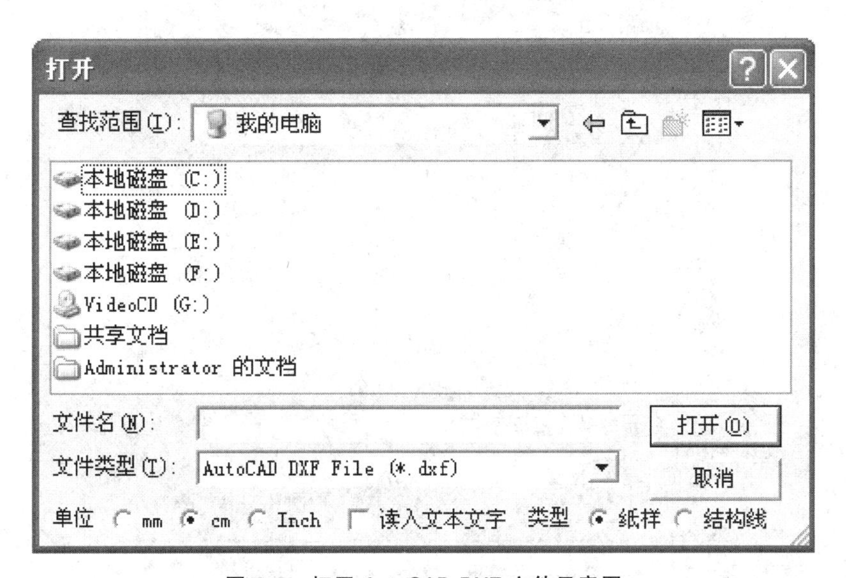

图 6-6 打开 AutoCAD DXF 文件示意图

② 选择存储路径，并选择合适的选项，在文件名上双击即可打开。

四、格伯（GGT）款式介绍

① 单击“文档”菜单—“打开格伯（GGT）款式”，弹出“选择格伯文件类型”对话框，

如图 6-7 所示。

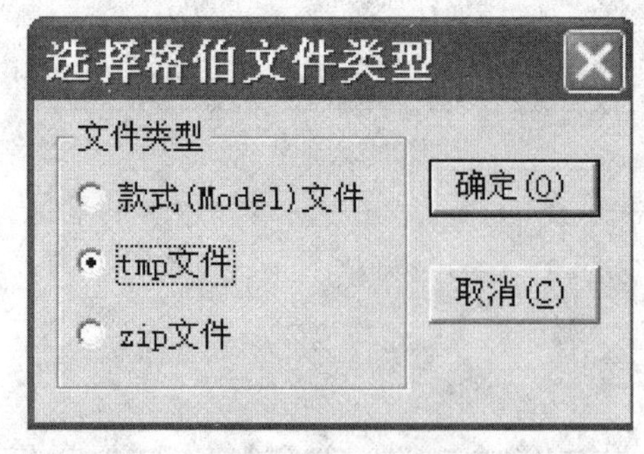

图 6-7 “选择格伯文件类型”对话框

② 选择合适的文件类型，单击“确定”。

③ 选择相关文件确定即可。

五、输出 ASTM 文件简介

① 用“打开”命令把需要输出的文件打开。

② 单击“文档”菜单—“输出 ASTM 文件”，弹出“另存为”对话框。

③ 选择保存路径，输入文件名，单击“保存”，弹出“输出 AAMA/ASTM”对话框，如图 6-8 所示。

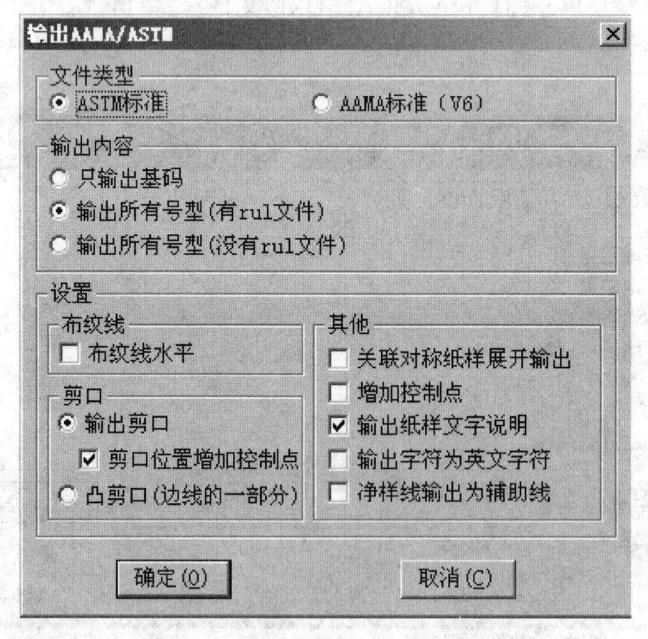

图 6-8 “输出 AAMA/ASTM”对话框

④ 选择合适的选项，单击“确定”即可。

六、输出 AutoCAD 文件介绍

① 用“打开”命令把需要输出的文件打开。

② 单击“文档”菜单—“输出 AutoCAD 文件”，弹出“另存为”对话框。

③ 选择保存路径，输入文件名，单击“保存”，弹出“输出 AutoCAD DXF 文件”对话框，如图 6-9 所示。

④ 选择合适的选项，单击“确定”即可。

七、输出自动缝制文件介绍

① 把带有模板槽的纸样文件打开。

② 单击“文档”菜单—“输出自动缝制文件”，弹出“输出自动缝制文件”对话框，如图 6-10 所示。

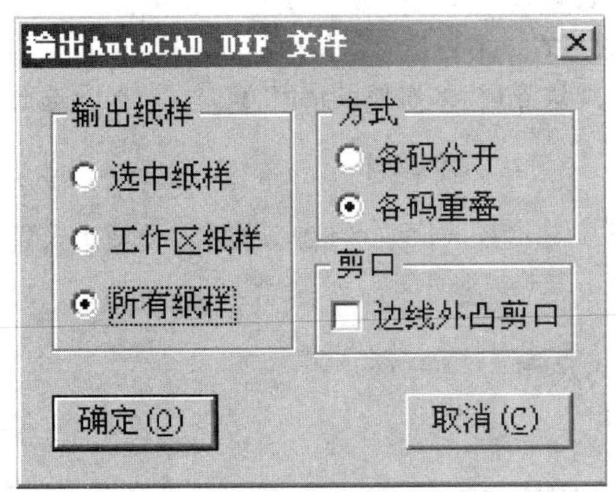

图 6-9 “输出 AutoCAD DXF 文件”对话框

图 6-10 “输出自动缝制文件”对话框

③ 选择需要输出的纸样、码数，选择文件目录及文件格式等，单击“确定”即可输出。

第三节 服装 CAD 系统设置

服装 CAD 系统设置中有多个选项卡，可对系统各项进行设置。具体操作如下。

单击“选项”菜单—“系统设置”，弹出“系统设置”对话框，有 8 个选项卡，重新设置任一参数，需单击以下的应用按钮才有效。

一、长度单位

“长度单位”选项卡说明，如图 6-11 所示。

具体操作说明如下。

① 用于确定系统所用的度量单位。在“厘米”“毫米”“英寸”和“市寸”四种单位里单击选择一种，在“显示精度”下拉列表框内选择需要达到的精度。

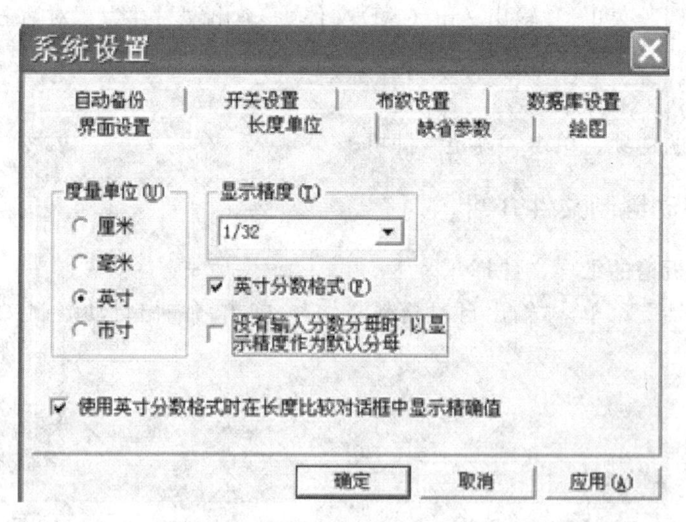

图 6-11 “长度单位”选项卡示意图

在选择英寸的时候，可以选择分数格式与小数格式。

②“英寸分数格式”：勾选该项时，使用分数格式。不勾选时，使用小数格式。

③“没有输入分数分母时，以显示精度作为默认分母”：如果设精度为 1/16，在勾选此项的 10.3 和没勾选此项的 $10\frac{3}{16}$是一样的，都是 10 寸 1 分半。

④“使用英寸分数格式时在长度比较对话框中显示精确值”：勾选该项时，长度比较表中有分数与小数两种格式显示。不勾选时，只有分数格式显示。

二、缺省参数

该选项卡说明，如图 6-12 所示。

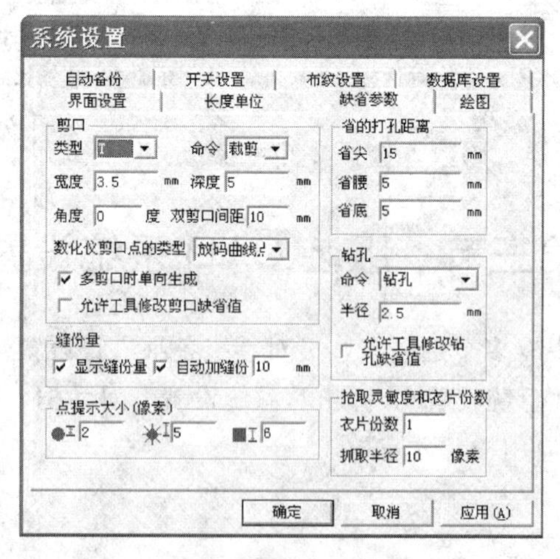

图 6-12 “缺省参数”选项卡示意图

具体操作说明如下。

(1)“剪口” 可更改默认剪口类型、大小、角度、命令（操作方式）。

“命令”：选择“裁剪”，连接切割机时外轮廓线上的剪口会切割；选择“只画”，连接切割机或绘图仪时以画的方式显现；“M68”为连接电脑裁床时剪口选择的方式。

“双剪口间距”：指打多剪口时相邻剪口间默认的距离。

“数化仪剪口点的类型”：这里设定的为“读纸样”对话框中默认点，如选择的是“放码曲线点”，则按剪口键后，剪口下方有个放码曲线点。

“多剪口时单向生成”：勾选，剪口对话框中的距离是参考点至最近剪口的距离；否则，剪口对话框中的距离是参考点到多剪口中点的距离。

(2)“缝份量” 勾选“显示缝份量”，纸样加缝份。

(3)“自动加缝份” 可更改默认加的缝份量，勾选“自动加缝份”后，当生成样片后，系统会为每一个衣片自动加上缝份。

(4)“点提示大小（像素）” ●I 3 ■I 4 用于设置结构线或纸样上的控制点大小；✷I 6 定位时，用于设置参考点大小。

(5)“省的打孔距离”

① 省尖 15 mm 用于设置省尖钻孔距省尖的距离；

② 省腰 5 mm 用于设置省腰钻孔距省腰的距离；

③ 省底 5 mm 用于设置省底钻孔距省底的距离。

④“省的打孔距离”操作：设置常用省的打孔距离，双击欲修改的文本框，输入数据后按“应用”键即生效。

(6)“钻孔” 选择“钻孔”，指连接切割机时该钻孔会切割；选择“只画”，指连接绘图仪、切割机时钻孔会以画的形式显现；勾选“Drill M43”或“Drill M44”或“Drill M45”，指连接裁床时，砸眼的大小。

半径 2.5 mm 用于设置钻孔的大小。

(7)“拾取灵敏度和衣片份数” 拾取灵敏度：用于设定鼠标抓取的灵敏度，鼠标抓取的灵敏度是指以抓取点为圆心，以像素为半径的圆。像素愈大，范围愈大，一般设在5～15像素。

“衣片份数”：是剪纸样时或用数化板读图时，纸样份数的默认设置。

三、绘图方法

“绘图”选项卡说明，如图6-13所示。

(1)“线条宽度” 用于设置喷墨绘图仪的线的宽度。

(2)“点大小（直径）” 用于设置喷墨绘图仪的点大小。

① 3 mm 设定虚线的间隔长度。

② 2 mm 设定点线的间隔长度。

③ 8 mm 设定点划线的间隔长度。

(3)“固定段长度” 固定段长度是为了保证切割时纸样与原纸张相连，在此设定这段线所需长度。

(4)“切割段长度” 设置刀一次切割的长度；在切割时纸样边缘的切割形状如图6-14所示。

对于“绘图仪线型”、“软件虚线”、“圆圈虚线”系统提供了七种线型，在绘图功能中选

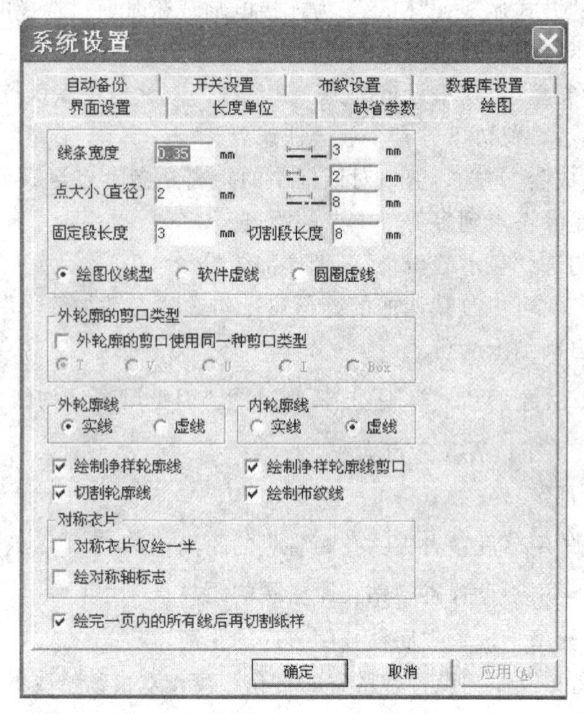

图 6-13 “绘图”选项卡示意图

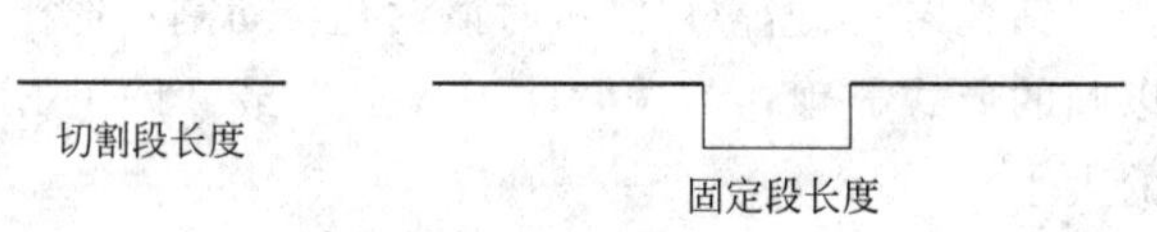

图 6-14 切割段长度示意图

择不同类型时各种线型的绘图效果，如表 6-1 所示。

表 6-1 七种线型图表

名称	图示	选择绘图仪线型	输出后图示	选择软件虚线	输出后图示	选择圆圈虚线	输出后图示
实线		实线		实线		实线	
虚线		虚线		根据设置的长度、间隔绘制		根据设置的直径、间隔绘制	
点线		点线					
点划线		点划线					
自定义虚线	L D	绘制的形状与屏幕上显示的形状相同		绘制的形状与屏幕上显示的形状相同		绘制的形状与屏幕上显示的形状相同	
圆形曲线	R D						
自定义曲线	☆☆☆		★★★★		★★★★		★★★★

(5)“外轮廓的剪口类型” 勾选“外轮廓的剪口使用同一种类型”，则可在下面选择一种绘图或切割时统一采用的剪口。

(6)“外轮廓线” 指纸样的最外边的线，绘图时有实线与虚线的选择。

(7)“内轮廓线” 指纸样的净样线，绘图时有实线与虚线的选择。

（8）“绘制净样轮廓线” 勾选，绘制净样线。

（9）“绘制净样轮廓线剪口” 勾选，绘制净样轮廓线剪口。

（10）“切割轮廓线” 勾选，使用刻绘仪时，切割外轮廓线。此时固定段长度与切割段长度被激活。

（11）“绘制布纹线” 勾选，绘图或打印时，绘制布纹线。

（12）“绘完一页的所有线后再切割纸样” 勾选，接切割机时用笔绘完一页后再用刀割纸样。

四、界面设置

“界面设置”选项卡说明，如图 6-15 所示。

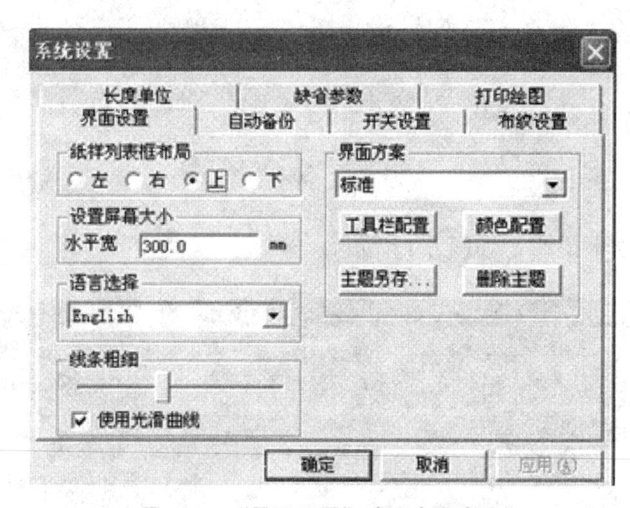

图 6-15 “界面设置”选项卡示意图

（1）“纸样列表框布局” 单击“上、下、左、右”中的任何一个选项按钮，纸样列表框就放置在对应位置。

（2）“设置屏幕大小” 按照实际的屏幕大小输入后，按“Ctrl＋F11”键时图形可以1∶1 显示。

（3）“语言选择” 用于切换语言版本，如“Chinese（GB）”为中文简体版，“Chinese（BIG5）”为中文繁体版。

（4）“线条粗细” 指结构线、纸样边线、辅助线的粗细，滑块向左滑线条会越来越细，向右滑线条会越来越粗。勾选“使用光滑曲线”，线条为光滑线条显示，不勾选为锯齿线条显示。

（5）“界面方案” 童装 存储了的主题可在下拉菜单中选择。

① 工具栏配置 为了用户操作方便，可根据需求只把用到的工具显示在界面上。单击该按钮可自行设置自定义工具及右键工具，如图 6-16 所示。

注意：需要在“显示”—“自定义工具条”打钩才可以显示。

② 主题另存... 设定好的自定义工具条可存储，可存储多个主题。

③ 删除主题 不需要的主题可先选中，再单击该按钮将其删除。

④ 颜色配置 与快捷工具栏下的 颜色设置一样。

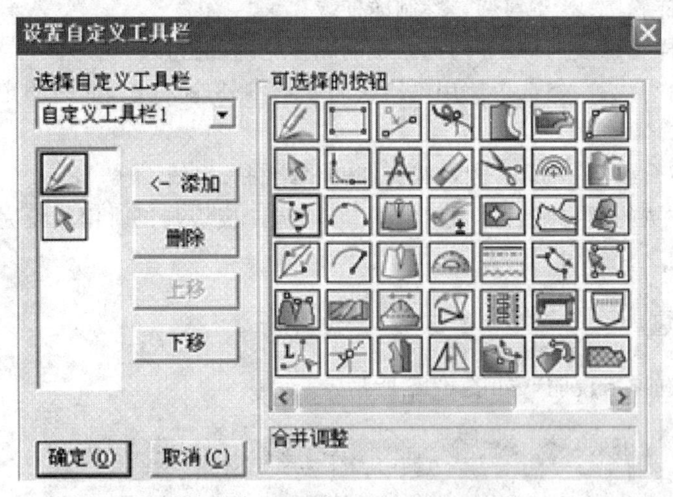

图 6-16 “设置自定义工具栏”示意图

五、自动备份

“自动备份”选项卡说明，如图 6-17 所示。

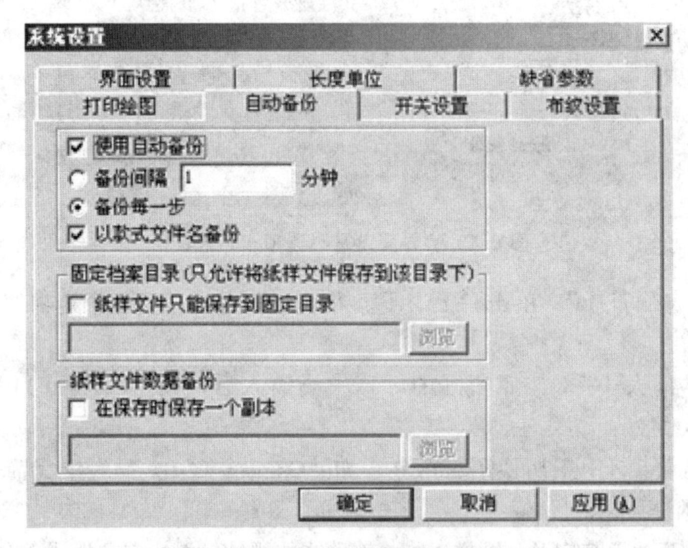

图 6-17 “自动备份”选项卡示意图

（1）“使用自动备份” 勾选则系统实行自动备份。

（2）“备份间隔” 用来设置备份的时间间隔。

（3）“备份每一步” 是指备份操作的每一步。人为保存过的每一个文件都有对应的文件名，后缀名为“bak”，与人为保存的文件在同一目录下。如果做了多步操作，一次也没保存，就用安全恢复。

（4）“以款式文件名备份” 勾选，在保存文件的目录下每个文件都有相对应的备份，如在某目录下保存了一个文件名为“NV003. dgs”，那么同一目录下也有一个“NV003. bak”。

（5）“固定档案目录（只允许将纸样文件保存到该目录下）” 勾选“纸样文件只能保存到固定目录”则所有文件保存到指定目录内，不会由于操作不当找不到文件。选用本项后，纸样就不能再存到其他目录中，系统会提示一定要保存到指定目录内，这时只有选择指定目录才能保存。

（6）“在保存时保存一个副本” 在正常保存文件同时，勾选该选项也可以在其他盘符中再保存一份文档作为备份。

六、开关设置

“开关设置”选项卡参数说明，如图 6-18 所示。

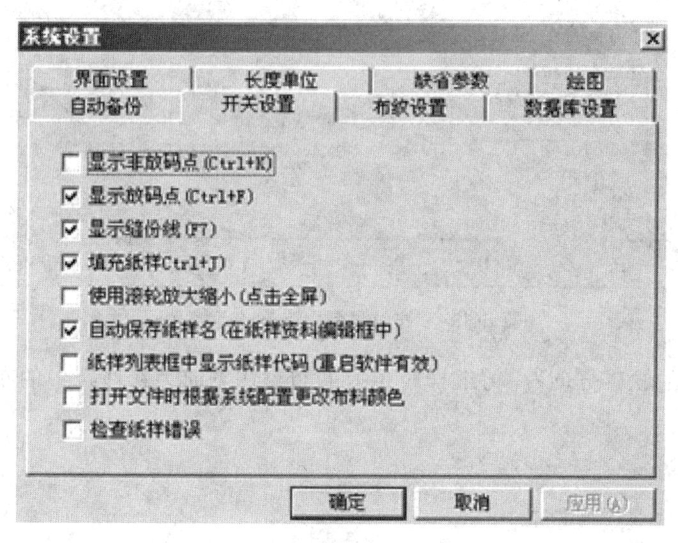

图 6-18 “开关设置”选项卡示意图

（1）“显示非放码点” 快捷方式：“Ctrl＋K”键，勾选则显示所有非放码点，反之不显示。

（2）“显示放码点” 快捷方式：“Ctrl＋F”键，勾选则显示所有放码点，反之不显示。

（3）“显示缝份线” 快捷方式：“F7”键，勾选则显示所有缝份线，反之不显示。

（4）“填充纸样” 快捷方式：“Ctrl＋J”键，勾选则纸样有颜色填充，反之没有。

（5）“使用滚轮放大缩小（点击全屏）” 勾选则鼠标滚轮向后滚动为放大显示，向前滚动为缩小显示，反之为移动屏幕。

（6）“自动保存纸样名（在纸样资料编辑框中）” 勾选该项，在纸样资料对话框中新输入的纸样名会自动保存，否则不会被保存。

（7）“纸样列表框中显示纸样代码（重启软件有效）” 勾选该选项，重启软件后，纸样资料对话中输入的纸样代码会显示在纸样列表框中，反之不显示。

（8）“打开文件时根据系统配置更改布料颜色” 把计算机 A 的布料颜色设置好，并把该台计算机富怡安装目录下 DATA 文件中的“MaterialColor. dat”文件复制粘贴在计算机 B 的富怡安装目录下 DATA 文件中，并且在系统设置中勾选该选项，则在计算机 B 中打开文件布料显示的颜色与计算机 A 中布料显示的颜色一致。

（9）“检查纸样错误” 勾选该选项，如果纸样的边线有交叉或布纹线有伸出纸样外的情况，软件就会提示，请检查某纸样。

七、布纹设置

“布纹设置”选项卡说明，如图 6-19 所示。

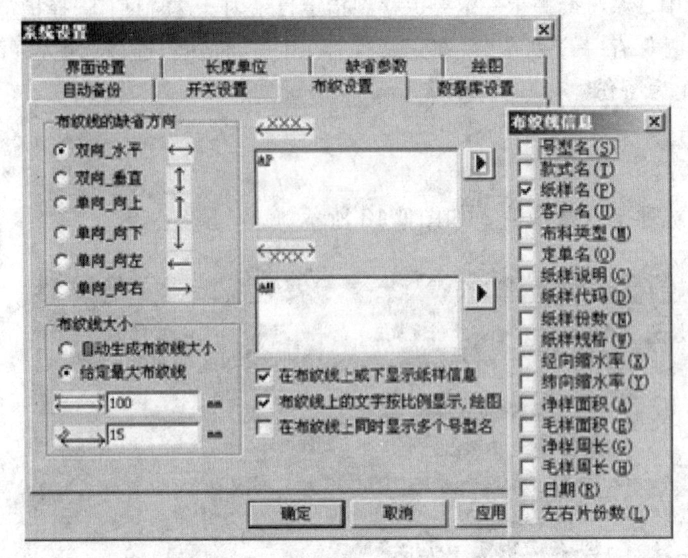

图 6-19 “布纹设置”选项卡示意图

（1）“布纹线的缺省方向” 剪纸样时生成的布纹线方向为在此选中的布纹线方向，如图 6-20 所示。

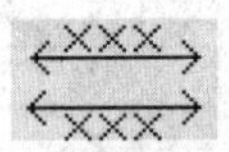

图 6-20 布纹线的缺省方向示意图

单击右边的三角按钮，在弹出的下拉菜单中选择所需选项，文本框中出现对应代码，最后单击“应用”、“确定”。

（2）“在布纹线上或下显示纸样信息” 勾选，纸样的布纹线上下就会显示“纸样资料”、“款式资料”中设置的信息。

（3）“布纹线上的文字按比例显示，绘图” 勾选，布纹线上下的文字大小按布纹的长短显示，否则以同样的大小显示。

（4）“在布纹线上同时显示多个号型名” 勾选，在显示所有码或绘网样时，各个码的号型都可显示在布纹线上下。

八、数据库设置

“数据库设置”选项卡说明，如图 6-21 所示。

首先软件加密锁中必须加入数据库功能，该选项为激活状态。

（1）“选择或者输入服务器名” 如“GCAD-SERVER\SQLEXPRESS”。

（2）“用户名”“数据库密” 在此输入用户名及密码。

（3）勾选方框前的选项，如果在当前计算机上保存文件，就会把所勾选内容输出到数据库计算机中。

① □将所有纸样的面积和周长输出到数据库。

② □将所有纸样的面料信息输出到数据库。

③ □将所有纸样的尺寸信息输出到数据库。

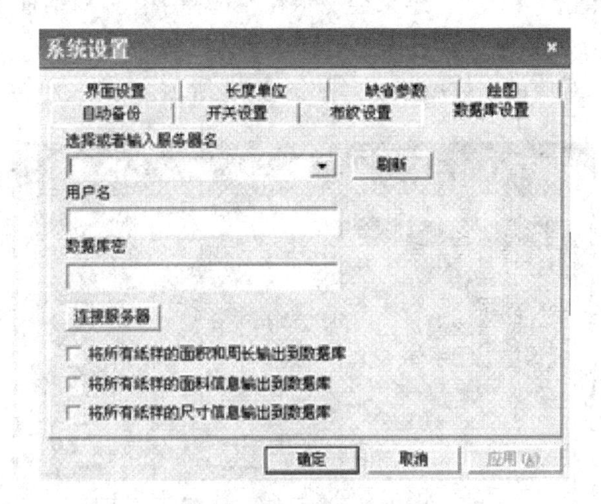

图 6-21 “数据库设置”选项卡示意图

注意：数据库传输只能用网线，不能用无线网卡传送；本机与数据库计算机必须在同一个局域中。

九、使用缺省设置

单击“选项”菜单—“使用缺省设置”即可。

注意：用了缺省设置，系统中改过的设置就会相应的改变。建议在正常状态下，不要选择缺省设置。

十、启用尺寸对话框

该命令前面有“√”显示，画指定长度线或定位或定数调整时可有对话框显示，反之没有。

单击“选项”菜单—“启用尺寸对话框”，如果做此操作前，该命令前无“√”显示，操作后就有“√”显示。如果做此操作前，该命令前有“√”显示，操作后就无“√”显示。

十一、启用点偏移对话框

功能：该命令前面有“√”显示，用调整工具左键调整放码点时有对话框，反之没有。

具体操作如下。

单击“选项”菜单—启用“点偏移”对话框，如果做此操作前，该命令前无“√”显示，操作后就有“√”显示，如果做此操作前，该命令前有“√”显示，操作后就无“√”显示。

十二、字体设置

用来设置工具信息提示、T 文字、布纹线上的字体、尺寸变量的字体等字形和大小，也可以把原来设置过的字体再返回到系统默认的字体。

① 选中需设置要的内容，单击“设置字体”按钮，弹出“字体”对话框，选择合适的

字体、字形、大小，单击“确定”，结果会显示在“选择字体”对话框中。

② 如果想返回系统默认字体，只需在“默认字体”按钮上单击。

③ 单击“确定”，对应的字体就改变，如图 6-22 所示。

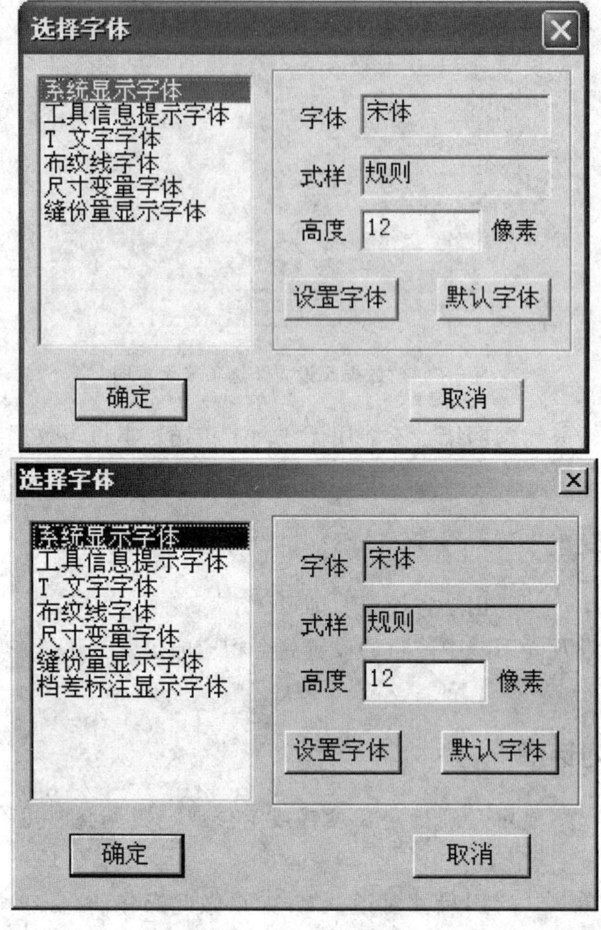

图 6-22 字体设计示意图

十三、帮助菜单

帮助菜单如图 6-23 所示。

帮助(H)

关于富怡DGS(A)...

图 6-23 帮助菜单示意图

十四、关于 DGS 介绍

用于查看应用程序版本、VID、版权等相关信息。

单击“帮助”菜单—“关于 DGS”，弹出“关于 Design”对话框，查看之后，单击“确定”，如图 6-24 所示。

图 6-24 “关于 DGS”示意图

第四节 打 印 输 出

一、号型规格表的打印

该命令用于打印号型规格表。

单击“文档”菜单—“打印号型规格表”—“打印”即可。

二、号型规格表的预览

该命令用于预览号型规格表。

三、纸样信息单的打印

用于打印纸样的详细资料，如纸样的名称、说明、面料、数量等。

单击“文档”菜单—“打印纸样信息单”，弹出“打印制板裁片单”对话框，选择适当选项，单击“打印”即可。

①“打印制板裁片单”参数说明，如图 6-25 所示。

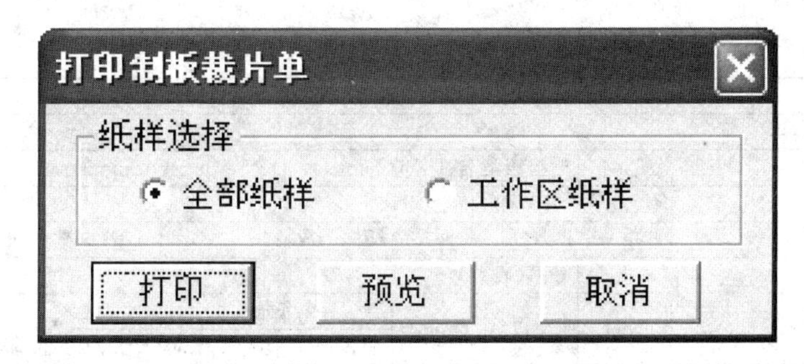

图 6-25 “打印制板裁片单”示意图

②“全部纸样”命令为对话框的默认值，按“打印”则会把该文件的所有纸样图及纸样资料逐一打印出来。

③“工作区纸样”选项只打印工作区的纸样。首先把需要打印信息的纸样放于工作区中，再选中该选项，按“打印”则会把工作区的纸样图及纸样资料打印出来，

④“预览”选项单击可弹出预览界面。

四、总体资料单的打印

用于打印所有纸样的信息资料，并集中显示在一起。

①“打印总体资料单”参数说明，如图 6-26 所示。

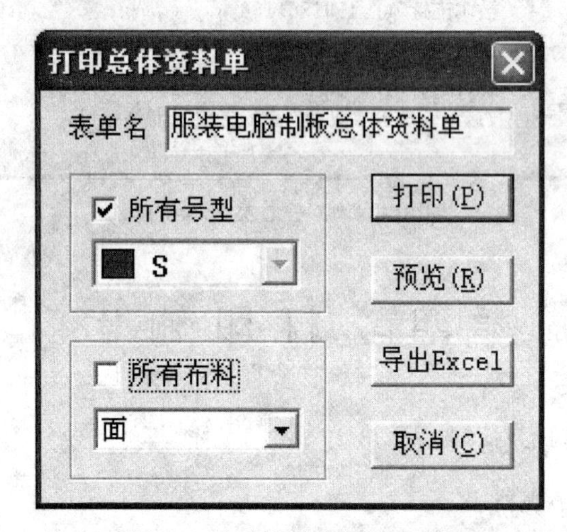

图 6-26　打印总体资料单示意图

②“表单名”：指打印或导出文件的标题，这些表单名可以更改。

③“所有号型”：默认为打印所有号型纸样的数据，单击去掉勾选，则要在其下拉列表中单击选择所需号型，一次只能打印一个号型的所有纸样。

④“所有布料”：对于采用不同布料的纸样，默认为全部打印所有的纸样资料，单击去掉勾选，可在其下拉列表中选择打印哪种布料的纸样。

⑤“预览”：可看到所选的纸样的资料列表。

⑥“导出 Excel”：文件的总体资料导出 Excel 表格，单击“文档”菜单—“打印总体资料单”，弹出“打印总体资料单”对话框，进行相应的设置。选择预览或打印，如表 6-2 所示。

表 6-2　导出 Excel 表

服装电脑制板总体资料单									
									2011-10-9
款式:5100202			电脑档案名:C:\Documents and Settings\Administrator\桌面\test. dgs						
简述:									
客户:		订单号:			纸样个数:17		号型(码数)个数:3		
布料:面			号型(码数):S						
纸样名		数量	剪口	钻孔	净样		毛样		说明
					面积/cm^2	周长/cm	面积/cm^2	周长/cm	
	前上第一层	1	0	0	203.97	103.83	315.65	112.12	
	后上第一层	2	0	0	92.32	43.28	142.26	52.62	

续表

纸样名		数量	剪口	钻孔	净样		毛样		说明
					面积/cm^2	周长/cm	面积/cm^2	周长/cm	
	第一层袖	2	2	0	144.58	58.41	196.13	64.6	
	后腰带	2	0	0	1190.32	143.51	1379.03	153.67	
	裙下第一层后幅	2	1	0	574.78	101.22	723.8	111.79	
	前上第二层	1	0	0	179.23	71.48	253.65	81.48	
	后上第二层	2	0	0	92.32	43.28	142.26	52.62	
	第二层袖	2	2	0	144.58	58.41	196.13	64.6	
	裙下第二层前幅	1	0	0	1149.56	168.02	1330.6	175.82	
	裙下第二层后幅	2	1	0	574.78	101.22	689.98	109.88	
总计:净样(面积=8309.66cm^2,周长=1609.98cm),毛样(面积=10234.93cm^2,周长=1766.73cm)									

五、纸样的打印

用于在打印机上打印纸样或草图。

① 把需要打印的纸样或草图显示在工作区中。

② 单击“文档”菜单—“打印纸样”，弹出“打印纸样”对话框，如图 6-27 所示。

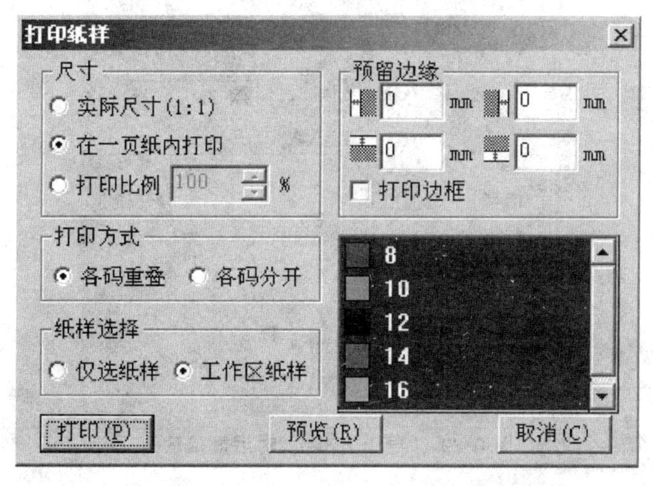

图 6-27 “打印纸样”对话框

③ 单击“确定”，即可。

六、打印机的设置

用于设置打印机型号及纸张大小及方向。

① 单击“文档”菜单—“打印机设置”，弹出“打印设置”对话框。

② 选择相应的打印机型号，及打印方向和纸张的大小，“确定”即可，如图 6-28 所示。

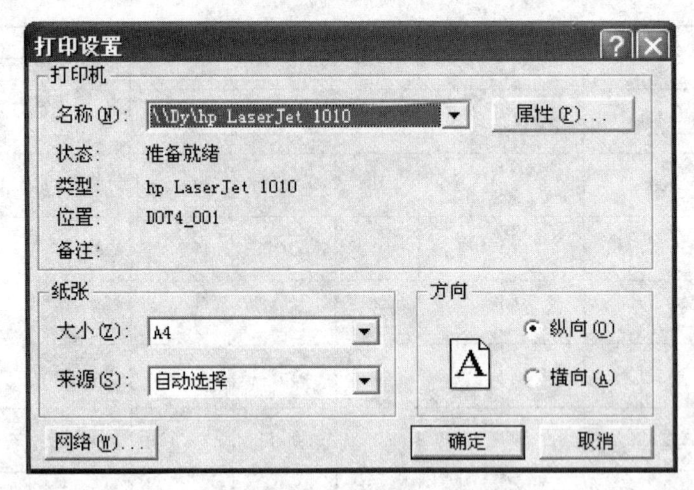

图 6-28 “打印设置”对话框

七、纸样清单的输出

把与纸样相关的信息，如纸样名称、代码、说明、份数、缩水率、周长、面积、纸样图等输入到 Excel 表中，并生成“. xls”格式的文件。

① 单击“文档”菜单—“输出纸样清单到 Excel”，弹出“导出 Excel”对话框，如图 6-29 所示。

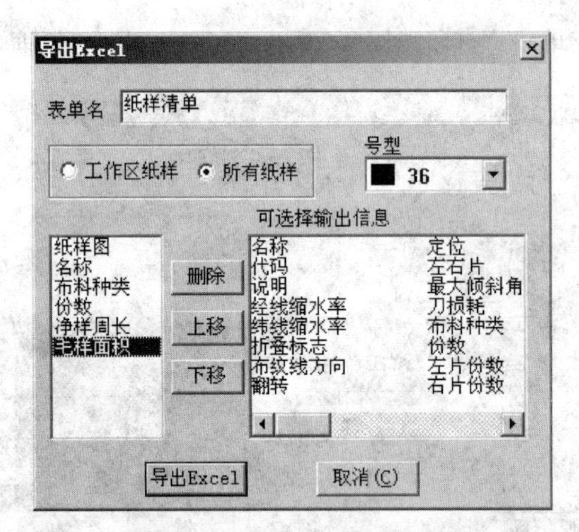

图 6-29 “导出 Excel”对话框示意图

② 选中需要输出的纸样，及选中输出的信息，单击“导出 Excel”即可导出，如图 6-30 所示。

八、数字化仪的设置

“数化板设置”对话框如图 6-31 所示。

“数化板设置”参数说明如下：

“数化板选择”：本栏不需要选择型号，软件在出厂前，厂商已根据用户所用数化板型号

	A	B	C	D	E	F	G
1	纸样清单						
2						2012-7-24	单位：cm
3	款式:40B0113001						
4	序号	纸样图	名称	布料种类	份数	净样周长	毛样面积
5	1		后中	面	2	178.88	1421.7
6	2		大袖	面	2	155.09	1297.45
7	3		小袖	面	2	137.5	737.33
8	4		挂面	面	2	206.82	989.23
9	5		前中	面	2	279.77	1569.13
10	6		前里	里	2	152.66	845.31
11	7		侧里	里	2	134.57	762.23
12	8		侧片	里	2	133	699.42

图 6-30 “导出 Excel”示意图

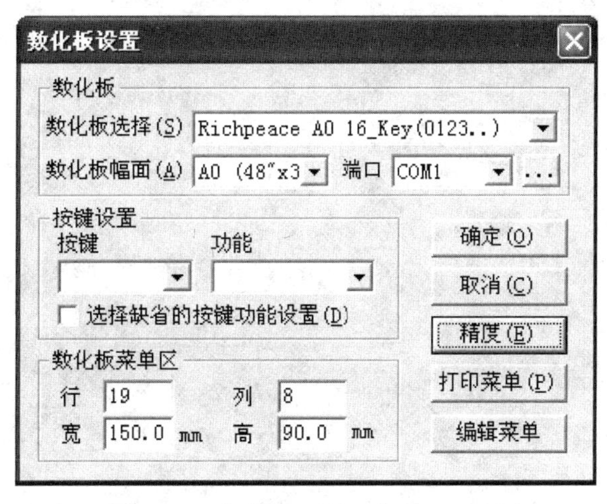

图 6-31 “数化板设置”对话框示意图

设置好。

“数化板幅面”：用于设置数化板的规格。

“端口”：用于选择数化板所连接端口的名称。

“按键设置”：是用于设置十六键鼠标上各键的功能。

“选择缺省的按键功能设置”：勾选后数化板鼠标的对应键将采用系统默认的缺省设置。

“数化板菜单区”：用于设置数化板菜单区的行列。

“精度”：用于调整读图板的读图精度。方法是：手工画一个 50cm×50cm 的矩形框，通过数化板读入计算机中，把实际测量出的横纵长度，输入至调整精度的对话框中，即可。

“打印菜单”：在设定完菜单区的行和列后，单击该按钮，系统就会自动打印出。

“数化板菜单”说明如下。

“编辑菜单”：单击编辑菜单，会弹出多个自由编辑区，在此可设置常用的纸样名称，方便在读图时直接把纸样名读入。一个编辑区设置一个纸样名。

说明：数化板菜单是本系统设置的一个读图菜单，打印出来后贴在数化板的一角，方便鼠标在数化板上直接输入纸样信息。具体如何设置应该参考读图。

第七章　服装 CAD 褶裥设计

第一节　褶裥设计中切展法的运用

一、褶裥设计中切展法的概念

切展法是根据服装设计要求在服装上将整体或局部按结构线切开。将剪切部位进行平行移动、弧形展开或省道转移等艺术形式处理，展示出收褶、放摆、收省、分割等造型效果，使服装不仅更加适合人体，还能充分展示人体美。

二、褶裥设计中切展法的分类

依据不同手法的运用，可以把褶裥设计分为平行切展法、弧形切展法和转移切展法三类。

第二节　平行切展法设计褶裥

一、平行切展法设计定义和作用

平行切展法是指确定褶的结构线后，利用 CAD 工字褶展开及刀褶展开等工具，平行移动一定的褶量。平行切展法主要用来设计两端分量相等的褶类造型，一般用于规律褶及抽褶服装，两端折叠有层次，多在生活装、表演服装中运用，衬托女性娴静温柔、娇柔华贵之美。

二、平行切展法具体应用实例

（1）服装效果图　该设计能衬托出女性的娴静温柔、娇柔华贵，如图 7-1 所示。

（2）褶皱女士上衣制图规格　女士上衣制图规格如表 7-1 所示。

图 7-1　款式设计图

表 7-1　女士上衣制图规格　　　单位：cm

部位	胸围	腰围	摆围	肩宽	衣长
长度	106	90	110	42	67

（3）具体操作流程

① 先绘制女衬衫前片原型，具体步骤在第十章 第一节中将叙述，这里就不再重复，如图 7-2 所示。

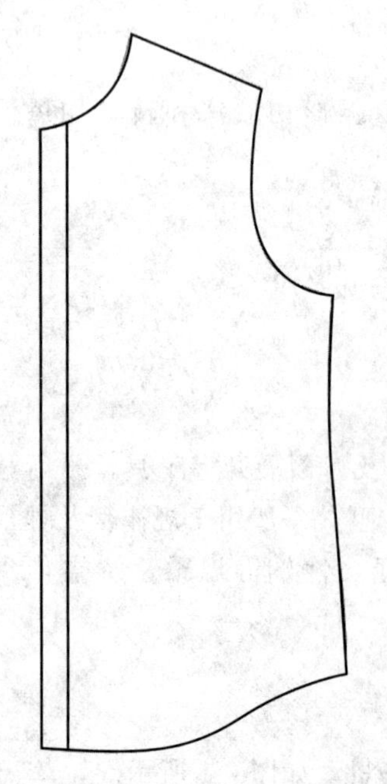

图 7-2　褶皱女衬衫前片原型示意图

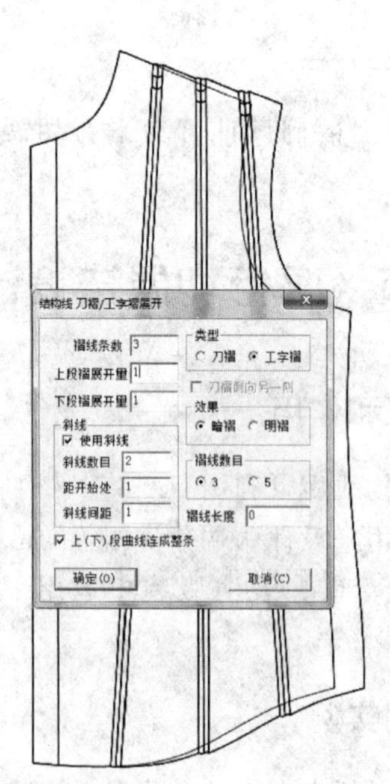

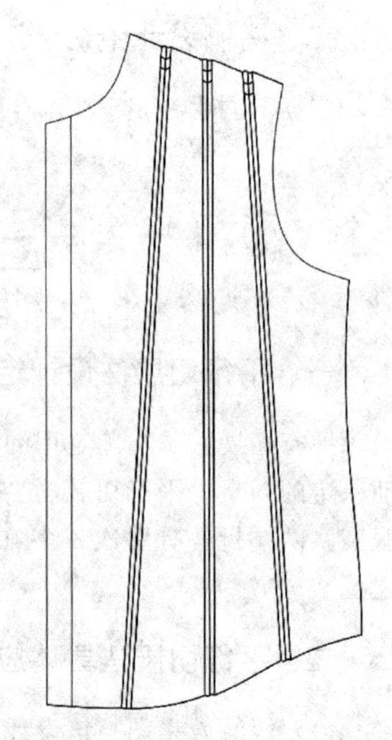

图 7-3　拉展褶线示意图

② 利用褶展开工具框选整个纸样，纸样线条变成红色，单击右键结束；单击上段折线（肩斜线），肩斜线变成绿色，单击右键结束；单击下段折线（下摆线），下摆线变成紫色，单击右键结束；在弹出的对话框中输入数值，单击“确定”即可，如图 7-3 所示。

第三节　弧形切展法设计褶裥

一、弧形切展法设计定义和作用

弧形切展法是按照指定的方向旋转结构线，产生较大的褶量，褶线呈放射状，结构线呈弧形，富有动感的褶线更加衬托出女性的妩媚之美。

二、弧形切展法具体应用实例

（1）服装效果图　款式设计如图 7-4 所示。

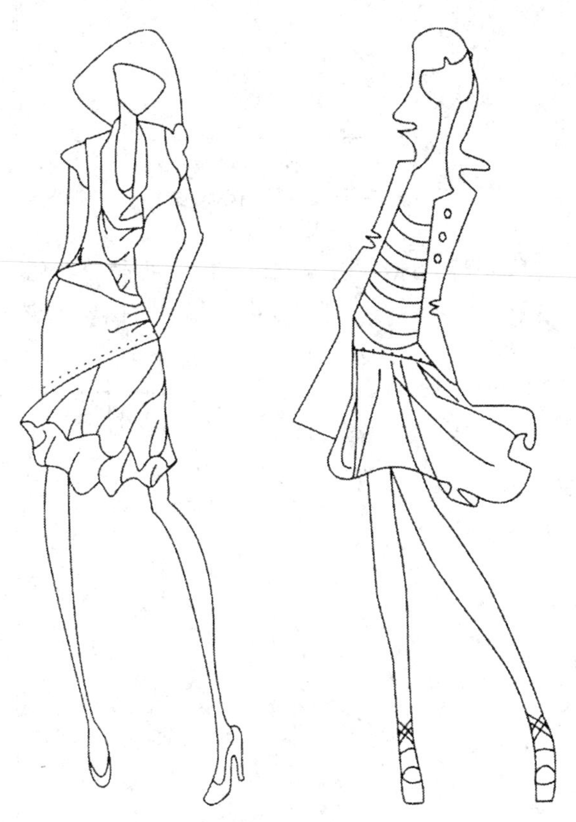

图 7-4　款式设计图

（2）育克褶裙制图规格　育克褶裙制图规格如表 7-2 所示。

表 7-2　育克褶裙制图规格　　单位：cm

部位	腰围	臀围	肩宽	裙长
长度	66	90	42	60

(3) 具体操作流程

① 打开“女裙前片原型”，利用智能笔工具绘制褶线，如图 7-5 所示。

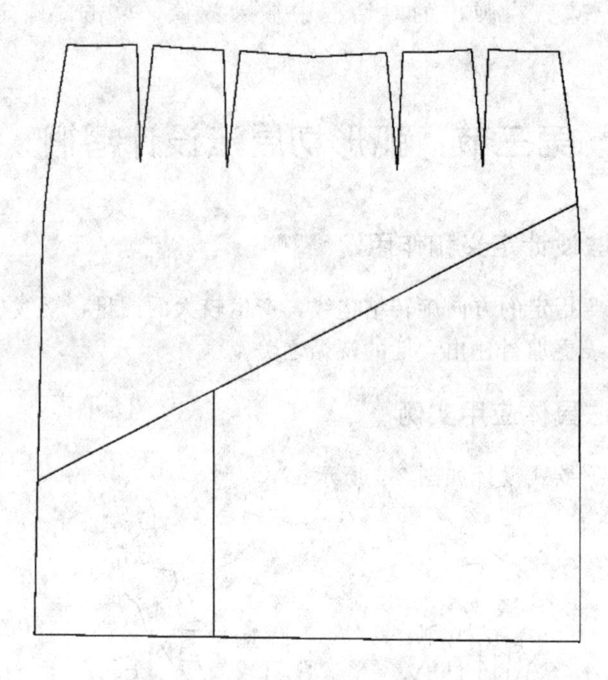

图 7-5 褶线绘制示意图

② 选择剪断线工具，分别单击左右侧缝线，此时线段变红色，再单击与褶线相交的点即可，采用同样的方法分别再将斜线分割线及底边线也剪断，如图 7-6 所示。

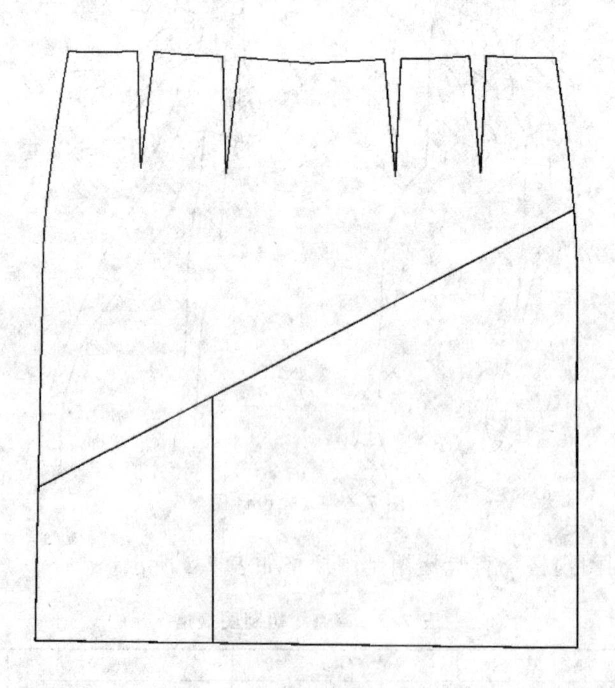

图 7-6 剪断线示意图

③ 用 分割、展开、去除余量工具，框选右侧需要变化的纸样，纸样线条变成红色，单击右键结束；单击不伸缩线和伸缩线，分别单击右键结束，在对话框中输入分割伸缩量和分割数，左侧步骤相同，单击“确定”即可，如图 7-7 所示。

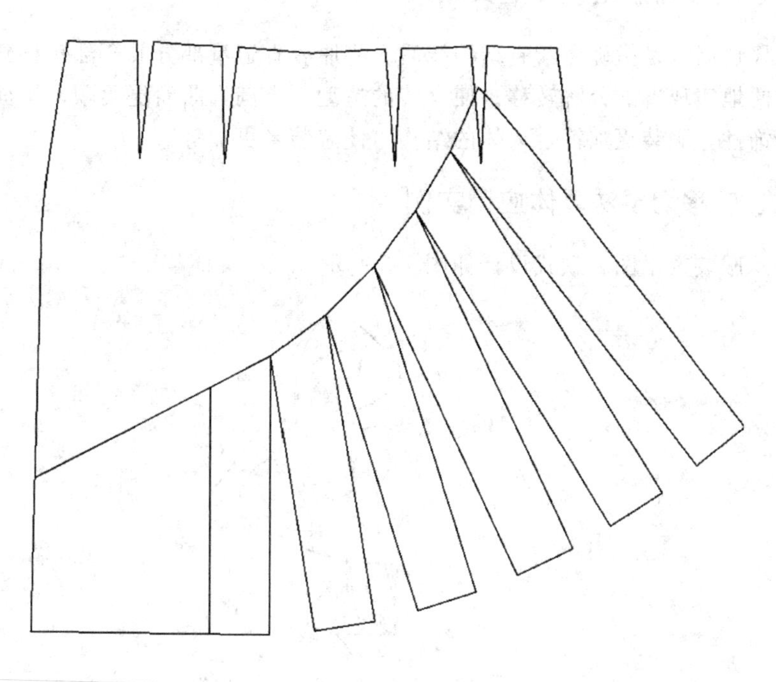

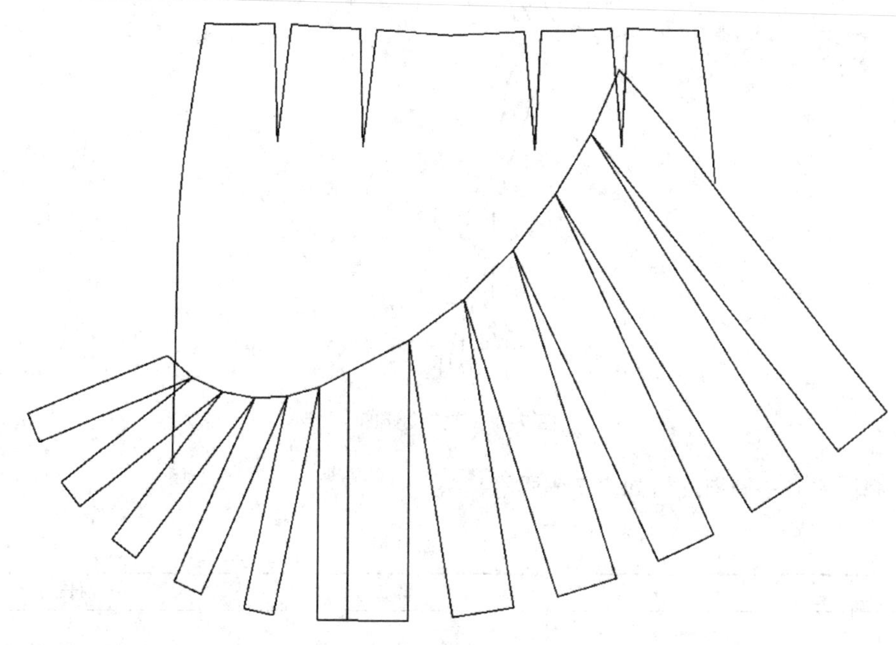

图 7-7　旋转褶线示意图

第四节　转移切展法设计褶裥

一、转移切展法设计定义和作用

转移切展法是指确定新省结构线后，将原有省道量部分或全部转移到新省位，转移切展法能方便地实现省的分解转移。使女装的造型更丰满，曲面更柔顺，块面更具多样化，线条更有装饰性，服装更加符合人体的结构，使着装者更加舒适。

二、转移切展法具体应用实例

（1）服装效果图　款式设计如图 7-8 所示。

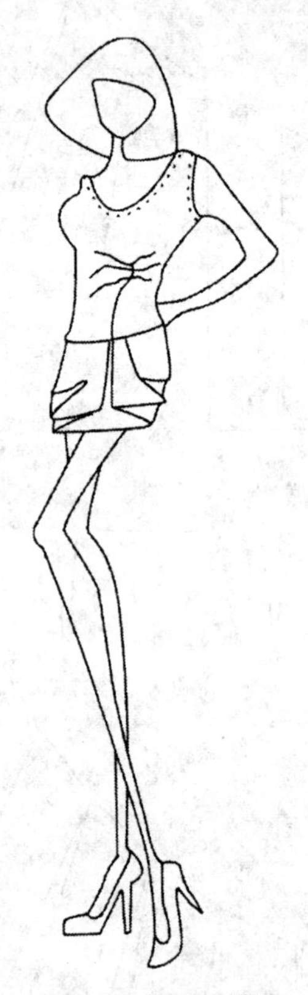

图 7-8　款式设计图

（2）制图规格　制图规格如表 7-3 所示。

表 7-3　制图规格　　单位：cm

部位	胸围	背长	袖长
长度	84	38	52

（3）具体操作流程

① 打开“女装原型”，利用智能笔工具绘制肩省位辅助省道线。以 BP（胸点）为中点，绘制中间省道结构线形成门襟省，如图 7-9 所示。

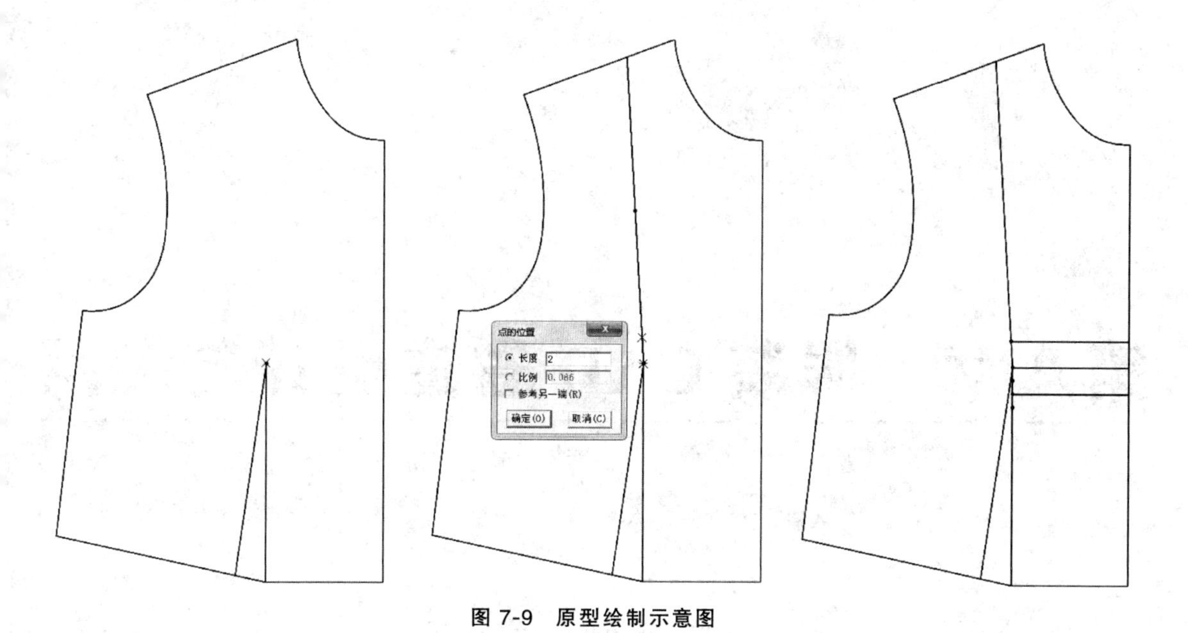

图 7-9 原型绘制示意图

② 省道转移，选择 转省工具，鼠标框选前片结构线，将其选择位转移线，单击右键结束；然后依次单击门襟省，单击右键结束；再单击腰省左侧省点，单击右侧腰省线，省道转移完成，如图 7-10 所示。

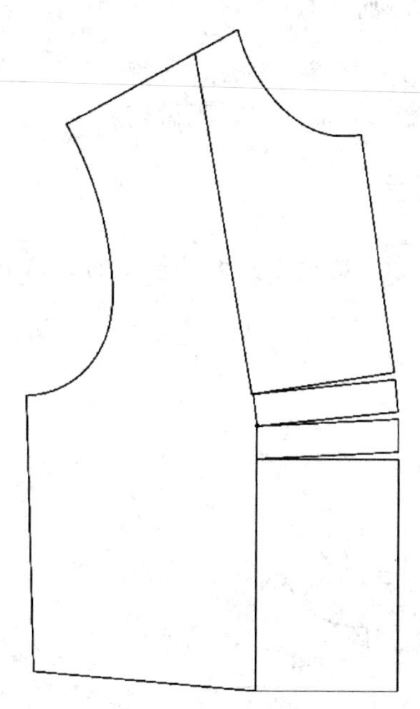

图 7-10 转移省道绘制示意图

第八章　服装 CAD 省道设计与应用

第一节　服装 CAD 中部分转省设计与应用

一、部分转省的定义和作用

部分转省是指把部分基本省（胸省、腰省、肩省等）转移到其他位置，也可以是把部分明省转移到其他部位，可以隐藏起来的位置，既做到收省，又起到美观效果。

二、部分转省的实例演示

① 打开“女装原型”，用智能笔工具设计想要的省的形状，如图 8-1 所示。

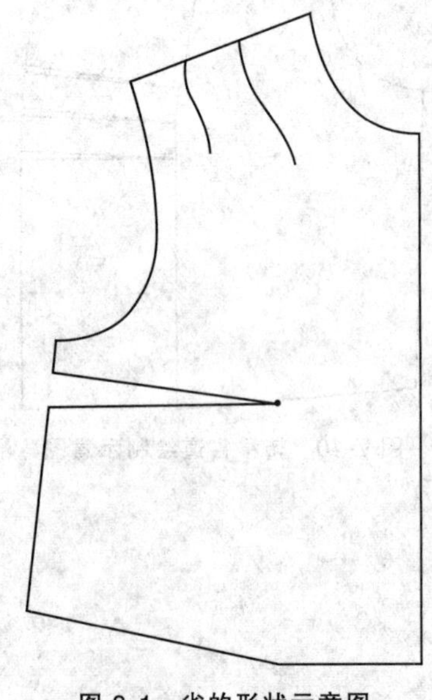

图 8-1　省的形状示意图

② 选择 转省工具，框选要转移的边，单击右键结束；再框选新的省线，单击右键结束；再单击合并省的起始边，单击终止边时按住“Ctrl”键，在弹出的对话框里按照设计要求输入相应的数值，“确定”即可，如图 8-2 所示。

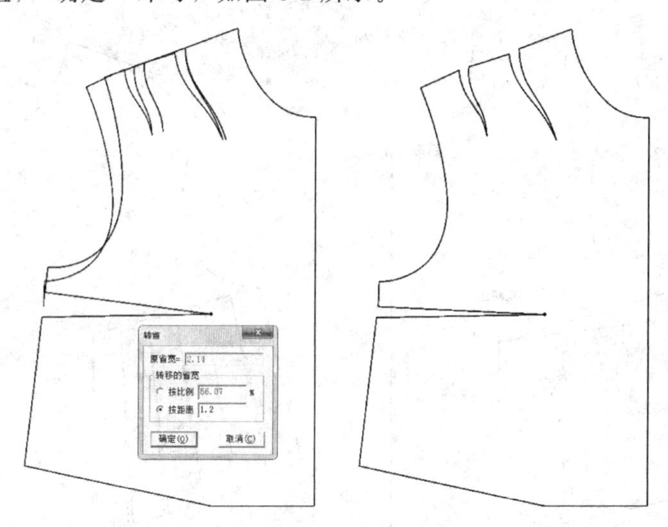

图 8-2　部分转省示意图

第二节　服装 CAD 中等份转省设计与应用

一、等份转省的定义和作用

等份转省是指把基本省（胸省、腰省、肩省等）全部转移到其他位置，使单一的省道变换成不同造型的等份省道设计，既做到收省，又起到美观效果。

二、等份转省的实例演示

① 打开“上衣原型”，用 智能笔工具设计想要的省的形状，如图 8-3 所示。

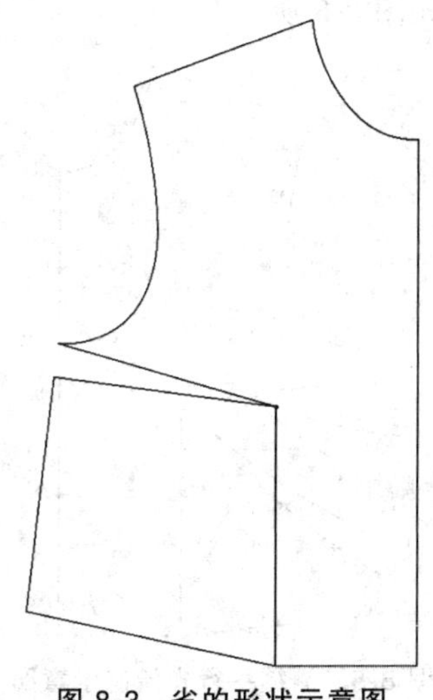

图 8-3　省的形状示意图

② 选择 转省工具，框选要转移的边，单击右键结束；再框选新的省线，单击右键结束；在单击合并省的起始边后，直接按键盘上的数字键即可，想等分几份就输入几，再单击终止边，“确定”即可，如图 8-4 所示。

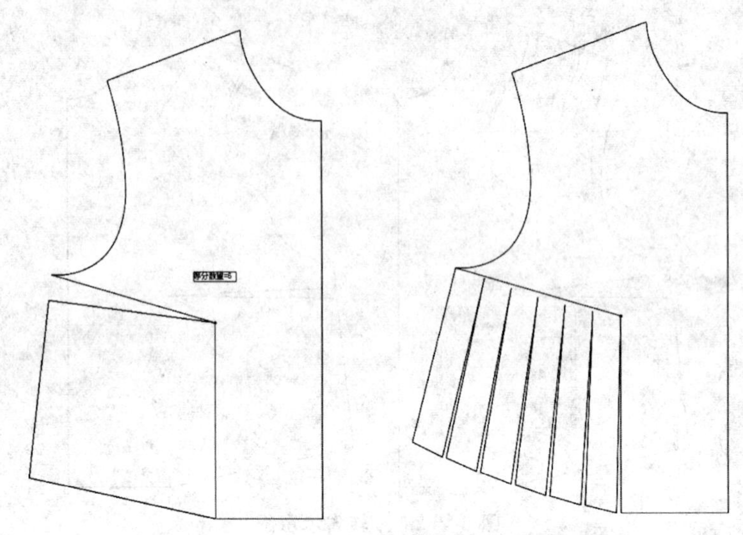

图 8-4　等分转省完成示意图

第三节　服装 CAD 中平行省设计与应用

一、平行省的定义和作用

平行省由两个或两个以上平行省线形成。通过移动远离胸点的边省来增大平行省之间的空间，同时增加了造型上的美感。

二、平行省的实例演示

纸样绘制，具体步骤同上，如图 8-5 所示。

图 8-5　侧缝平行省绘制示意图

第四节　辐射状省的设计与制作

一、辐射状省的定义和作用

辐射状省就是呈辐射状展开的省道的设计，是服装设计中运用率较高的设计手法，不仅起到装饰的作用，还具有调节结构舒适度和增强服装视觉冲击力的功能。

二、辐射状省的实例演示

(1) 服装款式图　款式设计图如图 8-6 所示。

(2) 具体步骤

① 打开“女装原型”，如图 8-7 所示。

图 8-6　款式设计图　　　　图 8-7　女装原型示意图

② 如上述转移切展法设计省道、分割切线步骤，完成辐射状省的制作，如图 8-8 所示。

③ 选择智能笔工具，将辐射状省连接起来，用调整工具将曲线调整圆顺，如图 8-9 所示。

④ 用剪断线工具、智能笔工具和橡皮工具将辐射状省处理完毕，如图 8-10 所示。

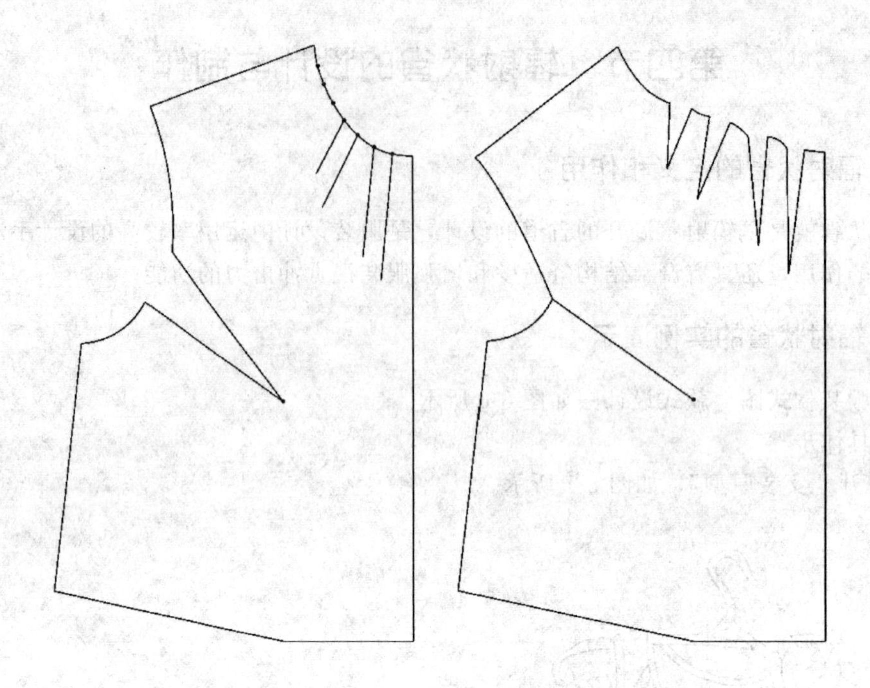

图 8-8　辐射状省制作示意图

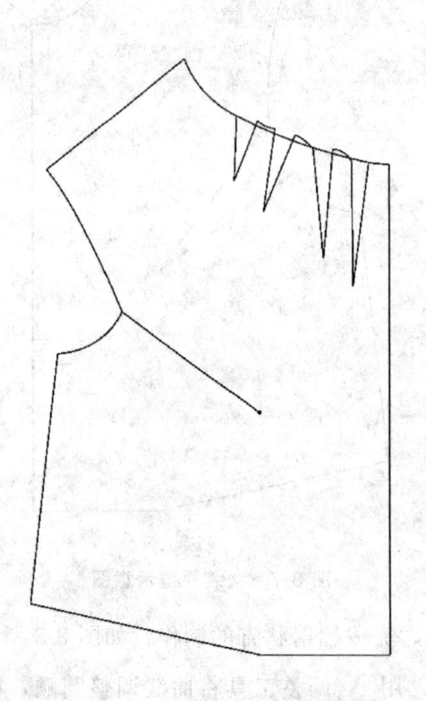

图 8-9　调整辐射状省示意图

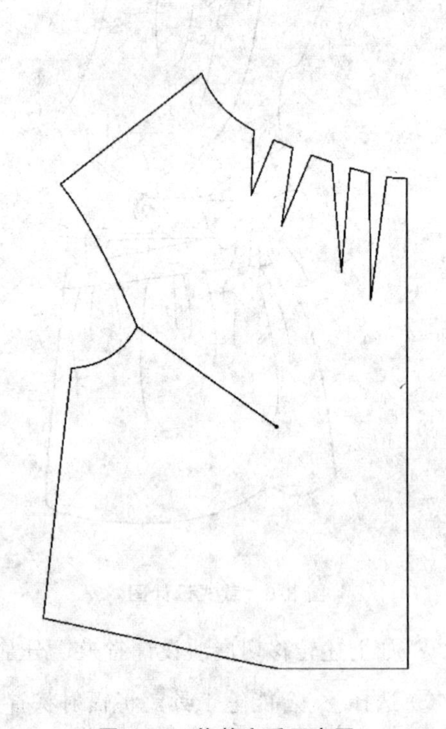

图 8-10　修整完后示意图

⑤ 选择"对称粘贴/移动"工具，以前中线为对称线，将前片结构线对称展开，如图 8-11 所示。

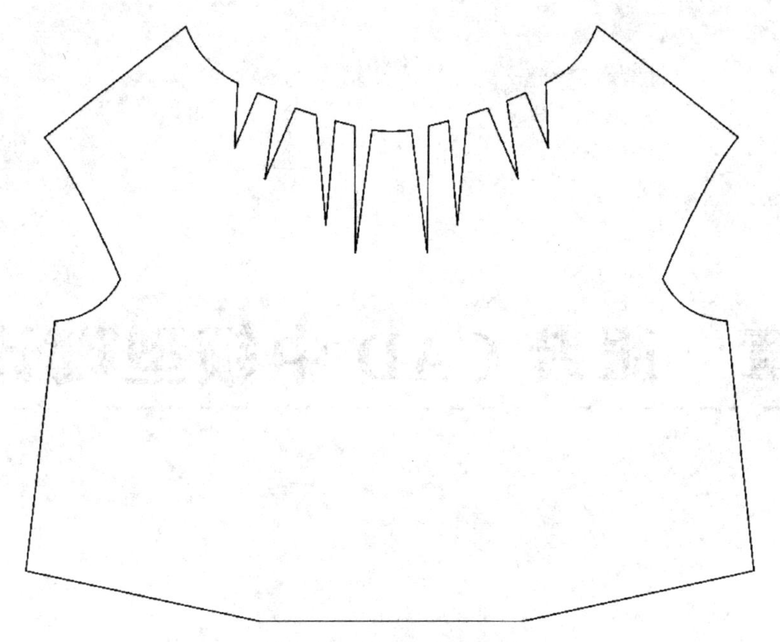

图 8-11　前片生成示意图

第九章　服装CAD中领型设计应用

第一节　立领设计实例

一、标准立领

1. 标准立领款式

款式设计如图9-1所示。

图9-1　款式设计图

2. 具体操作流程

① 鼠标单击“画面工具条”中的“打开文件”工具，将“女装原型”文件打开。

② 选择“文档”菜单中的“另存为”命令，弹出“保存为”对话框，输入文件名“立领”，单击“保存”即可。

③ 选择比较长度工具测量前后领围，并记录，如图 9-2 所示。

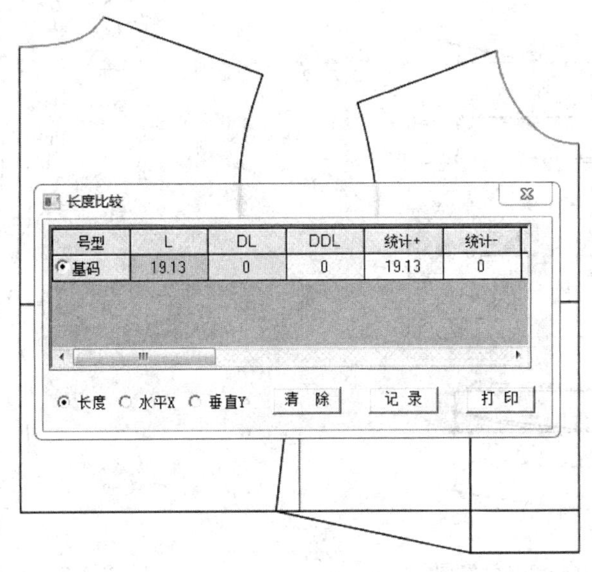

图 9-2 测量领围示意图

④ 选择矩形工具绘制立领基础线，如图 9-3 所示。

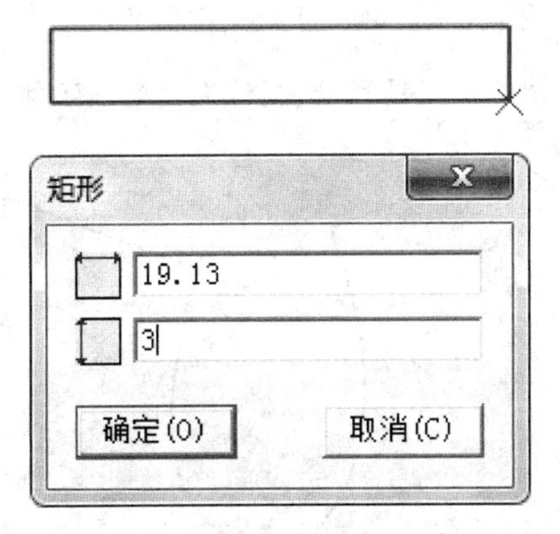

图 9-3 立领基础线绘制示意图

⑤ 轮廓线的绘制，用等份规工具三分装领线；用智能笔工具和调整工具绘制领起翘量和最终的立领设计，如图 9-4 所示。

二、双翻立领

1. 双翻立领款式

款式设计如图 9-5 所示。

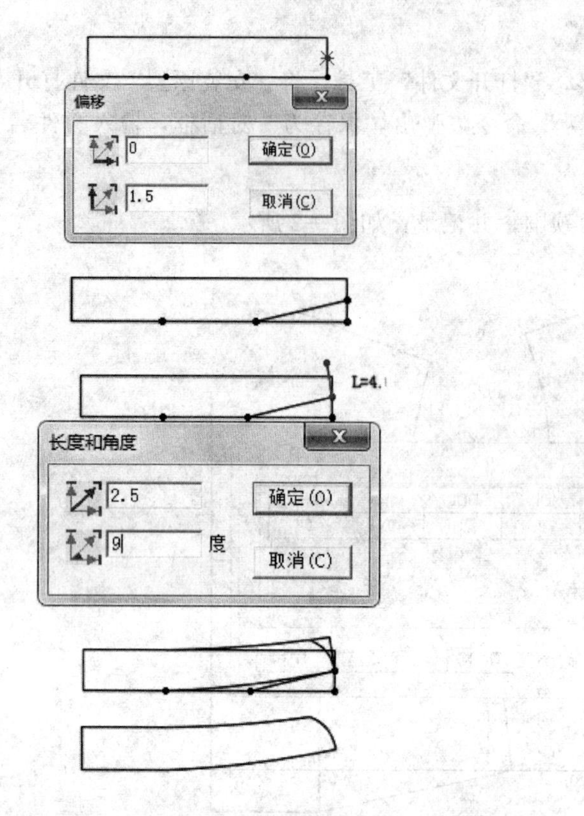

图 9-4　标准立领绘制示意图

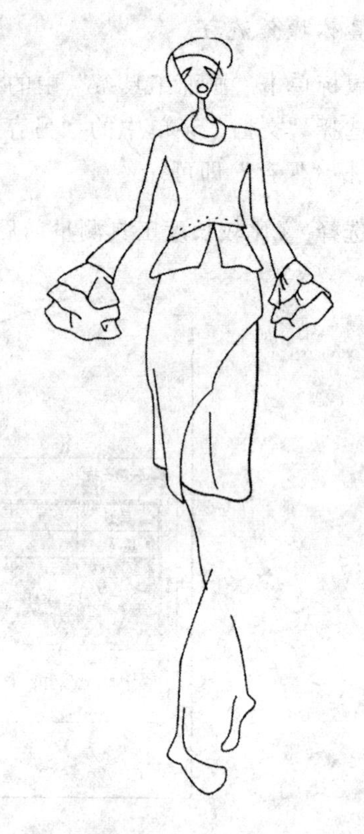

图 9-5　款式设计图

2. 具体操作流程

① 鼠标单击“画面工具条”中的“打开文件”工具，将“立领”文件打开。

② 选择点工具、智能笔工具和调整工具绘制双翻立领纸样图，如图 9-6 所示。

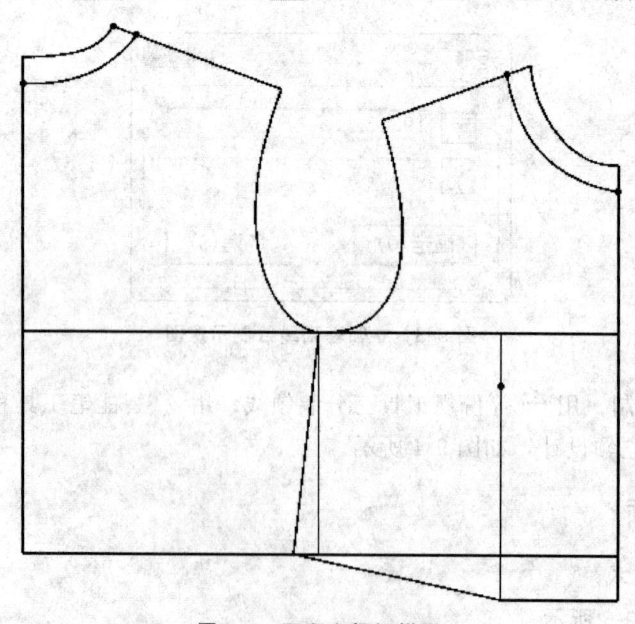

图 9-6　双翻立领纸样图

③ 选择比较长度工具测量前后领围，并记录，如图 9-7 所示。

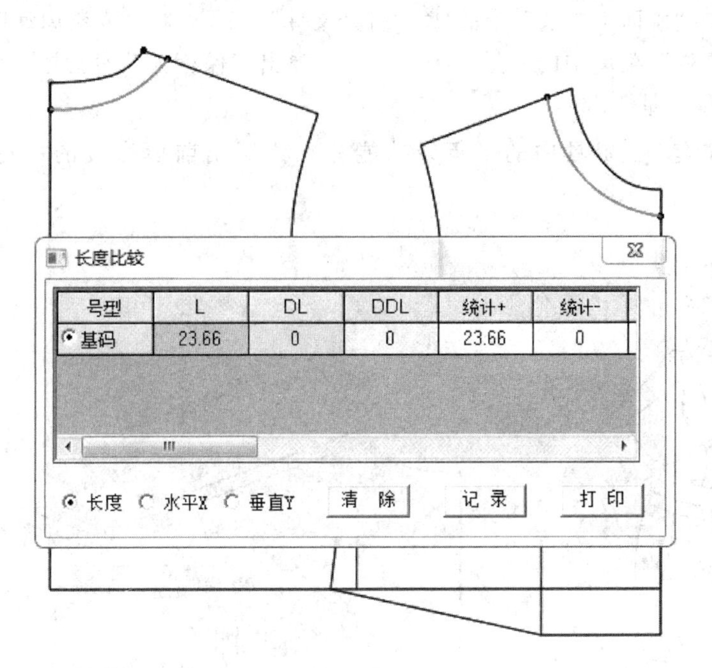

图 9-7 比较长度示意图

④ 选择矩形工具绘制双翻立领轮廓线，使装领线长等于前后领口弧线，如图 9-8 所示。

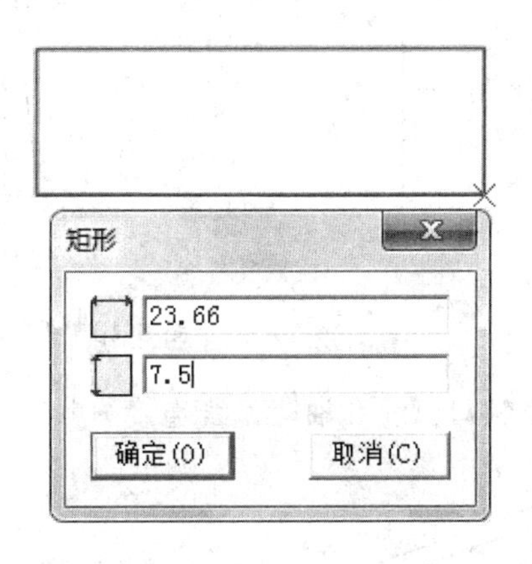

图 9-8 双翻立领绘制示意图

第二节 无领设计实例

一、船形领

1. 船形领款式

船形领因其造型与船底相似，故称船形领，款式设计如图 9-9 所示。

2. 绘制流程

① 鼠标单击“画面工具条”中的 “打开文件”工具，将“女装原型”文件打开。

② 选择“文档”菜单中的“另存为”命令，弹出“保存为”对话框，输入文件名“无领”，单击“保存”即可。

③ 利用智能笔 工具中的平行线功能分别绘制出前后肩线的平行线，如图 9-10 所示。

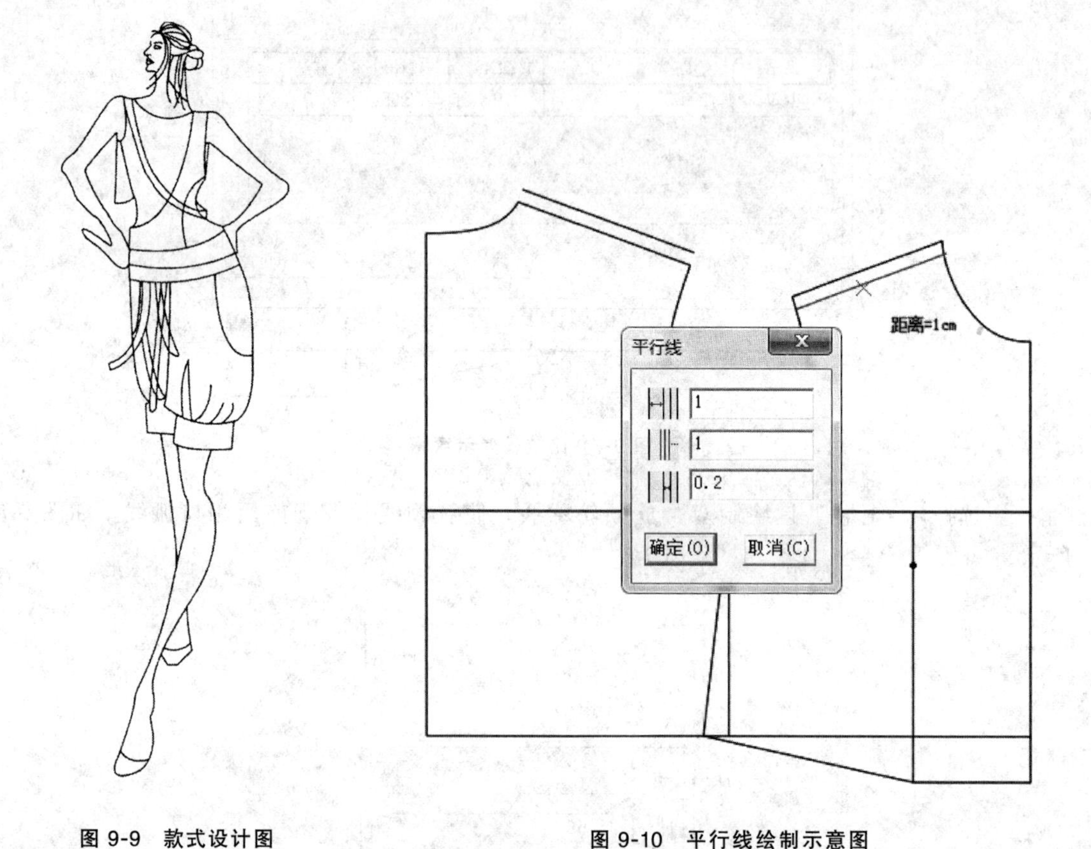

图 9-9 款式设计图

图 9-10 平行线绘制示意图

④ 利用 智能笔工具把领口弧线和袖窿弧线连接圆顺，如图 9-11 所示。

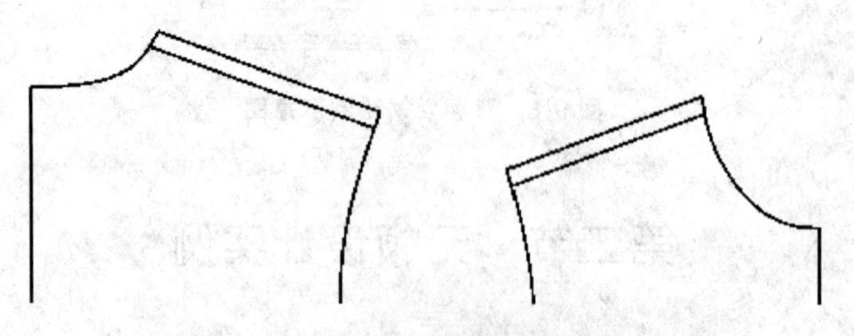

图 9-11 连接领口和袖窿弧线示意图

⑤ 选择 点工具、 智能笔工具、 调整工具绘制和 橡皮工具最终完成船形领的绘制，如图 9-12 所示。

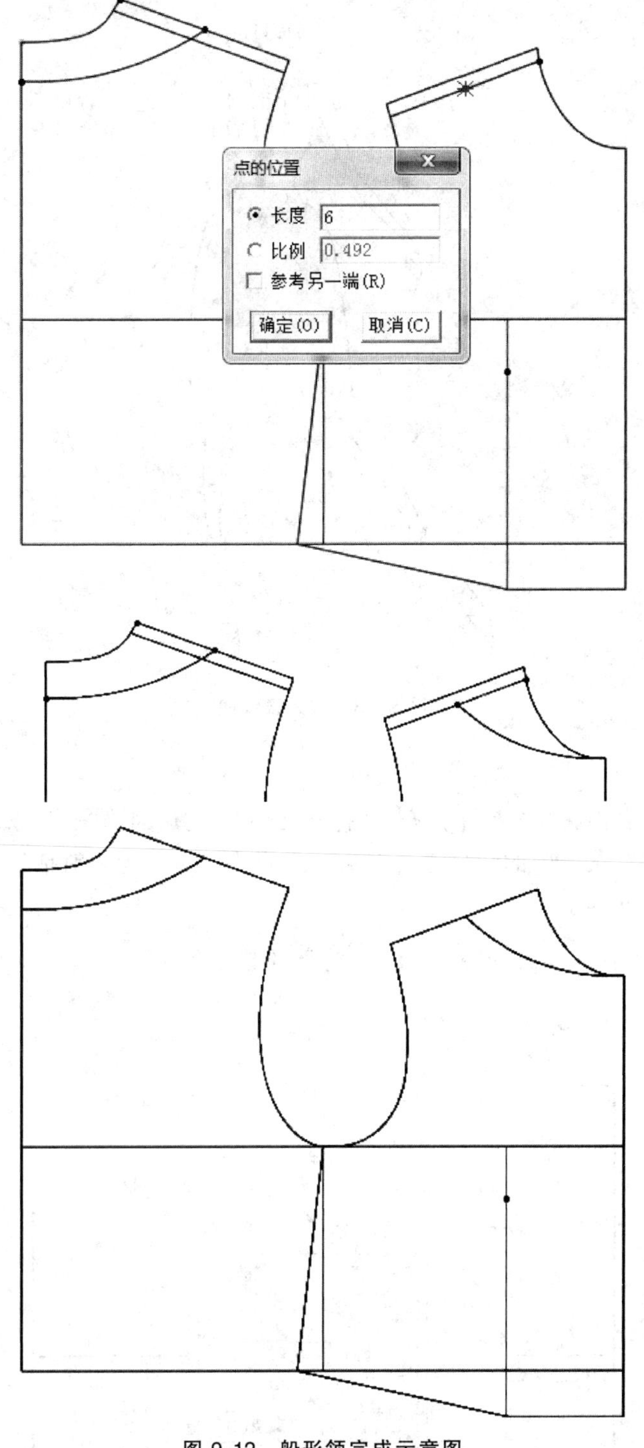

图 9-12　船形领完成示意图

二、V形领

1. V 形领款式

款式设计如图 9-13 所示。

图 9-13 款式设计图

2. 绘制流程

① 鼠标单击“画面工具条”中的“打开文件”工具，将“女装原型”文件打开。

② 选择“文档”菜单中的“另存为”命令，弹出“保存为”对话框，输入文件名“无领”，单击“保存”即可。

③ 选择点工具、智能笔工具、调整工具绘制和橡皮工具最终完成 V 形领的绘制，如图 9-14 所示。

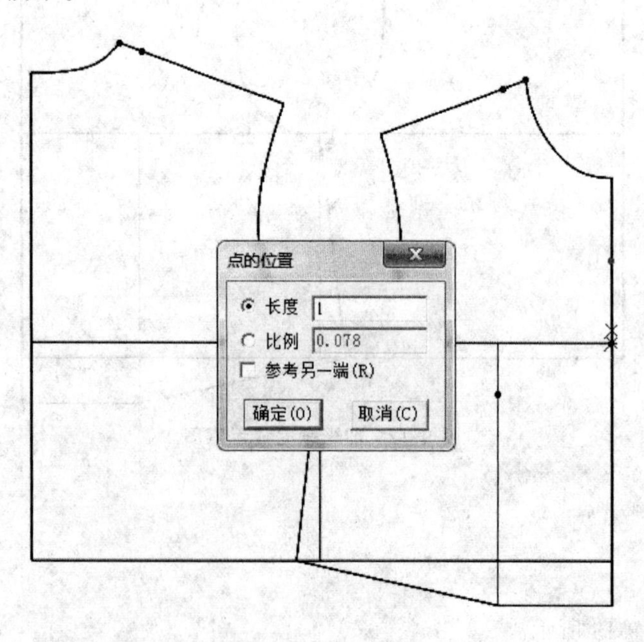

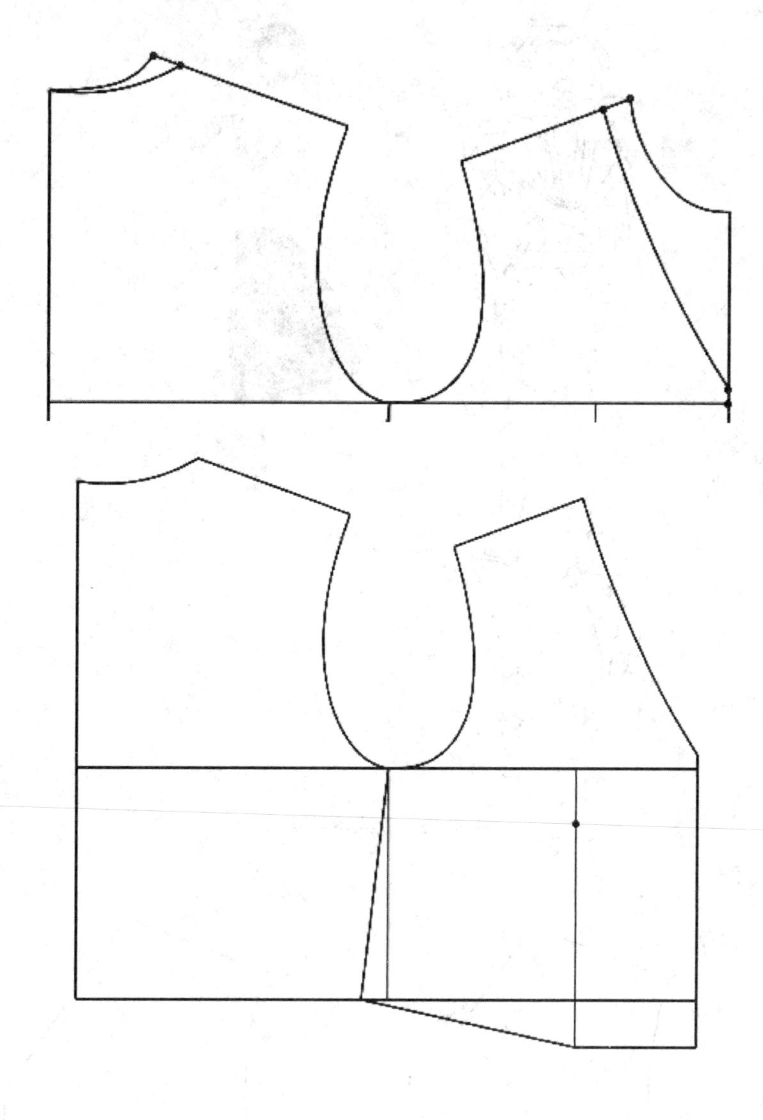

图 9-14　V 形领绘制示意图

三、垂浪领

1. 垂浪领款式

款式设计如图 9-15 所示。

2. 绘制流程

步骤同上，其他操作如下。

① 选择智能笔工具和橡皮工具在原型上按照款式要求绘制出设计图，如图 9-16 所示。

② 利用褶展开工具、剪断线工具、橡皮工具和调整工具绘制最终完成垂浪领的绘制，如图 9-17 所示。

图 9-15　款式设计图

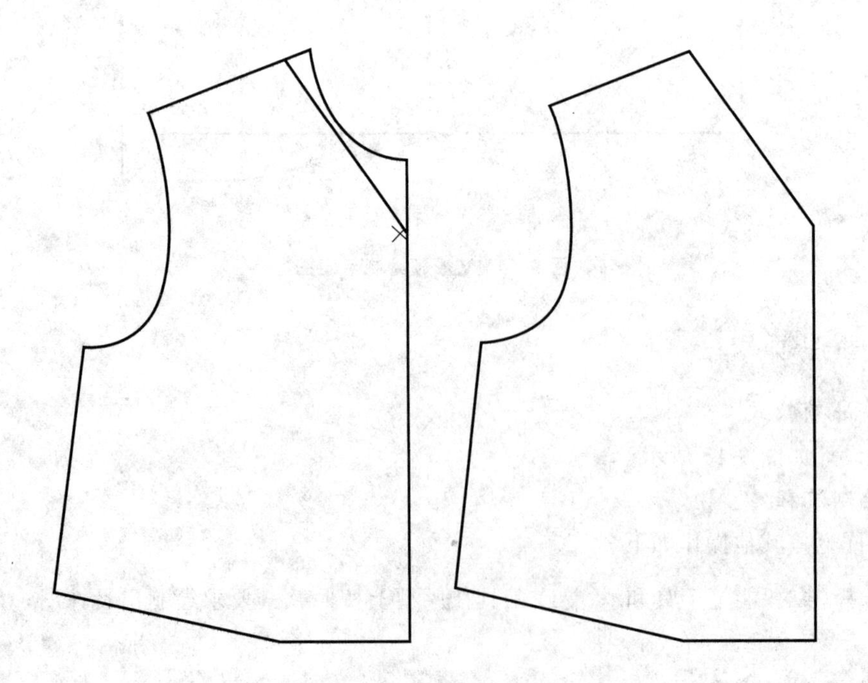

图 9-16　垂浪领设计图

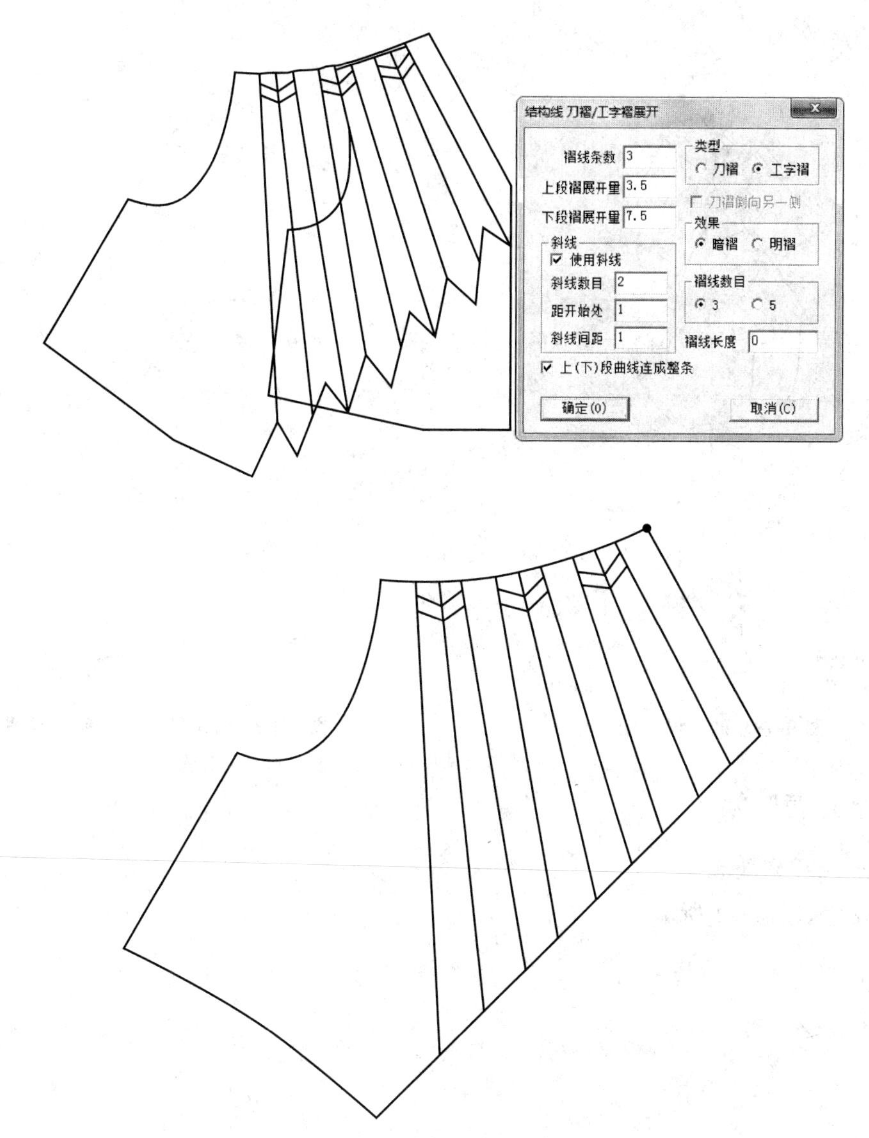

图 9-17 垂浪领绘制示意图

第三节 平领设计实例

一、海军领

1. 海军领款式

款式设计如图 9-18 所示。

2. 绘制流程

① 选择旋转工具和移动工具在原型上按照款式要求绘制出设计图，如图 9-19 所示。

② 用智能笔工具、橡皮工具和调整工具绘制完成海军领，如图 9-20 所示。

图 9-18　款式设计图

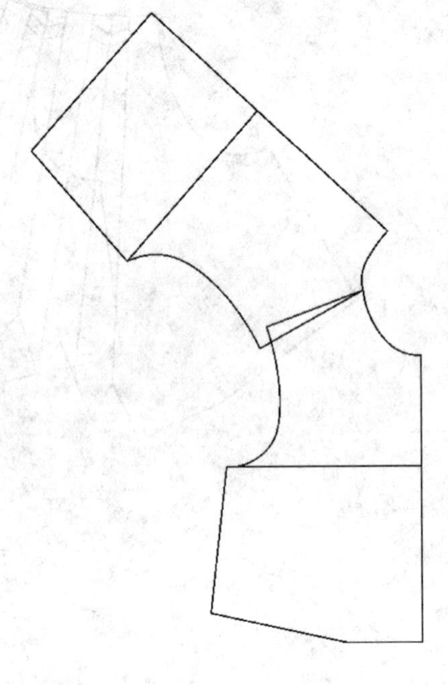

图 9-19　海军领款式绘制示意图

二、V 形荷叶领

1. V 形荷叶领款式

款式设计如图 9-21 所示。

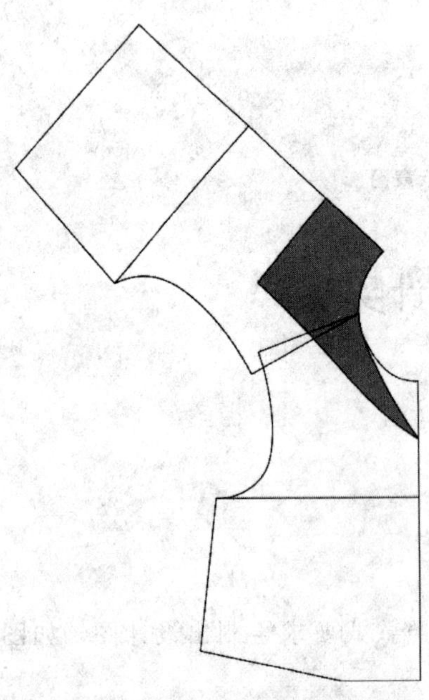

图 9-20　海军领绘制完成图

图 9-21　款式设计图

2. 绘制流程

① 鼠标单击“画面工具条”中的“打开文件”工具，将“女装原型”文件打开。

② 选择点工具、智能笔工具、调整工具绘制和橡皮工具完成V形荷叶领的基本线绘制，如图9-22所示。

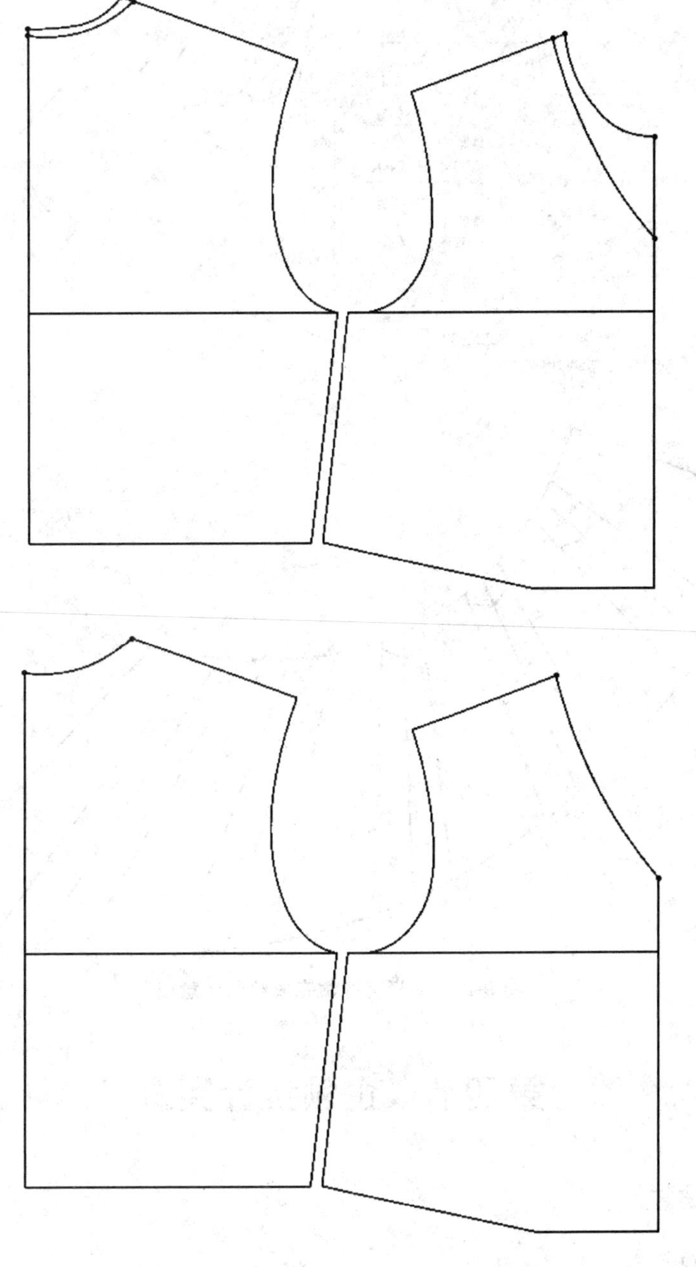

图9-22 V形荷叶领基本线绘制示意图

③ 选择褶展开工具、智能笔工具、调整工具绘制、剪断线工具和橡皮工具完成最终V形荷叶领的绘制，如图9-23所示。

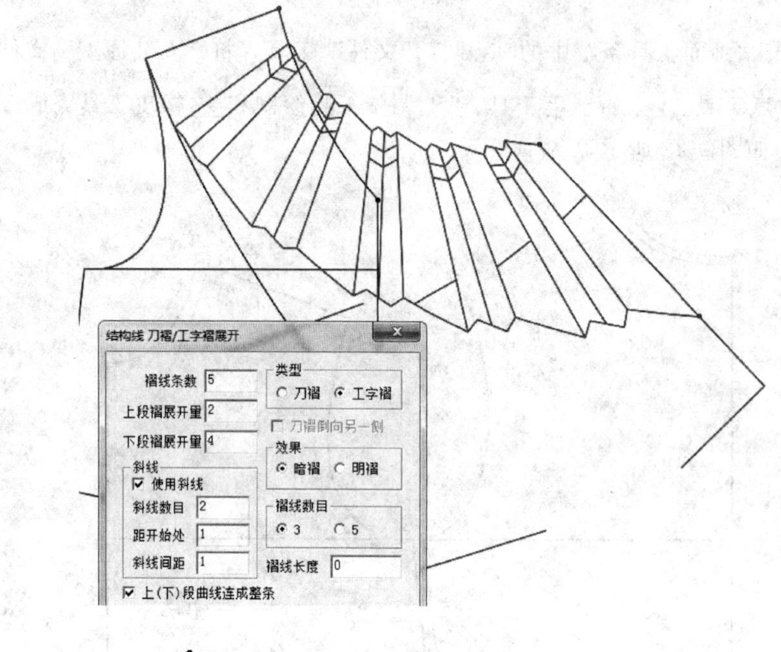

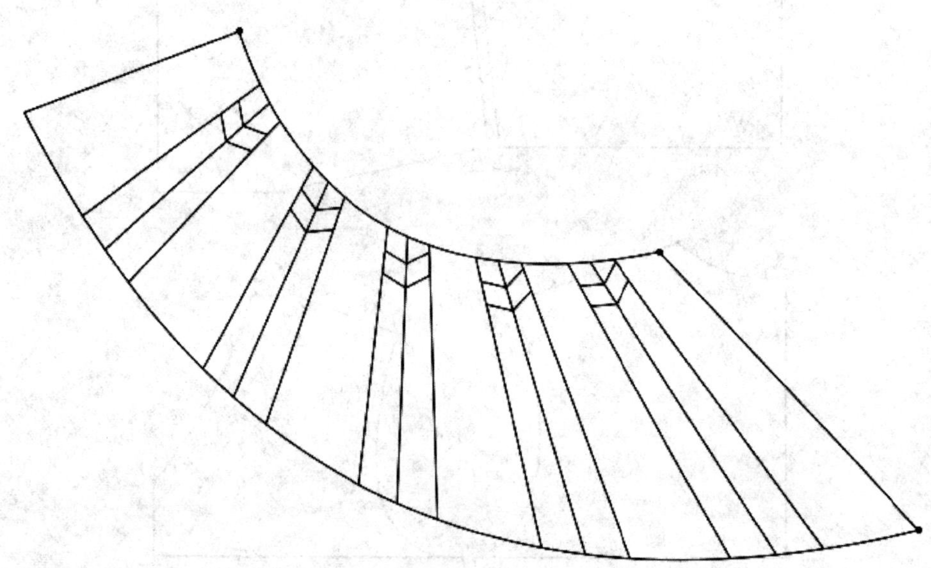

图 9-23　V 形荷叶领完成绘制示意图

第四节　企领设计实例

一、拿破仑领

1. 拿破仑领款式

款式设计如图 9-24 所示。

2. 绘制流程

① 鼠标单击“画面工具条”中的“打开文件”工具，将“女装原型”文件打开。

图 9-24　款式设计图

② 选择“文档”菜单中的“另存为”命令，弹出“保存为”对话框，输入文件名“拿破仑领”，单击“保存”即可。

③ 选择点工具、智能笔工具、调整工具绘制和比较长度工具，完成拿破仑领衣身基础线的绘制，如图 9-25 所示。

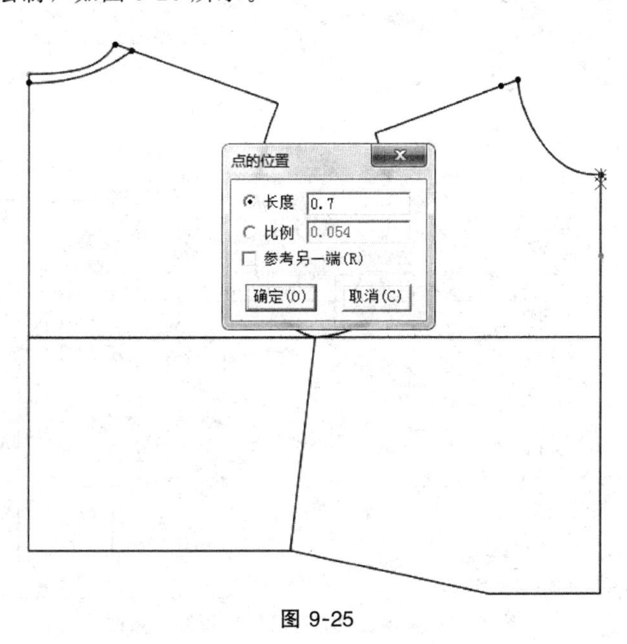

图 9-25

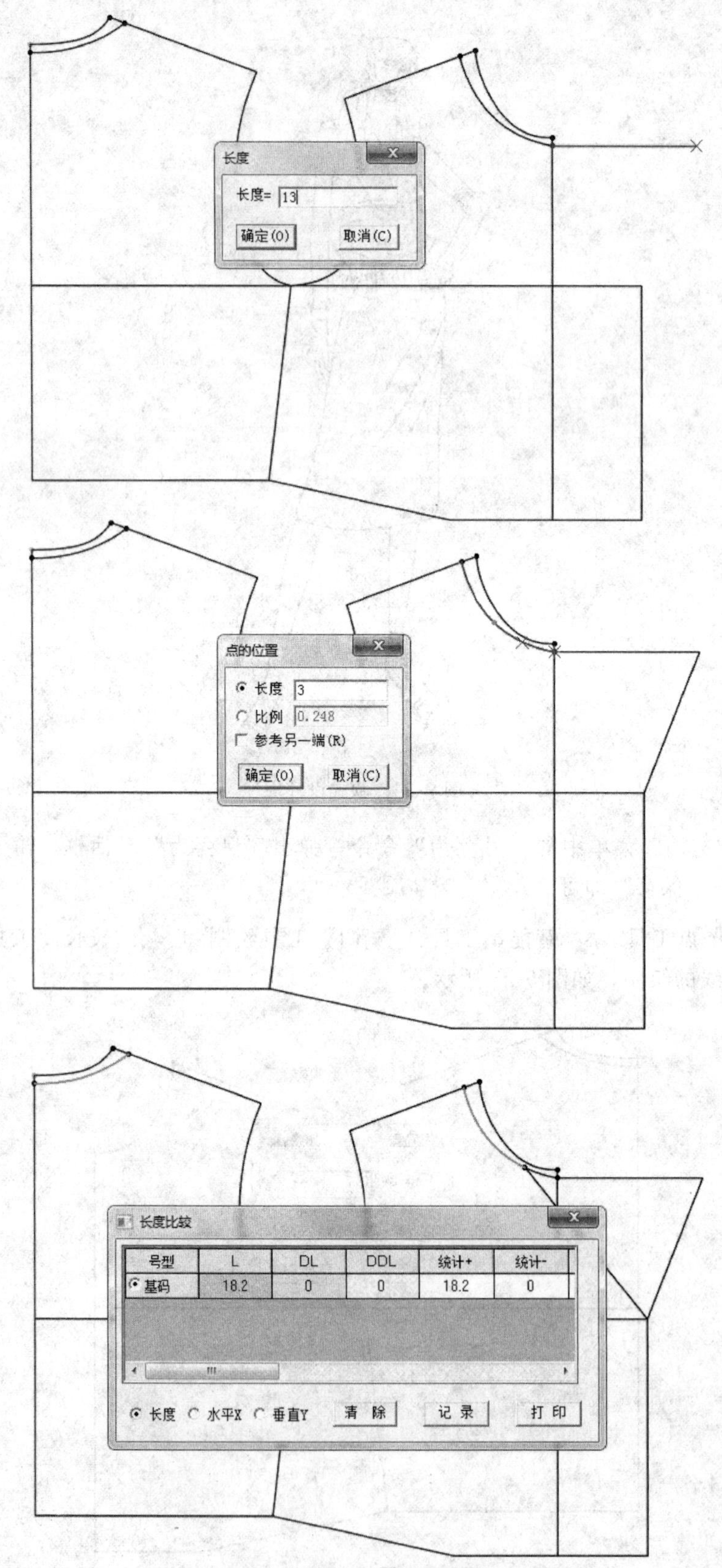

图 9-25 拿破仑领衣身基础线绘制示意图

④ 选择矩形工具、智能笔工具、选择点工具、调整工具完成最终拿破仑领的绘制，如图 9-26 所示。

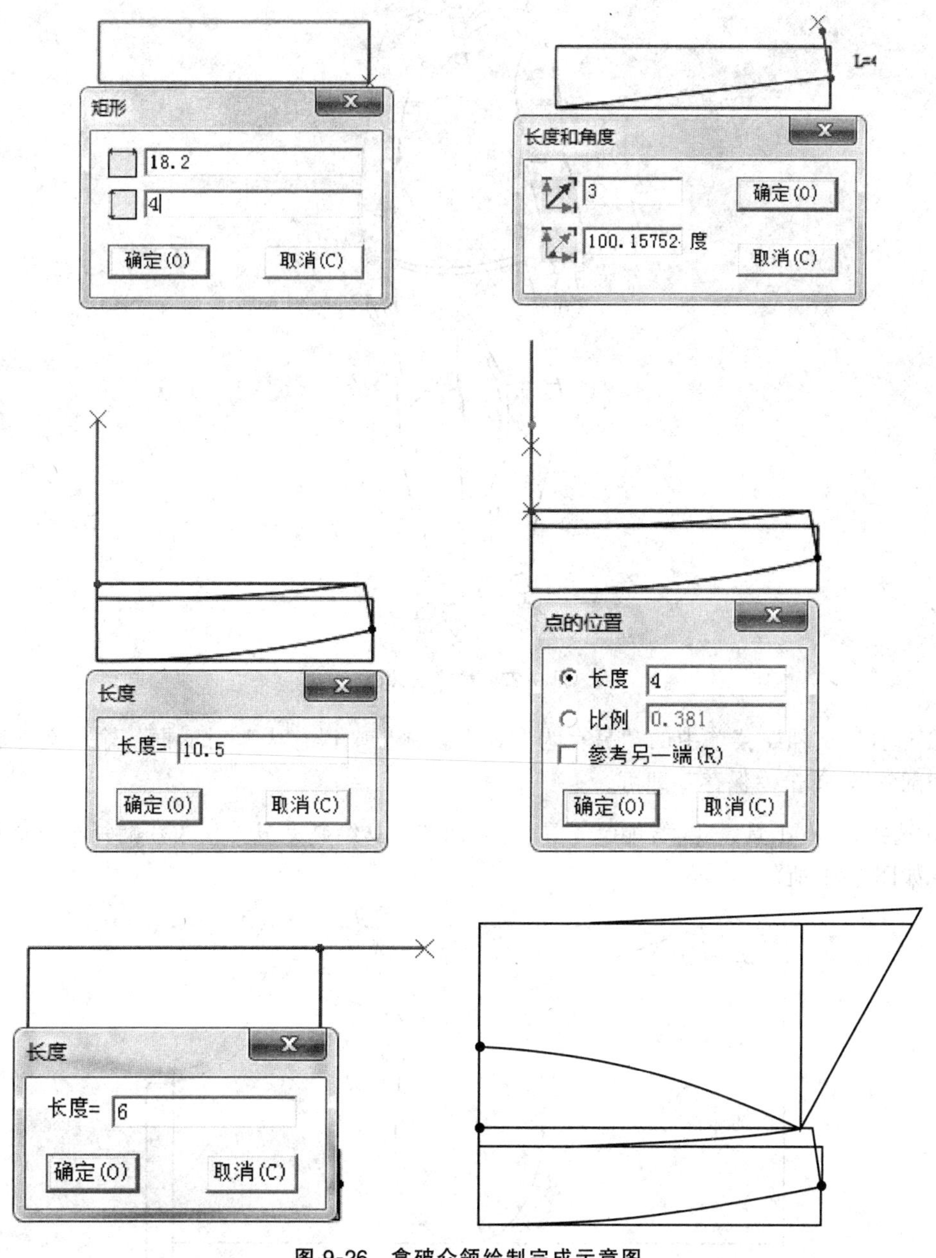

图 9-26　拿破仑领绘制完成示意图

二、一片式登翻领

1. 一片式登翻领款式图

款式设计如图 9-27 所示。

2. 绘制流程

① 鼠标单击“画面工具条”中的“打开文件”工具，将“女装原型”文件打开。

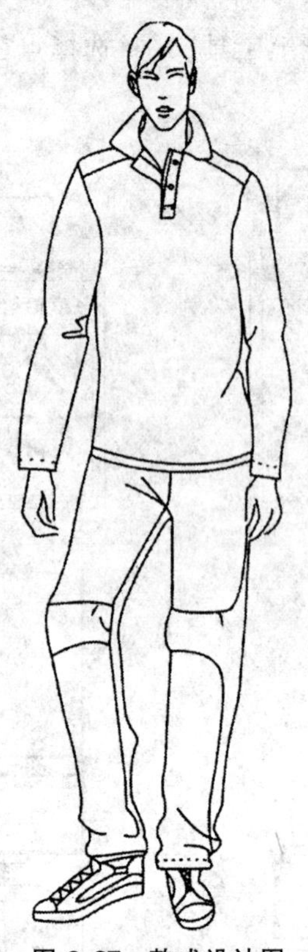

图 9-27　款式设计图

② 选择“文档”菜单中的“另存为”命令，弹出“保存为”对话框，输入文件名“一片式登翻领”，单击“保存”即可。

③ 选择点工具、智能笔工具、调整工具绘制完成一片式登翻领衣身基础线的绘制，如图 9-28 所示。

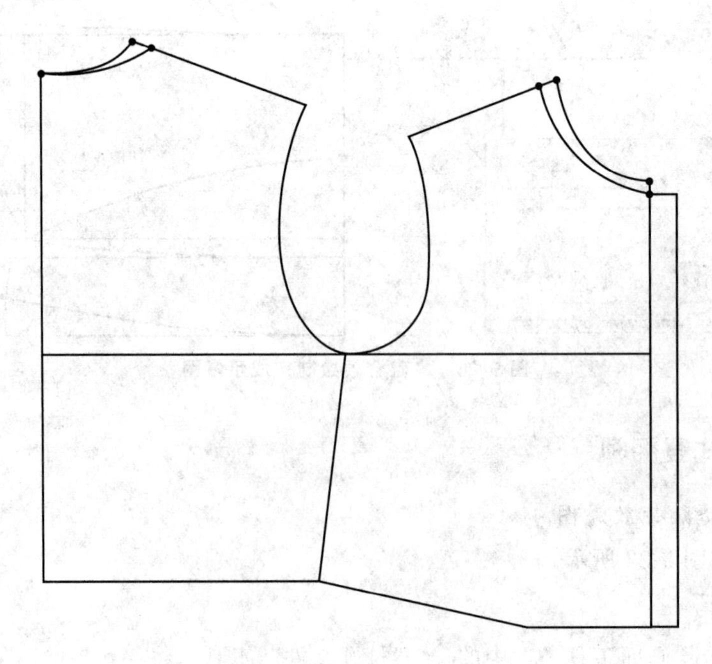

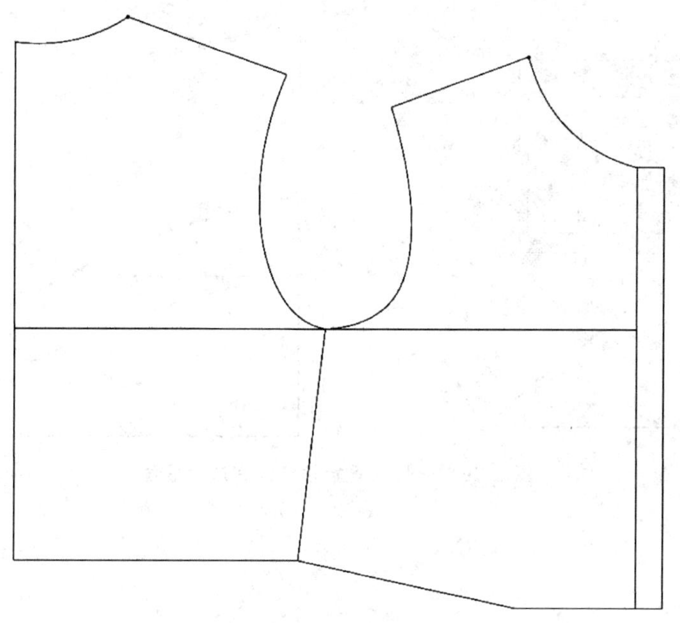

图 9-28　一片式登翻领衣身基础线绘制示意图

④ 选择智能笔工具、点工具、比较长度工具和调整工具完成最终一片式登翻领的绘制，如图 9-29 所示。

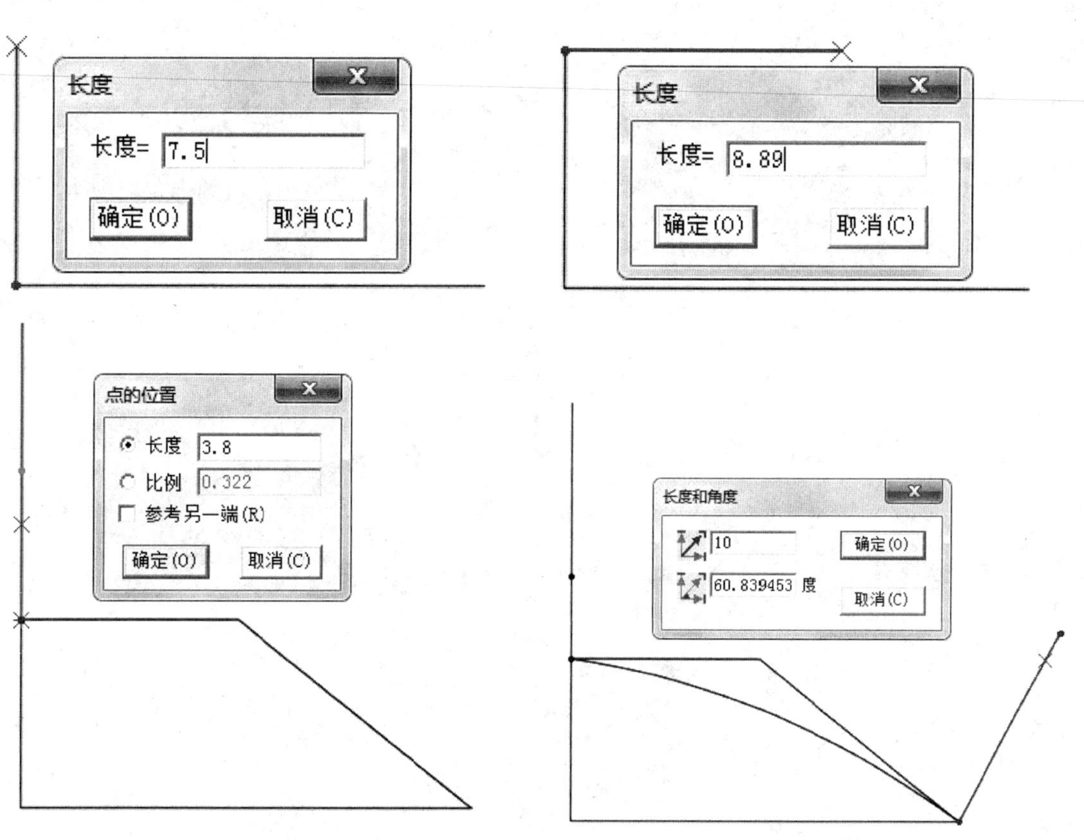

图 9-29

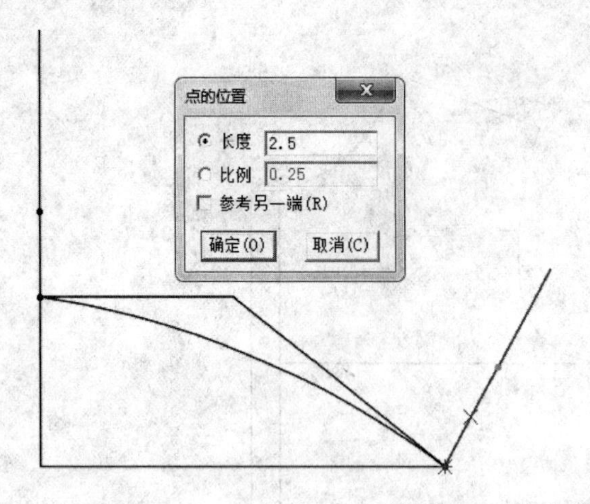

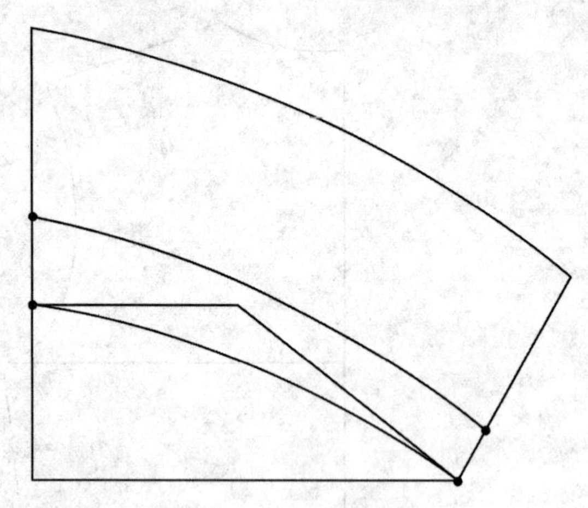

图 9-29 一片式登翻领绘制完成示意图

第十章　服装原型 CAD 制板

第一节　新文化式女装上衣原型制板

经过以上服装 CAD 基础知识的系统学习，现在通过绘制女装原型基本样，来进行操作的快速入门分步骤演示。

一、建立纸样库

在电脑桌面上双击[计算机图标]，打开后再双击电脑硬盘，在空白处单击右键新建文件夹并对新文件夹重命名，按照客户名称或编号来命名，此后保存文件时可以分门别类地放在各自的位置。

二、衣身基本纸样制作的必要尺寸

在制作基本纸样之前，先获取女装原型参考尺寸如表 10-1 所示。

表 10-1　女装原型参考尺寸　　　　单位：cm

胸　围	背　长
84	37

三、新文化式女装原型基本纸样制板的步骤

英式女装原型基本纸样绘制一般分为两步完成，即基础线绘制和完成线绘制。

（1）双击[RP-DGS图标]CAD 软件，弹出绘制工作界面，如图 10-1 所示。

（2）号型编辑　单击“号型（G）”进入号型编辑，在号型编辑里输入胸围和背长的尺寸，并指定基码，然后单击“确认”完成，也可以多输入一些基础数据，方便之后绘制时使用，如图 10-2 所示。

图 10-1 服装 CAD 设计与放码操作界面

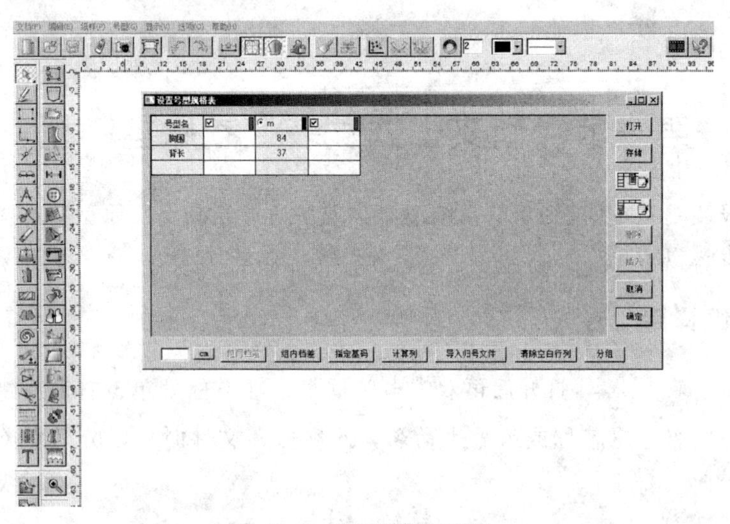

图 10-2 号型编辑示意图

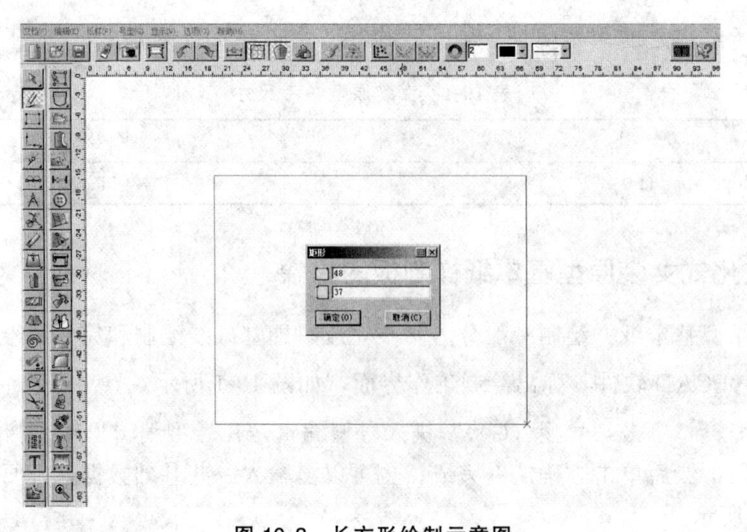

图 10-3 长方形绘制示意图

（3）绘制长方形　用鼠标选择 智能笔工具（快捷键为“F”），在画布任意位置按住左键并拖拽。当松开鼠标后会弹出矩形窗口，设置水平长度等于胸围/2＋6cm 和垂直边长等于背长，单击“确定”完成长方形绘制，如图 10-3 所示。

注：此处可以利用长方形编辑中自带的计算器 来计算相关数据或直接调取使用，如图 10-4 所示。

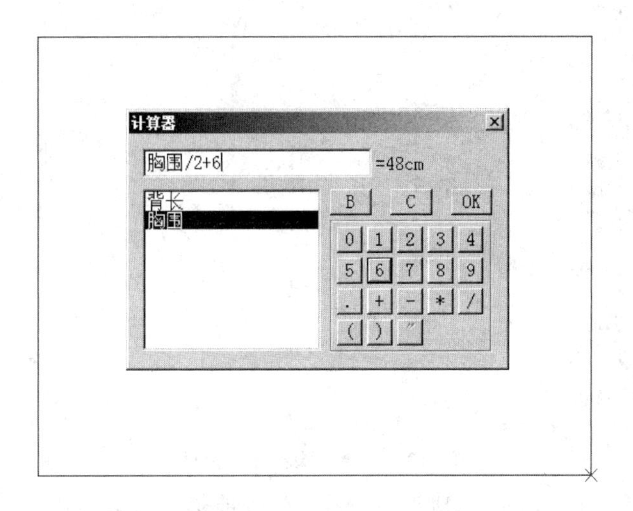

图 10-4　计算器使用示意图

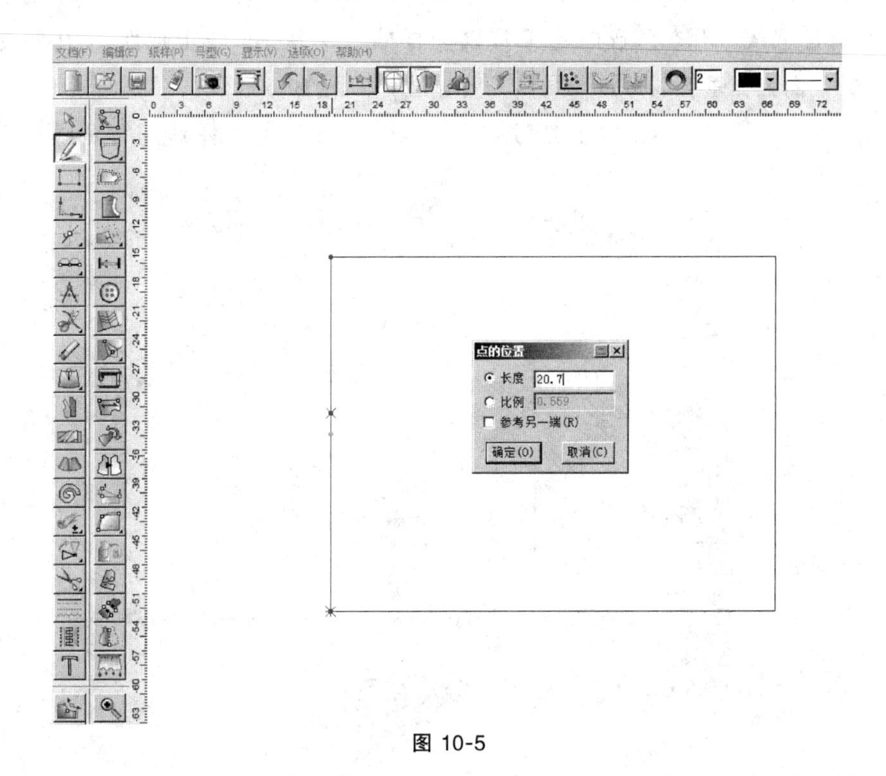

图 10-5

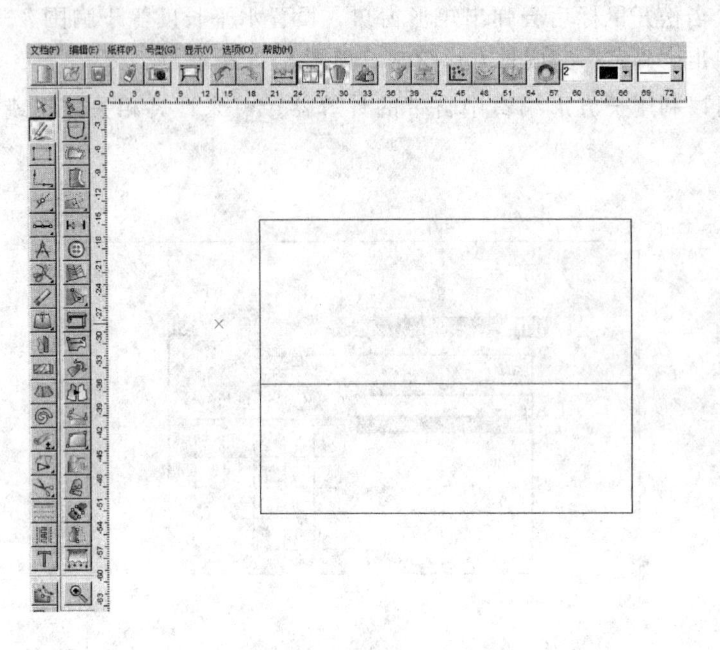

图 10-5　绘制胸围线示意图

（4）绘制胸围线　自后中心线顶点向下用智能笔工具取胸围/12＋13.7cm，确定胸围水平线（BL线）位置，向前中心线作一条BL线，即为胸围水平线，如图10-5所示。

（5）绘制背宽线　用智能笔工具以同样的方法在BL线上取距后中心线等于胸围/8＋7.4cm，向上作垂直线，这条线就是背宽线，如图10-6所示。

（6）用智能笔工具自后中心线顶点向下8cm处画一条水平线与背宽线相交，如图10-7所示。

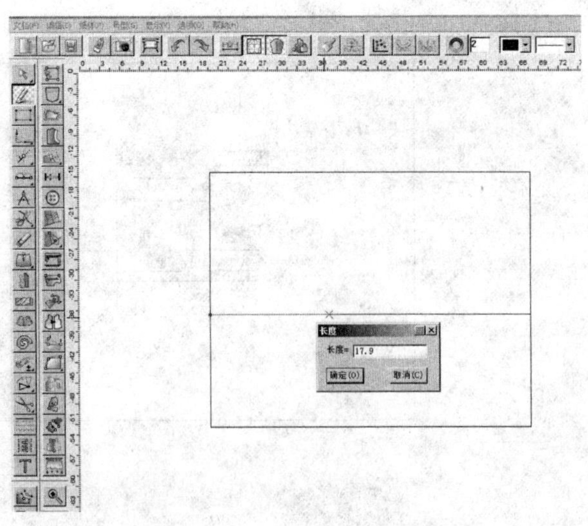

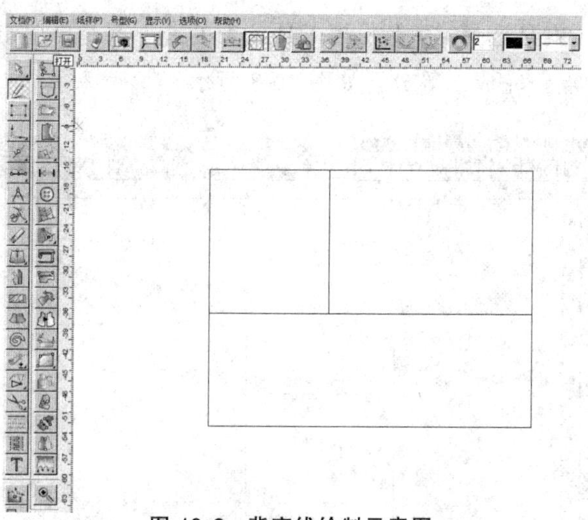

图 10-6 背宽线绘制示意图

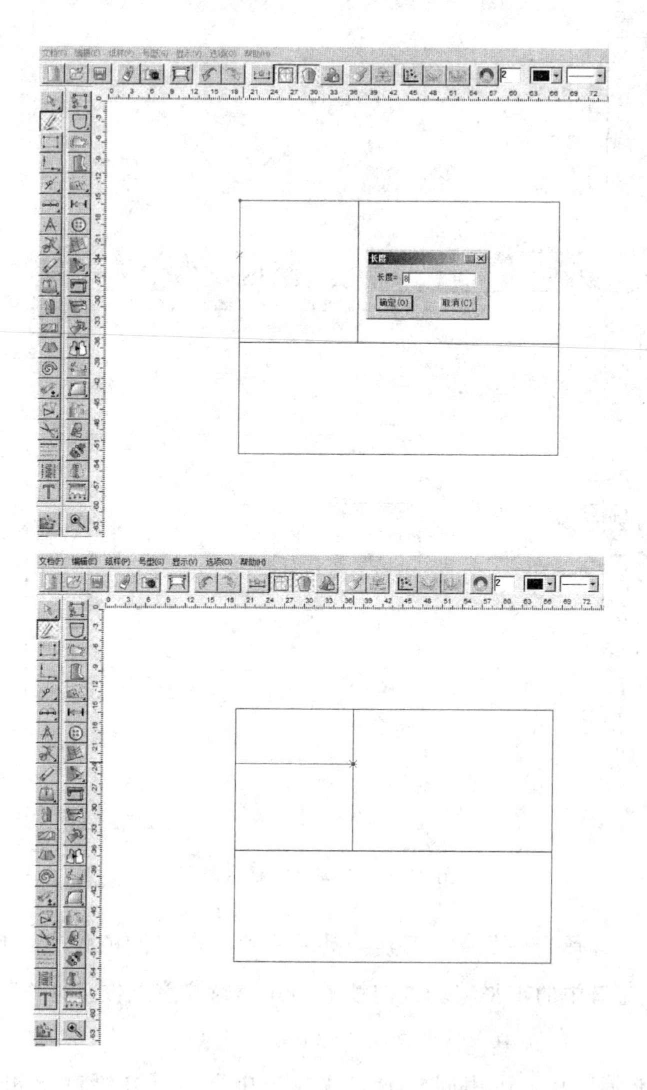

图 10-7 水平线与背宽线相交示意图

(7) 二等分绘制　就是选择等份规工具，先单击一点，再单击鼠标右键切换式样为“点”状，再单击另一点，完成二等分，如图 10-8 所示。

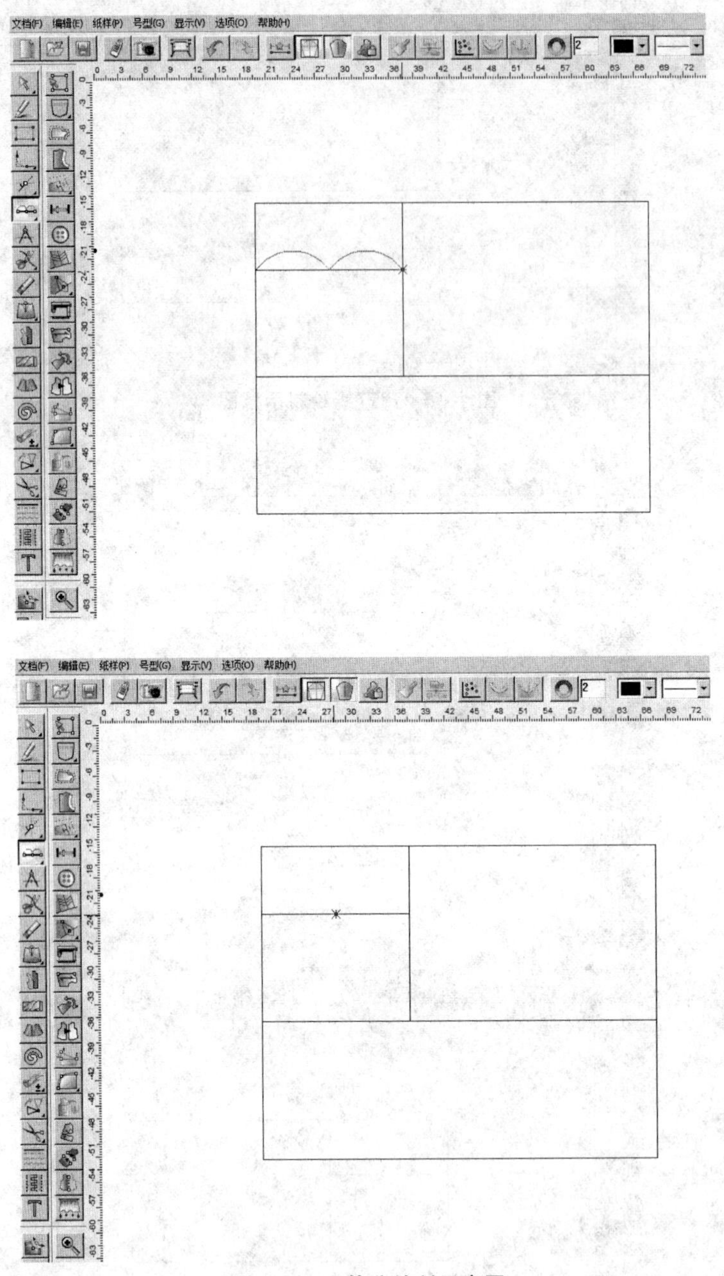

图 10-8　二等分绘制示意图

(8) 肩省绘制　选择智能笔工具，鼠标放到两点之间的位置，按下“回车键”，在弹出的“移动量”窗口中的水平移动方向填上 1cm，确定该点位，即作为肩省的省尖点，如图 10-9 所示。

(9) 用智能笔工具，运用同样的方法找出中心点，并绘制出相应的移动量，如图 10-10 所示。

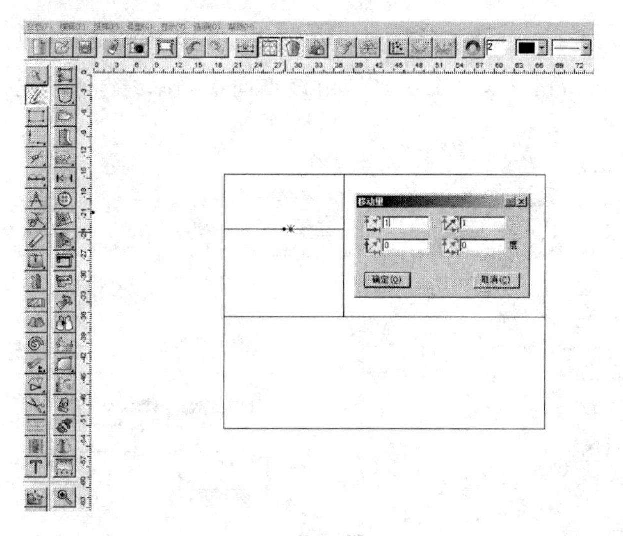

图 10-9　省尖点绘制示意图

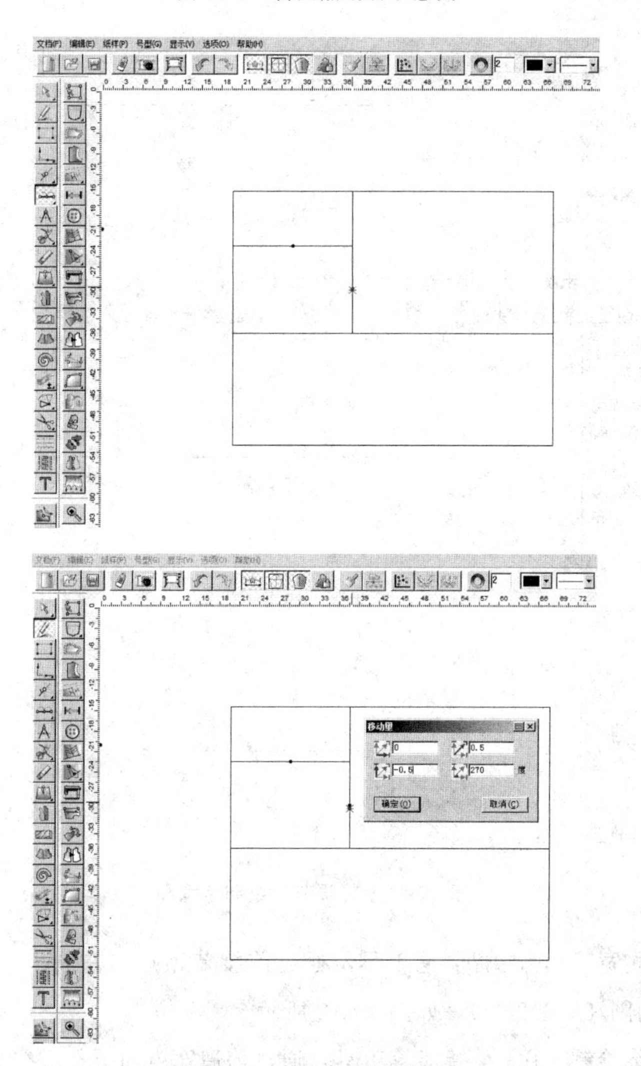

图 10-10　中心点绘制示意图

（10）前腰节长　选择智能笔工具，在前中心线与BL线交点处按“回车键”，向上偏移量等于胸围/5＋8.3cm，确定出一点，由该点向下画垂线与前中心线相连，如图10-11所示。

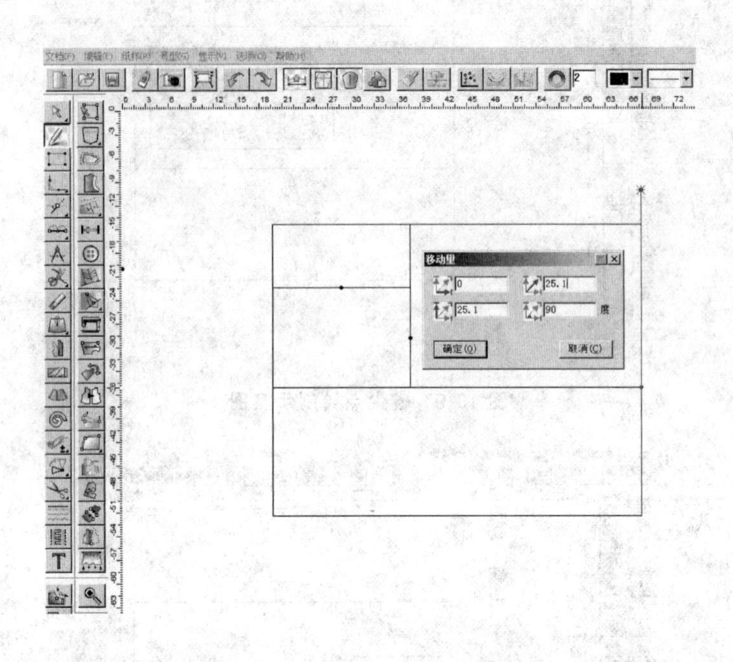

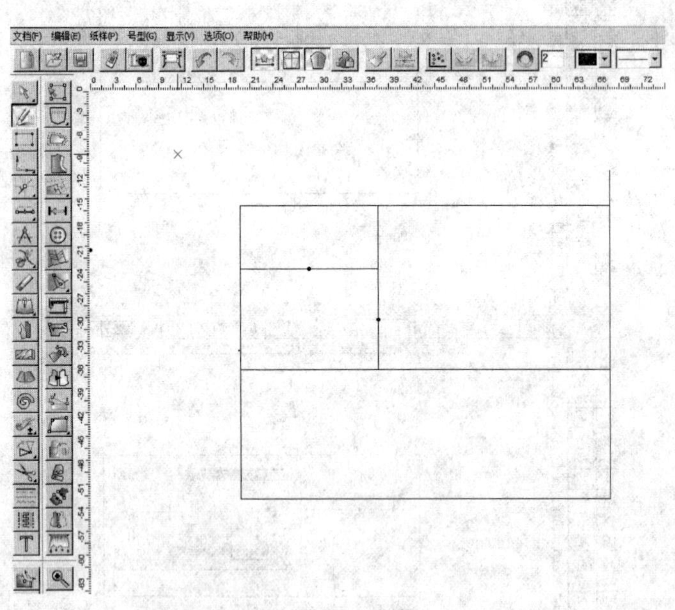

图 10-11　前腰节长绘制示意图

（11）绘制前胸宽　用智能笔工具，通过前腰节顶点向左画出一条水平线，该线长度等于前胸宽（胸围/8＋6.2cm），如图10-12所示。

（12）前胸宽线绘制　用智能笔工具，通过前肩宽点向下作垂线相交于BL线即为前胸宽线，如图10-13所示。

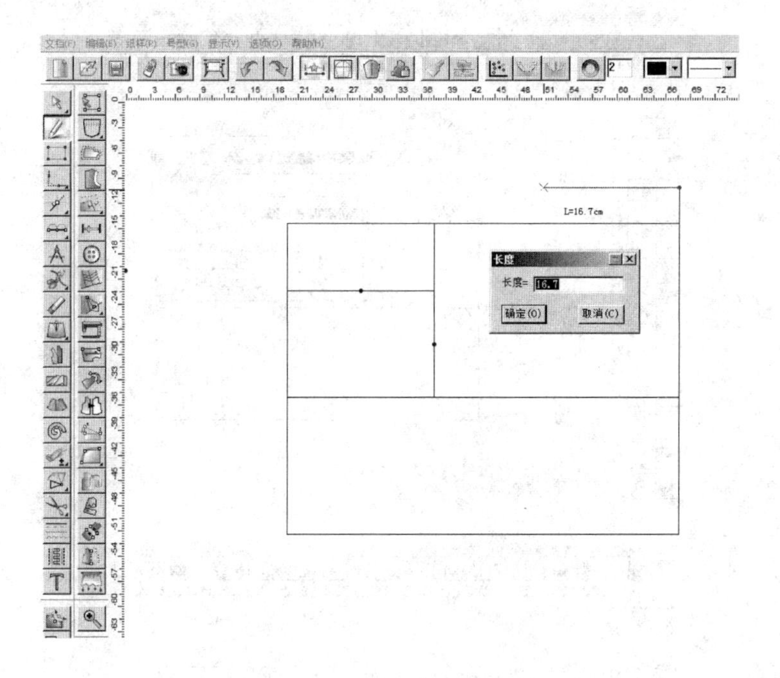

图 10-12 绘制前胸宽线示意图

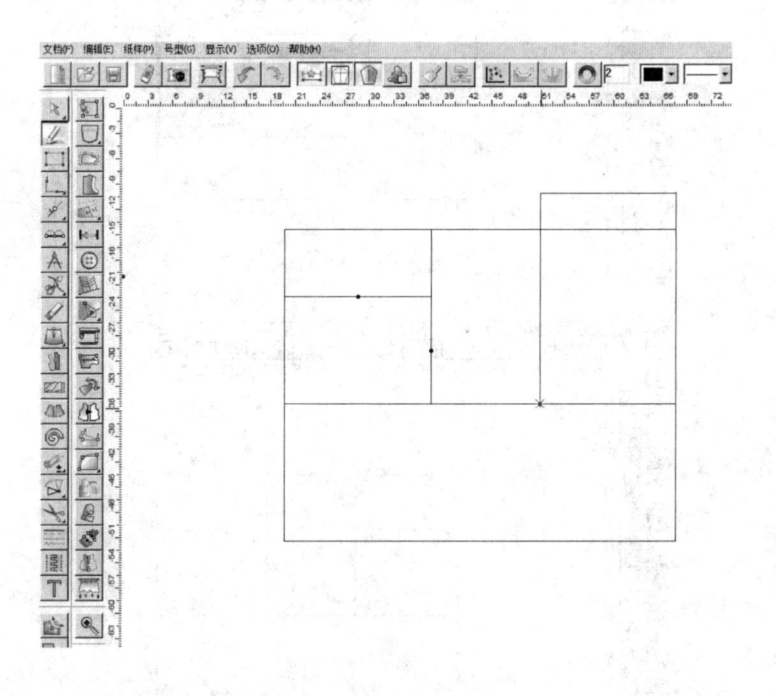

图 10-13 前胸宽线绘制示意图

(13) 前领口矩形基础线绘制　用智能笔工具沿前中心线顶点水平线取胸围/24＋3.4cm，得到前领宽点，过前领宽点向下作垂线为领口深点，再由该点向前中心线作垂线，得到的矩形就是前领口矩形基础线，如图 10-14 所示。

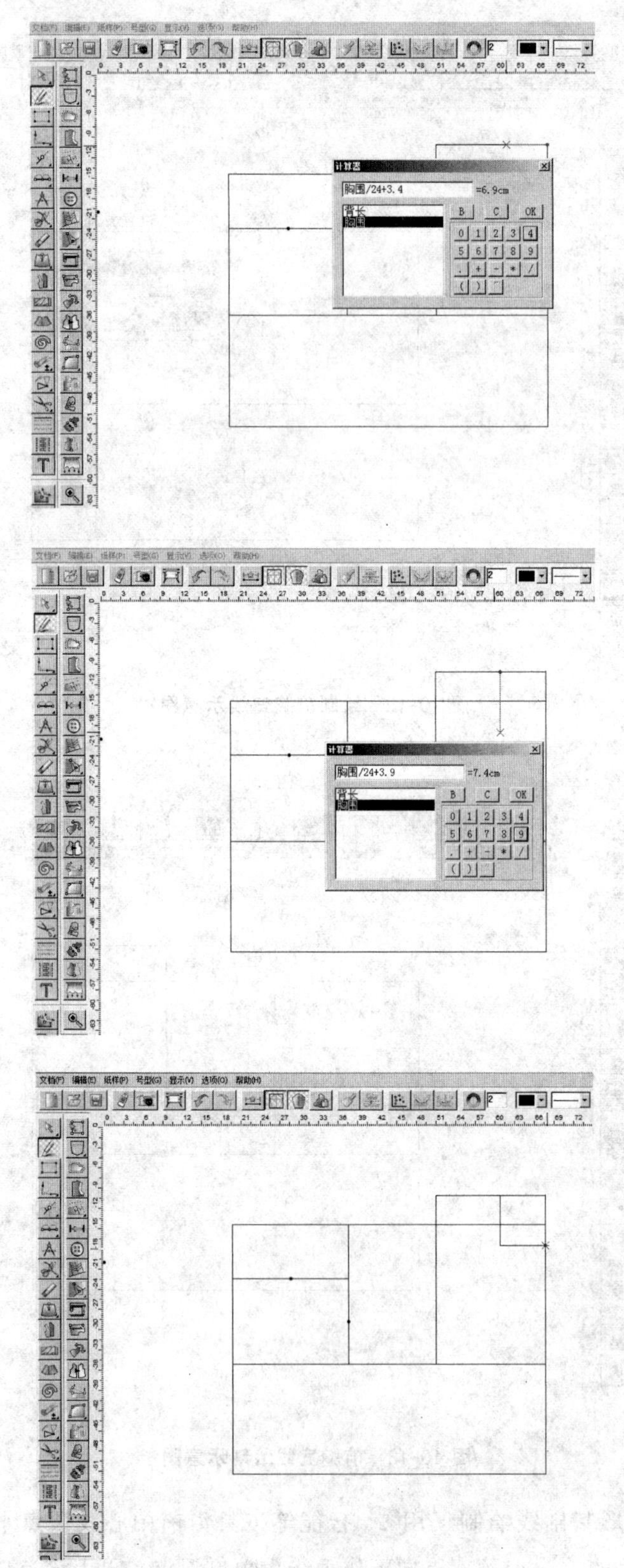

图 10-14　前领口矩形基础线绘制示意图

（14）前领口矩形对角线绘制　用智能笔工具连接两点，选用等份规工具对其进行三等分，如图 10-15 所示。

（15）前领口弧线绘制　用智能笔工具，通过对角线三分之一处向下 0.5cm 为辅助点，连接颈侧点和前中心线上的前领点；画出领口弧线，用调整工具调整，注意要保证领口弧线圆顺自然，如图 10-16 所示。

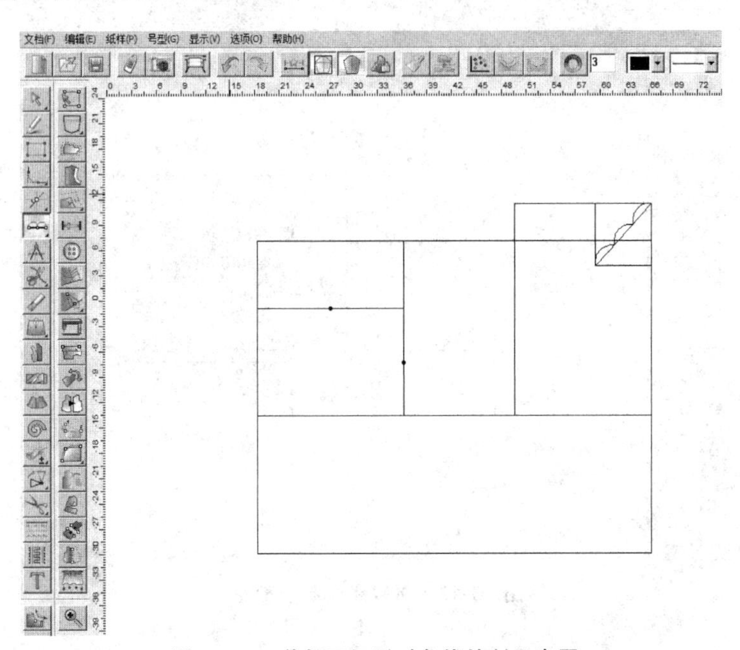

图 10-15　前领口矩形对角线绘制示意图

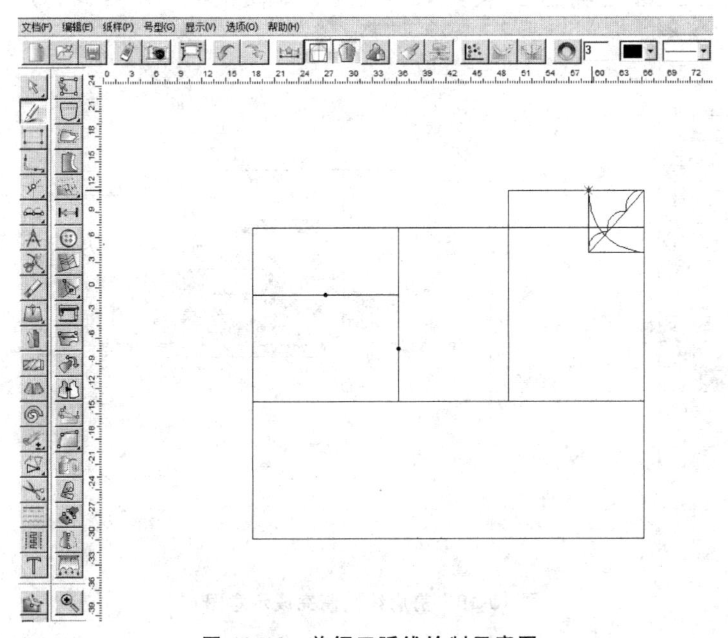

图 10-16　前领口弧线绘制示意图

（16）前肩线绘制　选取角度线工具，按照图示顺序依次单击前颈侧点、前肩线顶点和前胸宽三个点，在弹出的对话框中输入22°，单击“确定”，绘制出前肩线，如图10-17所示。

再选取智能笔工具，按住“Shift”键，在前面画的前肩线靠近胸宽线位置上单击鼠标右键，弹出“调整曲线长度”对话框，在“长度增减”一栏填入1.8，单击“确定”，完成前肩线绘制，如图10-18所示。

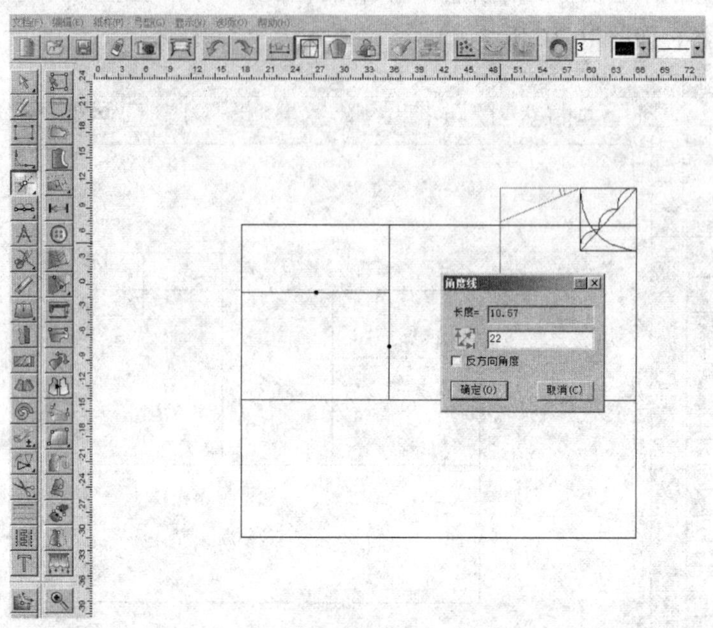

图10-17 前肩线绘制示意图

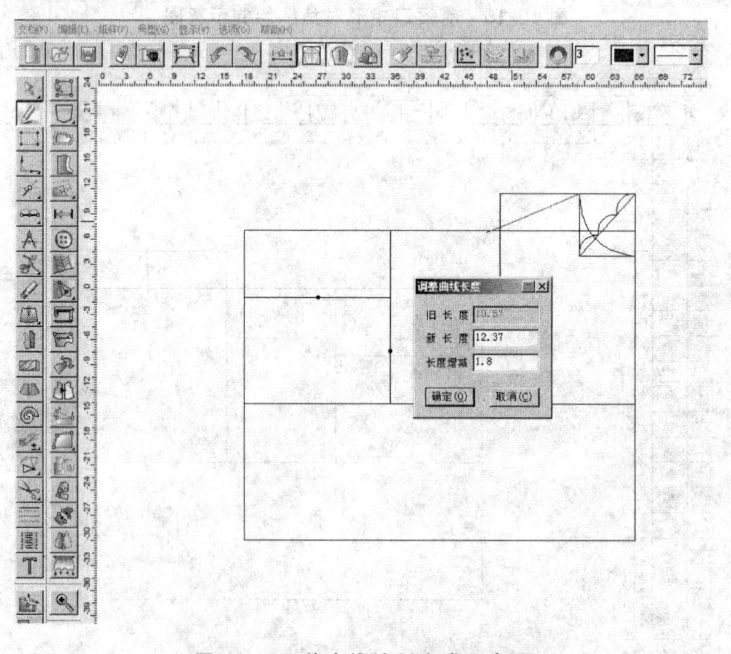

图10-18 前肩线绘制完成示意图

(17) 胸省尖点绘制 选用等份规工具，二等分前胸宽线，用智能笔工具由二等分点向左偏移0.7cm取点BP（胸省尖点），如图10-19所示。

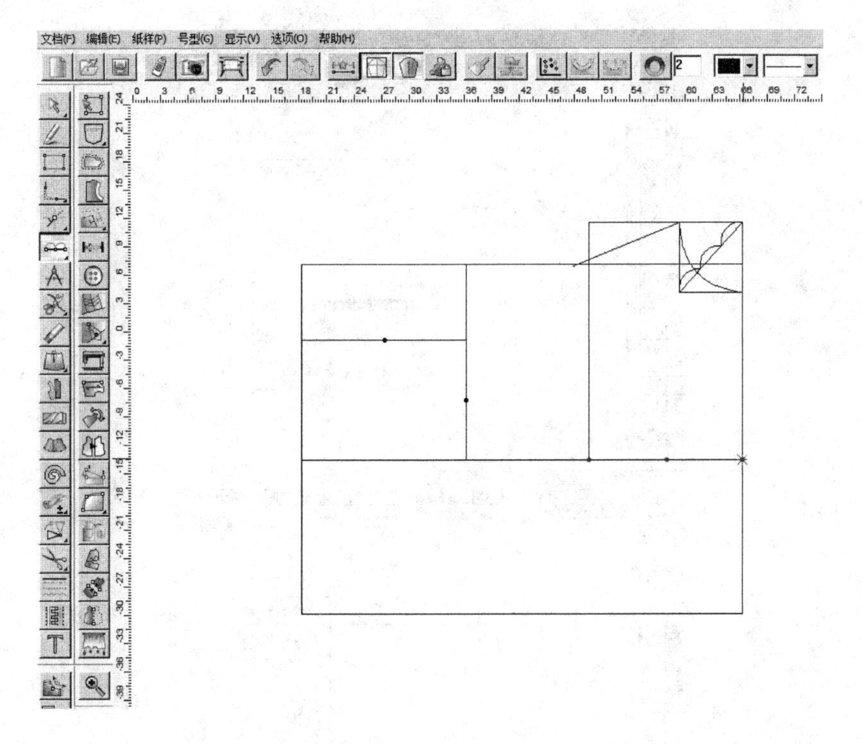

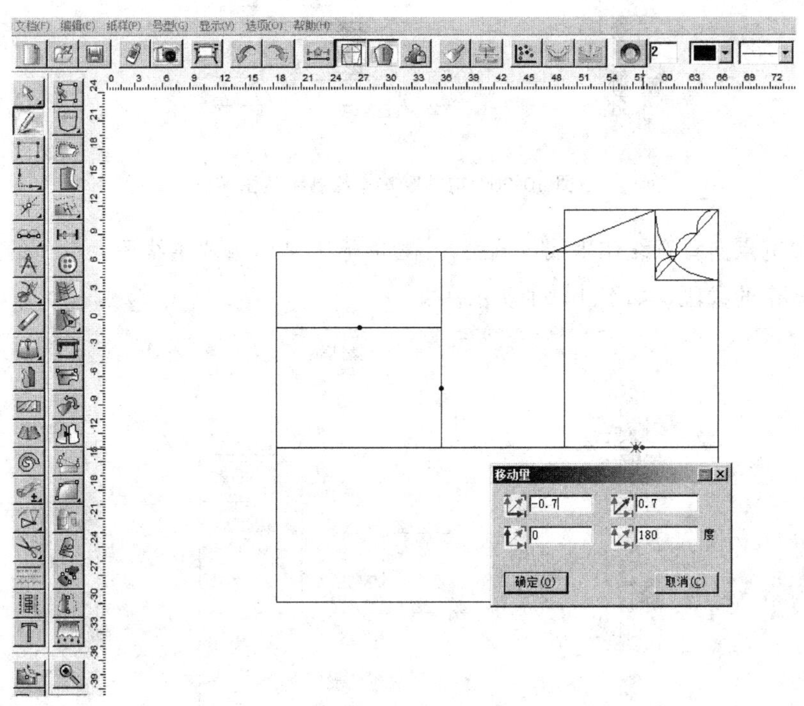

图 10-19 胸省尖点绘制示意图

选用智能笔工具，鼠标放在前胸宽线与 BL 线交点处，按下“回车键”，在弹出的“移动量”对话框中输入负数，表示向左移动胸围/32，并向上取 6.12cm，得到前袖窿宽点，如图 10-20 所示。

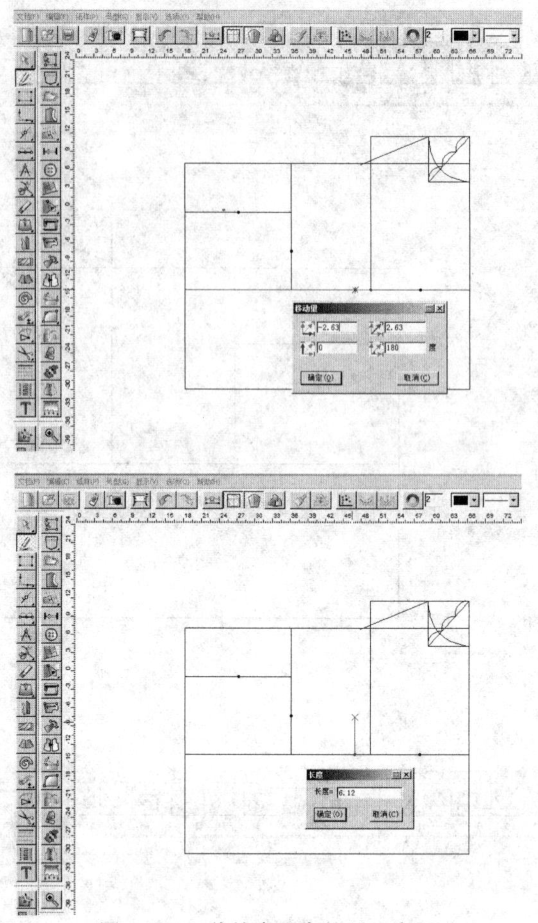

图 10-20　前袖窿宽点绘制示意图

过前袖窿宽点向背宽线作垂线，选用智能笔工具框选两条线段，在角的内侧处单击左键，删除多余的线段，如图 10-21 所示。

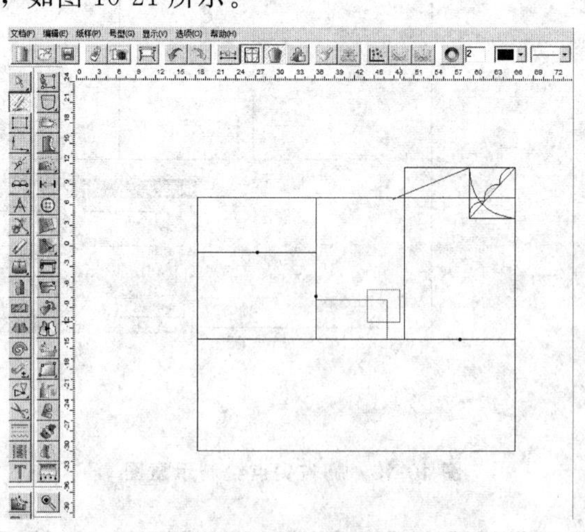

图 10-21　后袖窿宽点绘制示意图

（18）侧缝线绘制　用等份规工具二等分侧宽线，用智能笔工具过等分点向下作垂线即为侧缝线，如图 10-22 所示。

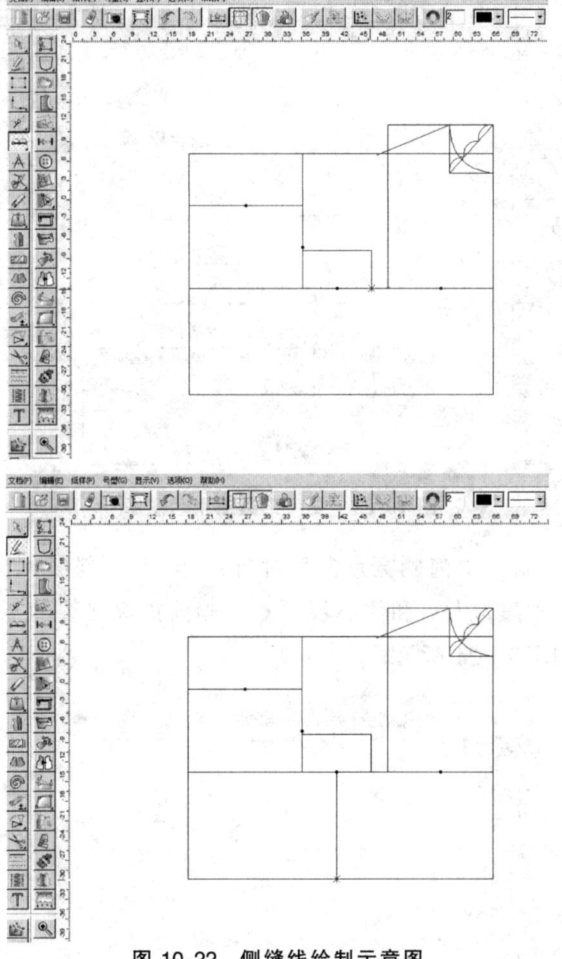

图 10-22　侧缝线绘制示意图

用等份规工具把侧宽线进行六等分，鼠标选取皮尺工具（快捷键“L”）按“Shift”键切换成两点距离模式，量取侧宽线六分之一的距离，并记录，用于画袖窿深辅助点，如图 10-23 所示。

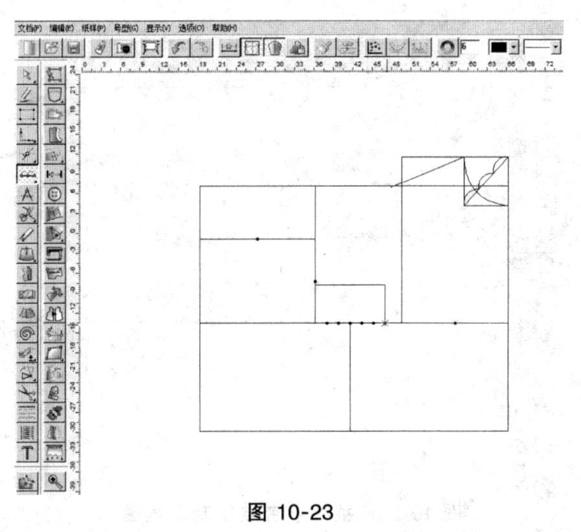

图 10-23

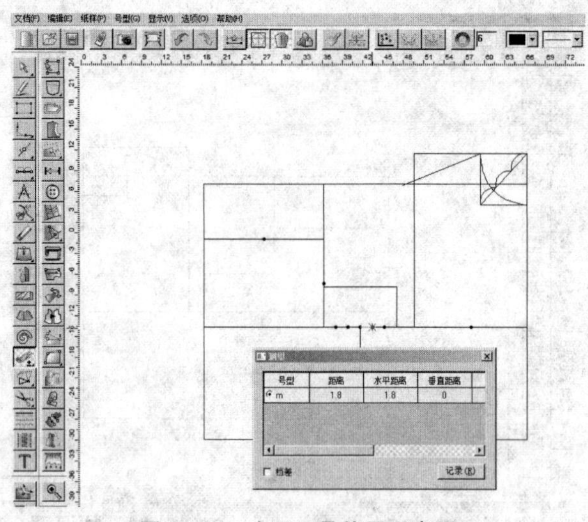

图 10-23 皮尺工具使用示意图

（19）袖窿参考点绘制　由前侧宽点向后片方向作 45°倾斜线，在倾斜线上量取 2.4cm 作为袖窿参考点。经过袖窿参考点和侧缝线顶点，画前袖窿弧线的下半部分，并用 调整工具调整使其圆顺，如图 10-24 所示。

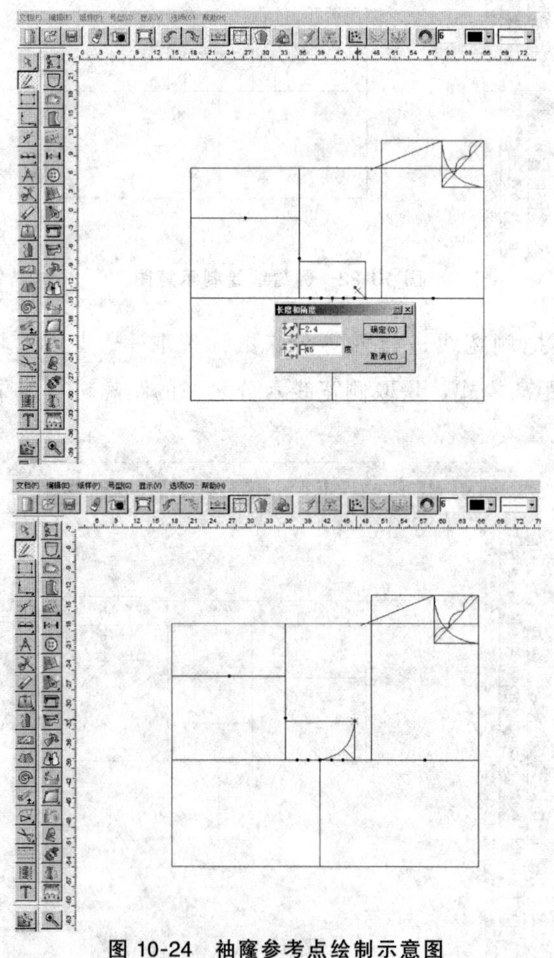

图 10-24 袖窿参考点绘制示意图

过前窿宽点向胸宽线作连线，作为胸省的一条胸线，用比较长度皮尺工具测量其距离并记录，用于确定另外一条胸省线的长度，如图 10-25 所示。

以上述胸线为基础线，用角度线工具向上量取 18°的夹角画胸省，两条胸省长度要相等，如图 10-26 所示。

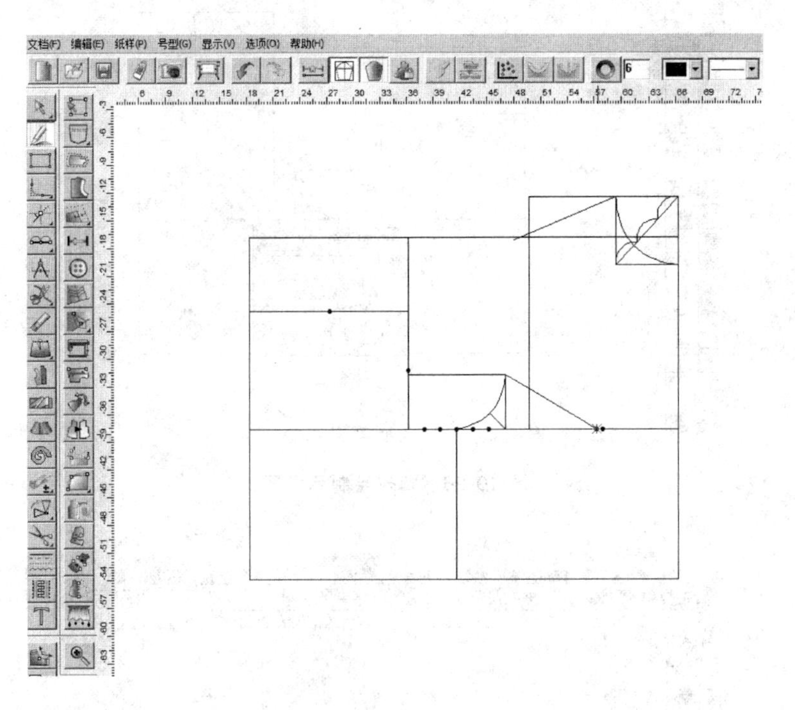

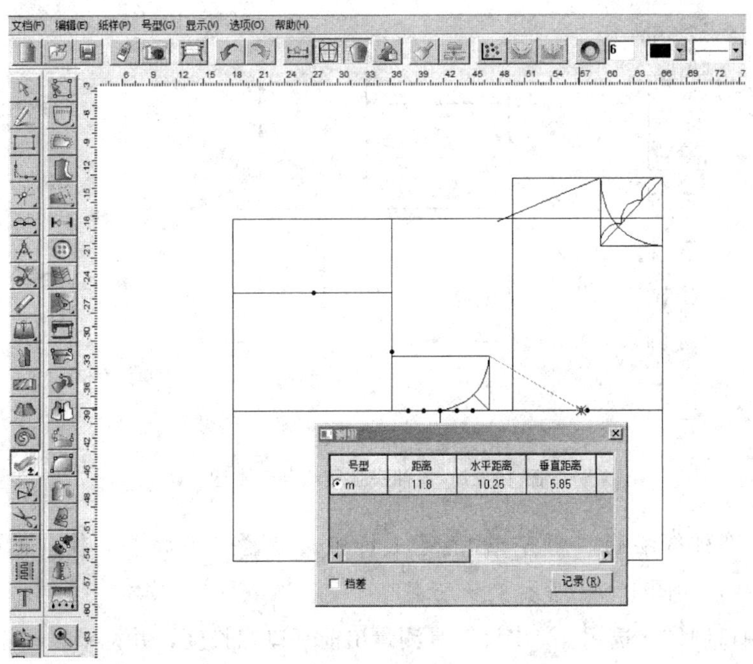

图 10-25　胸省线确定示意图

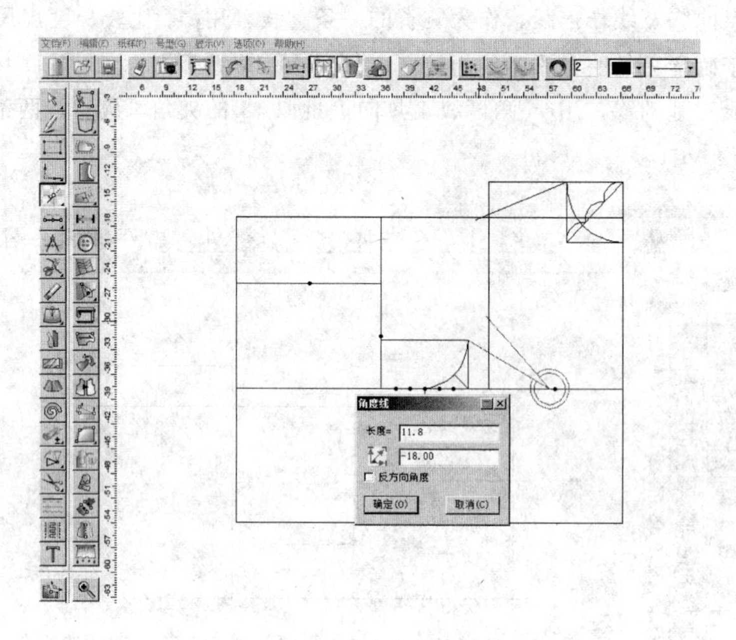

图 10-26　胸省绘制示意图

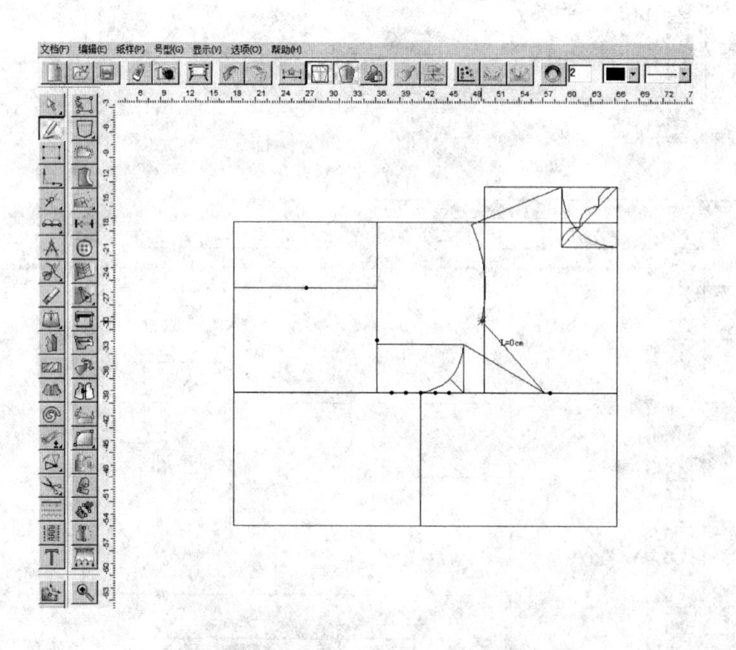

图 10-27　前袖窿弧线绘制示意图

(20) 前袖窿弧线绘制　用智能笔工具和调整工具调整，使前袖窿弧线形状圆顺，贴近胸宽线，如图 10-27 所示。

(21) 后领口制作　选用皮尺工具测量出前领口宽长度，并记录。再用智能笔工具从后中心线顶点处取后领宽，如图 10-28 所示。

(22) 后肩颈点绘制　由后领口宽点向上作垂线，长度等于 2.3cm，得到后肩颈点 BSP，如图 10-29 所示。

（23）后颈围弧线绘制　工具连接后颈侧点和后中心线顶点，画出后颈围基础线，调整后颈围弧线形状，如图 10-30 所示。

用皮尺工具测量出前肩线长度并记录，为测量后肩线做数据准备，如图 10-31 所示。

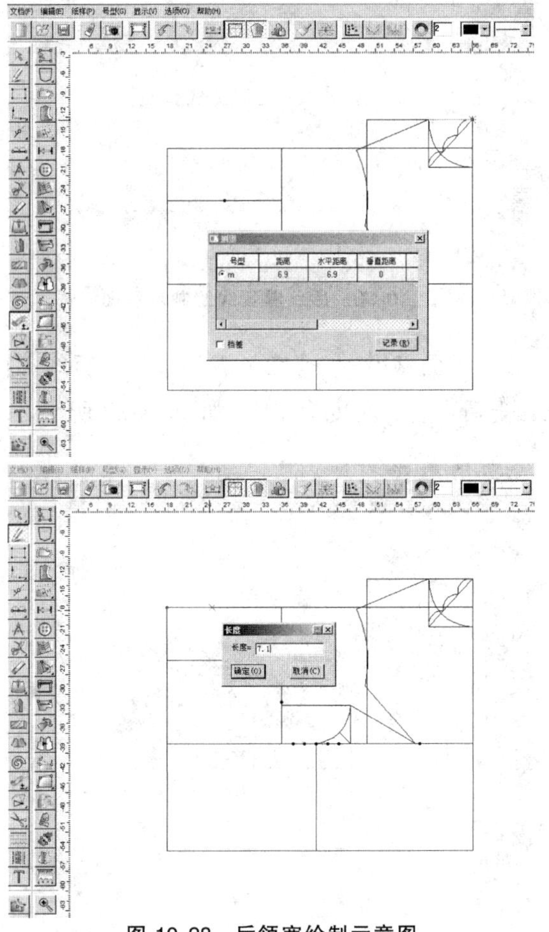

图 10-28　后领宽绘制示意图

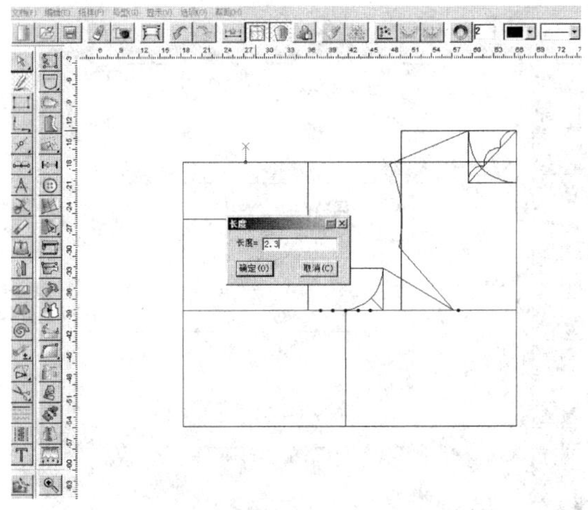

图 10-29　后肩颈点绘制示意图

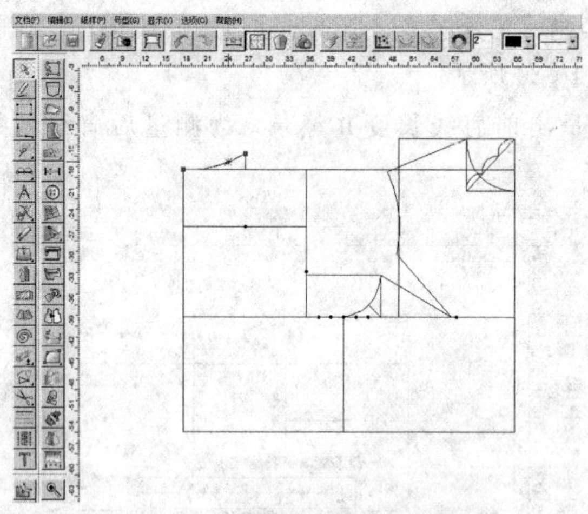

图 10-30　后颈围弧线绘制示意图

（24）后肩线绘制　过后颈侧点用智能笔工具绘制平行线。再用角度线工具绘制出后肩线等于前肩线长加上后肩省，角度为 18°，如图 10-32 所示。

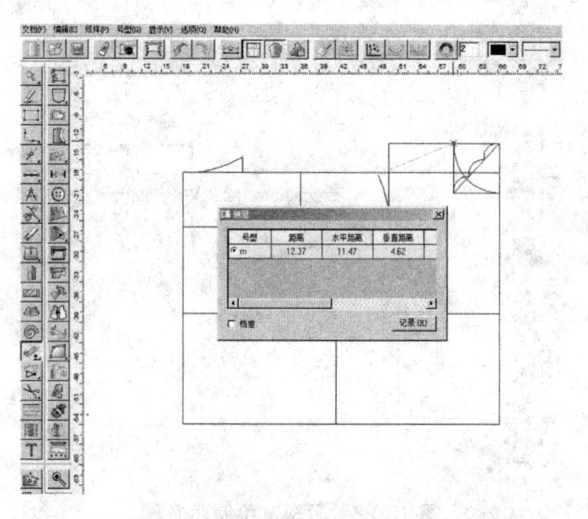

图 10-31　测量前肩线示意图

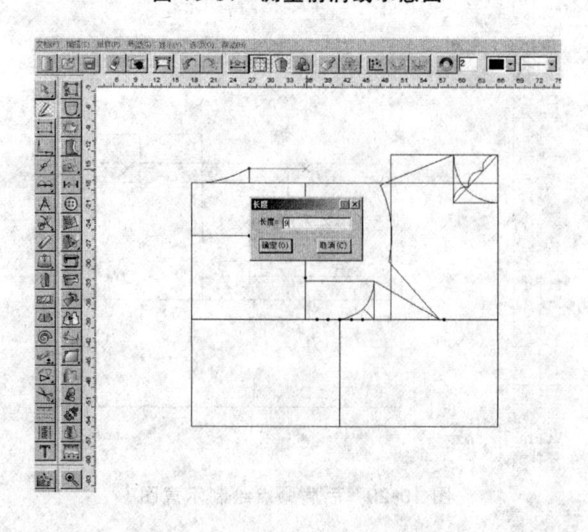

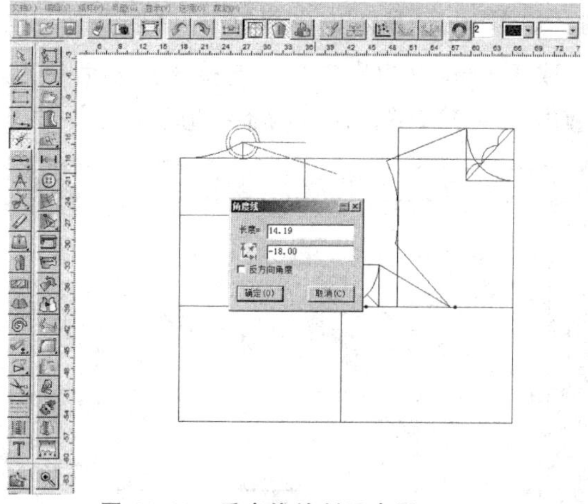

图 10-32　后肩线绘制示意图(一)

过后颈侧点作 45°线段。该线段长度为前肩线+0.8cm，这是为画袖窿线做准备如图 10-33 所示。

如图 10-34 所示，用智能笔工具连接相应点位，调整好后袖窿线贴合上背宽线并画出袖窿弧线。

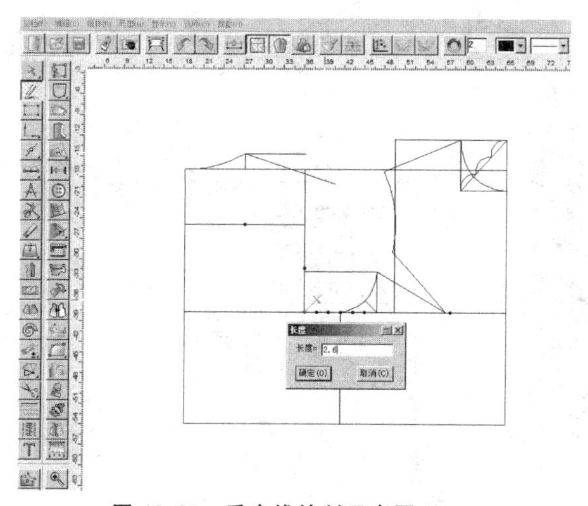

图 10-33　后肩线绘制示意图(二)

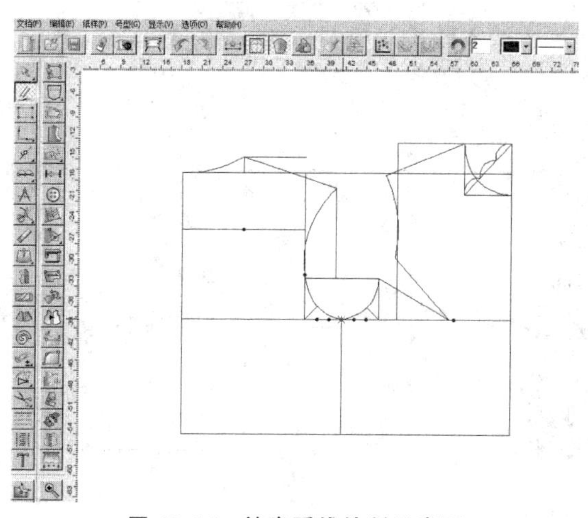

图 10-34　袖窿弧线绘制示意图

（25）后肩省道绘制　如图 10-35 所示，由后肩省点用智能笔工具向上作垂线与后肩线相交，过该点处向下量取 1.5cm 设为肩省量，连接该点和后肩点，得到后肩省一条省道长度，再用同样的方法做出另一条省道，保持两条省道线长度一致，即为后条肩省道。

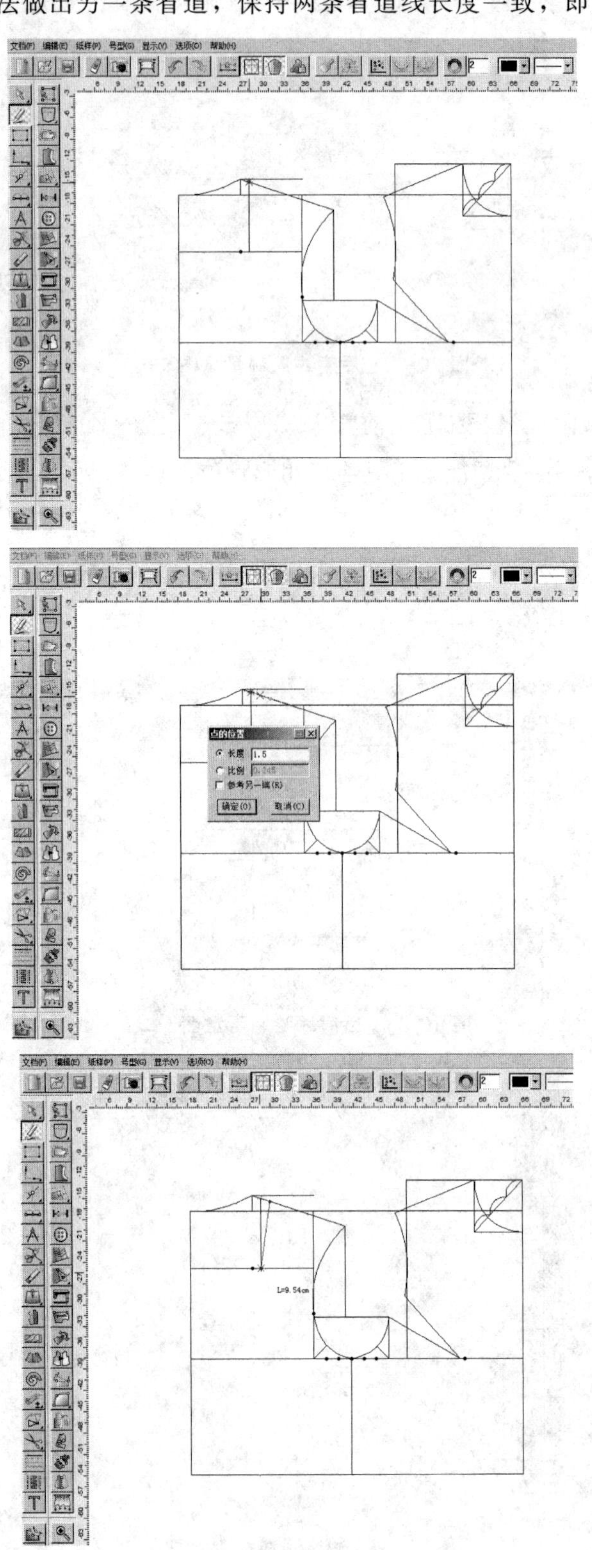

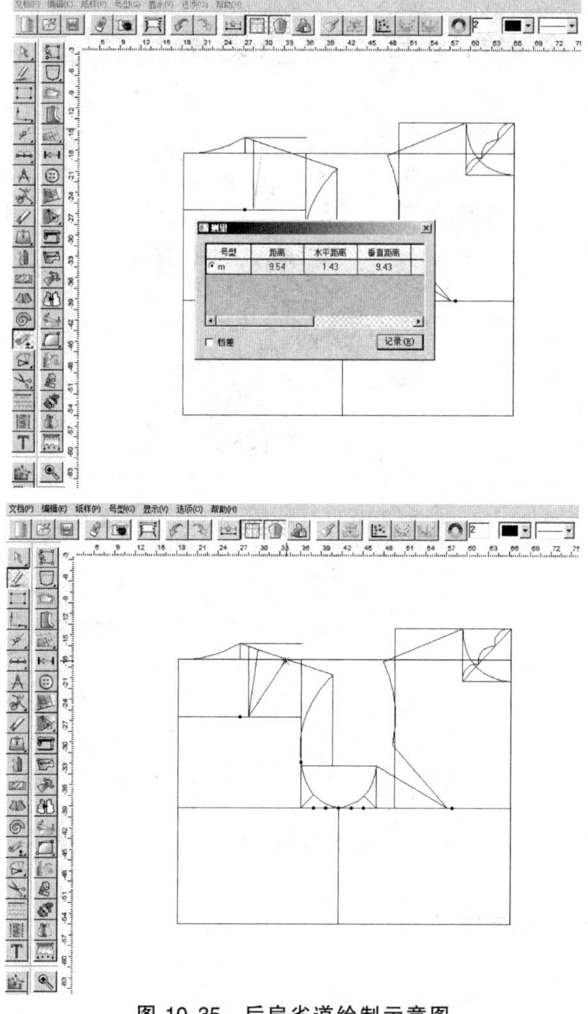

图 10-35　后肩省道绘制示意图

最后用橡皮工具擦掉多余的辅助线，得到最终女装原型绘制图，如图 10-36 所示。

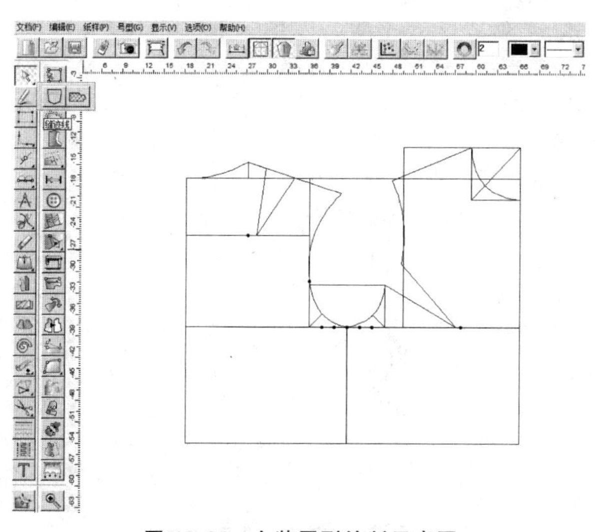

图 10-36　女装原型绘制示意图

第二节　女西装裙制板

一、女西装裙款式

女西装裙款式如图 10-37 所示。

图 10-37　女西装裙款式示意图

二、裙子 CAD 制板具体步骤

（1）双击 CAD 软件，弹出如图 10-38 所示界面。

图 10-38　绘图界面示意图

（2）号型编辑　单击“号型（G）”进入号型编辑，在号型编辑里输入绘制时将要用到的相关尺寸数据，单击“确认”完成，也可以多输入一些基础数据，方便之后绘制时使用，如图 10-39 所示。

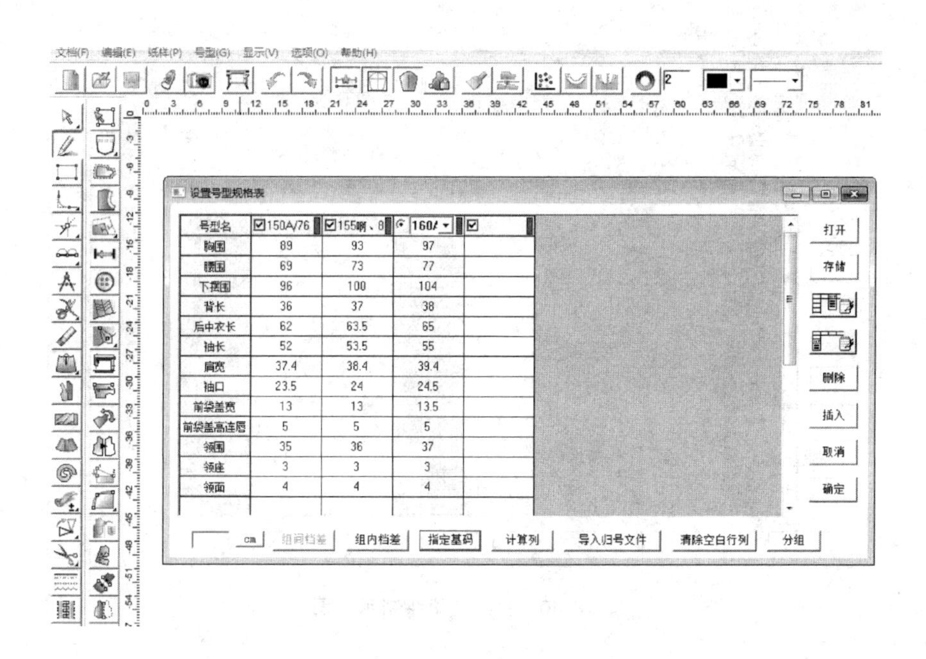

号型名	150A/76	155啊、8	160/	
胸围	89	93	97	
腰围	69	73	77	
下摆围	96	100	104	
背长	36	37	38	
后中衣长	62	63.5	65	
袖长	52	53.5	55	
肩宽	37.4	38.4	39.4	
袖口	23.5	24	24.5	
前袋盖宽	13	13	13.5	
前袋盖高连唇	5	5	5	
领围	35	36	37	
领座	3	3	3	
领面	4	4	4	

图 10-39　号型编辑绘制示意图

（3）女西装裙后片绘制　用矩形工具进行绘制，如图 10-40 所示。

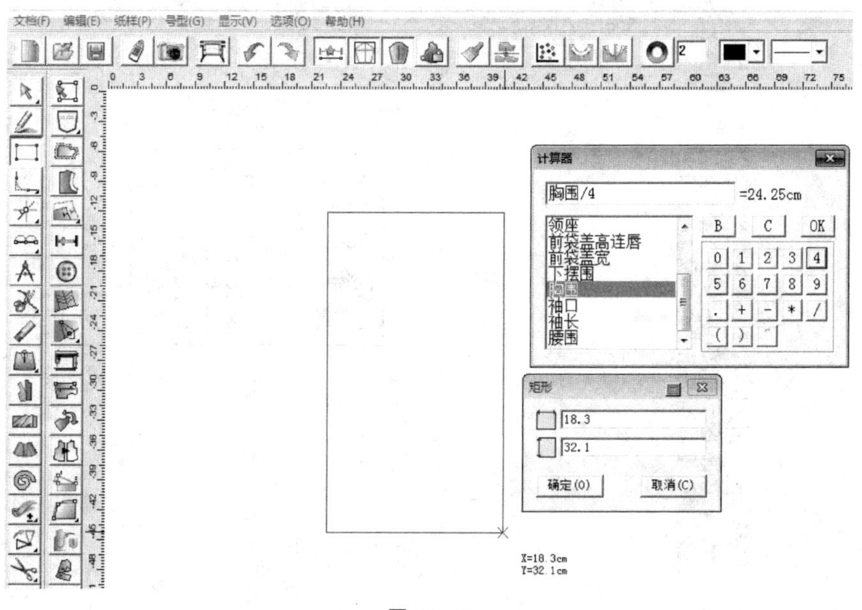

图 10-40

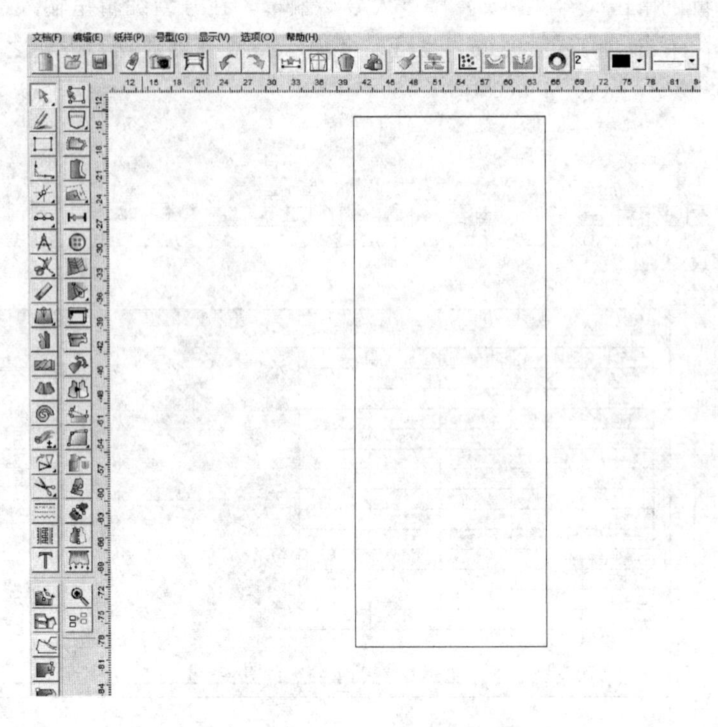

图 10-40　女西装裙绘制示意图

(4) 用矩形工具绘制领宽为领围/5 和领深 2cm，如图 10-41 所示。

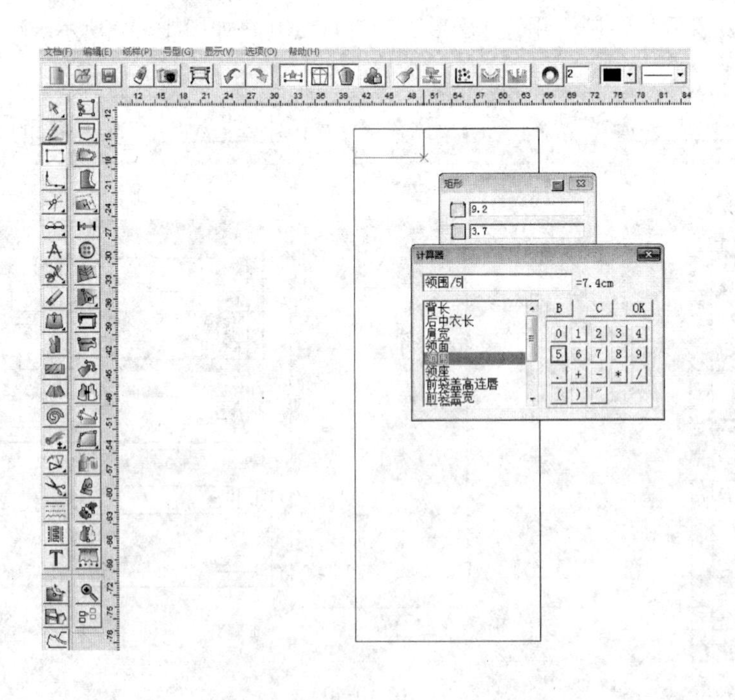

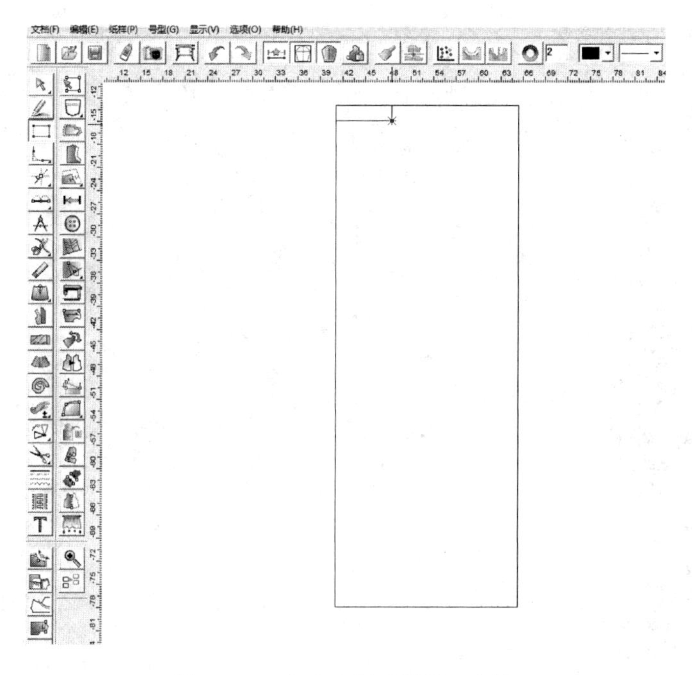

图 10-41　领宽和领深绘制示意图

（5）用智能笔绘制肩斜和肩宽，具体操作如图 10-42 所示。

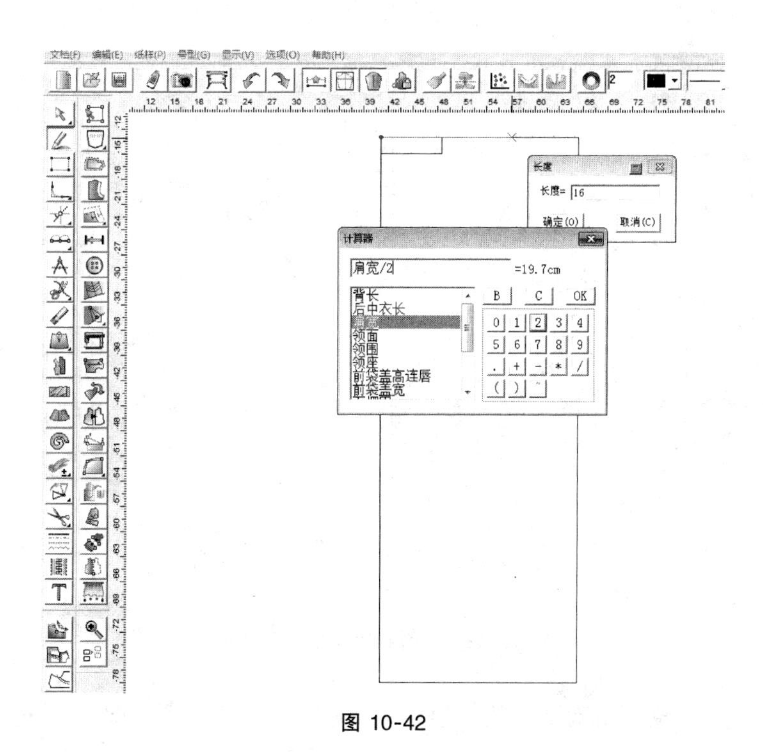

图 10-42

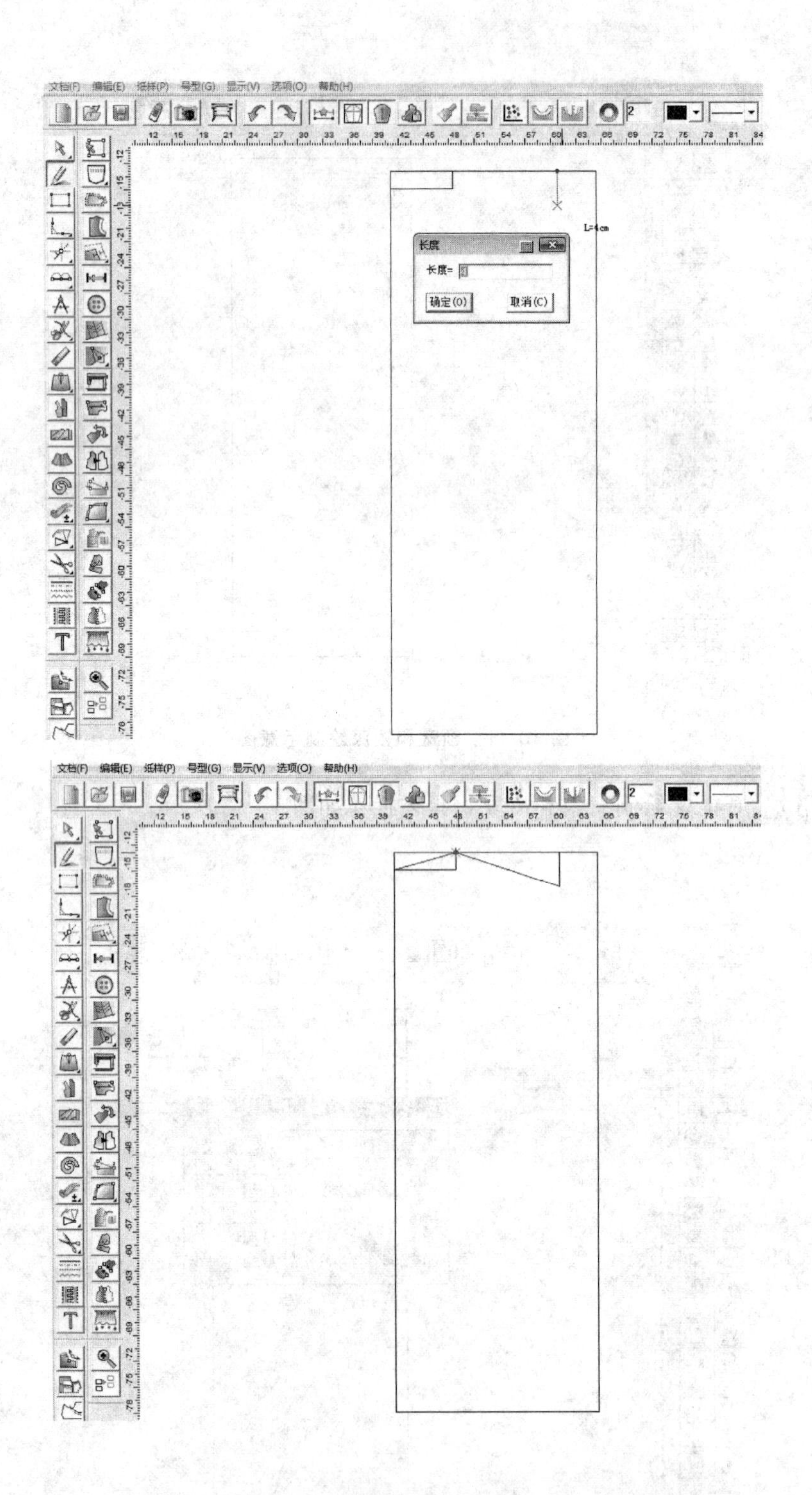

图 10-42　肩斜和肩宽绘制示意图

（6）用 智能笔绘制胸围，从矩形定点沿后中线向下取胸围点量，过该点作垂线即为胸围线，如图 10-43 所示。

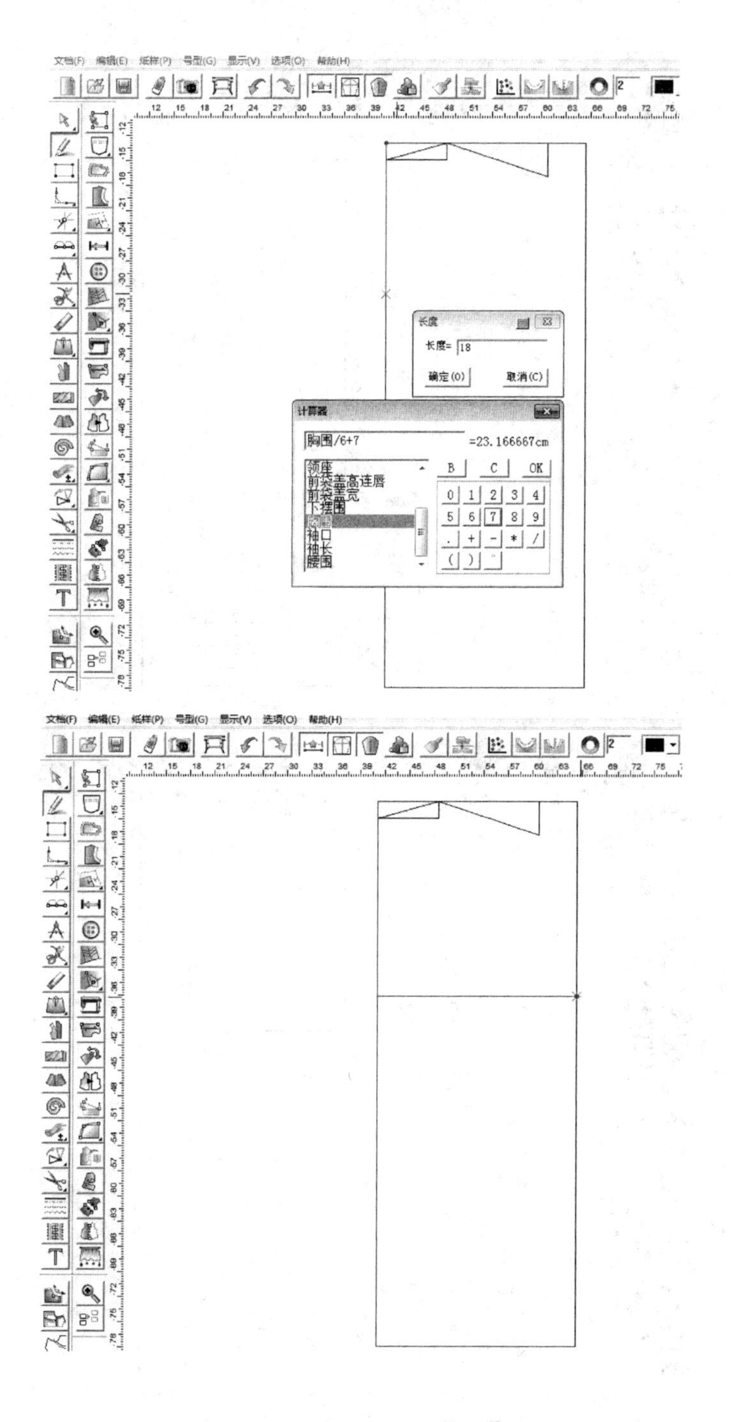

图 10-43　胸围线绘制示意图

（7）用智能笔绘制背长，如图 10-44 所示。

（8）用智能笔绘制背宽，在背长上取背宽量为胸围/6＋2.5cm，过该点作垂线，垂直于肩宽线，如图 10-45 所示。

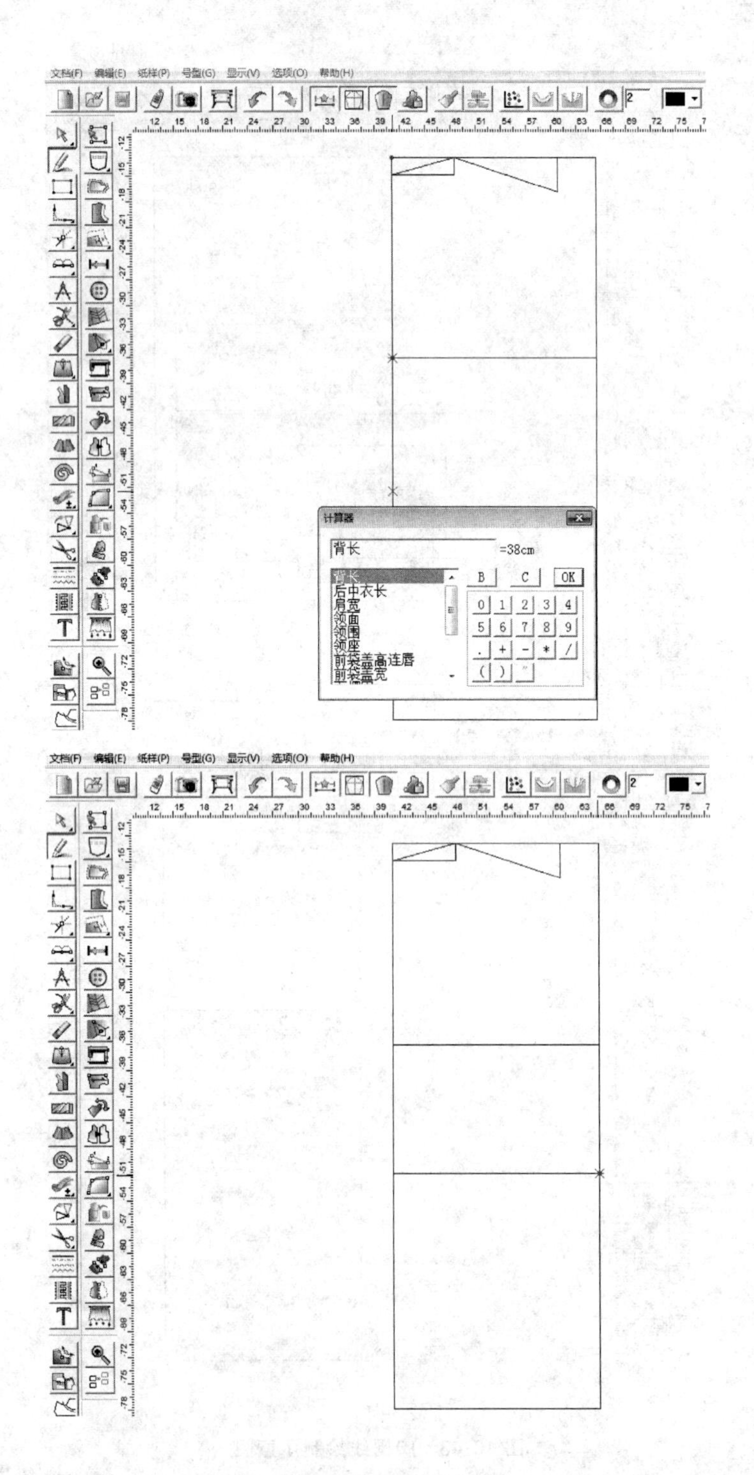

图 10-44 背长绘制示意图

（9）用智能笔绘制后袖窿，用等份规工具把背宽进行三等分，用调整工具调整好后袖窿弧度，如图 10-46 所示。

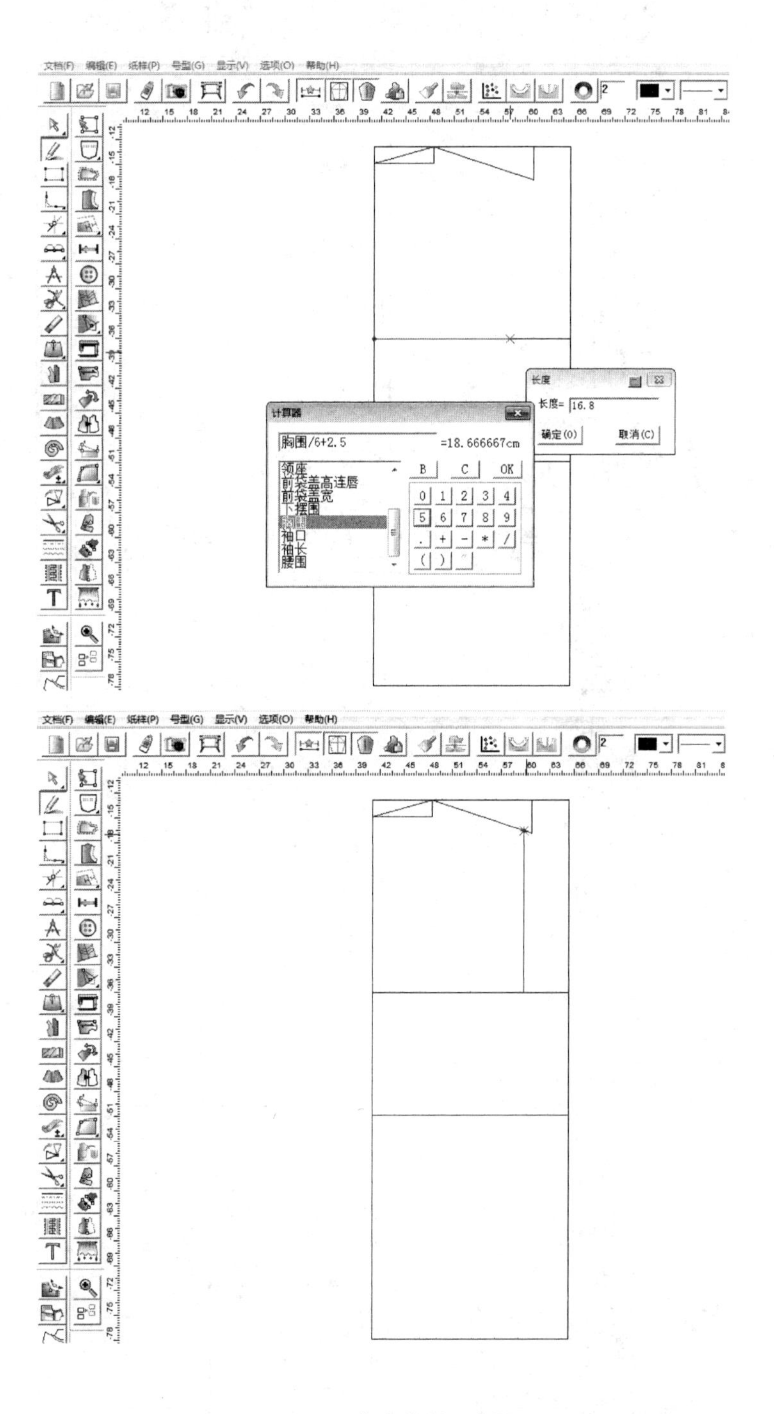

图 10-45 背宽绘制示意图

(10) 用智能笔绘制侧缝，取腰围/4＋省量 2.5cm，如图 10-47 所示。

(11) 用智能笔绘制下摆，取下摆围/4，并连接相关点位，再用调整工具进行整体调整圆顺弧线，如图 10-48 所示。

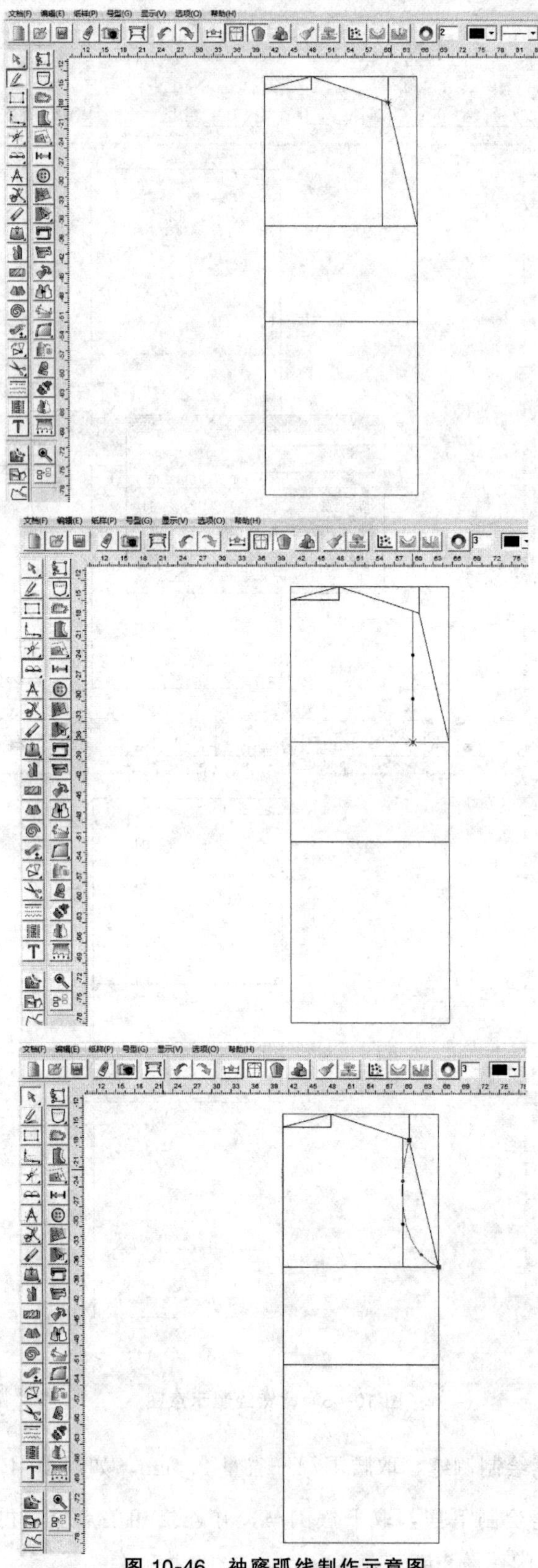

图 10-46　袖窿弧线制作示意图

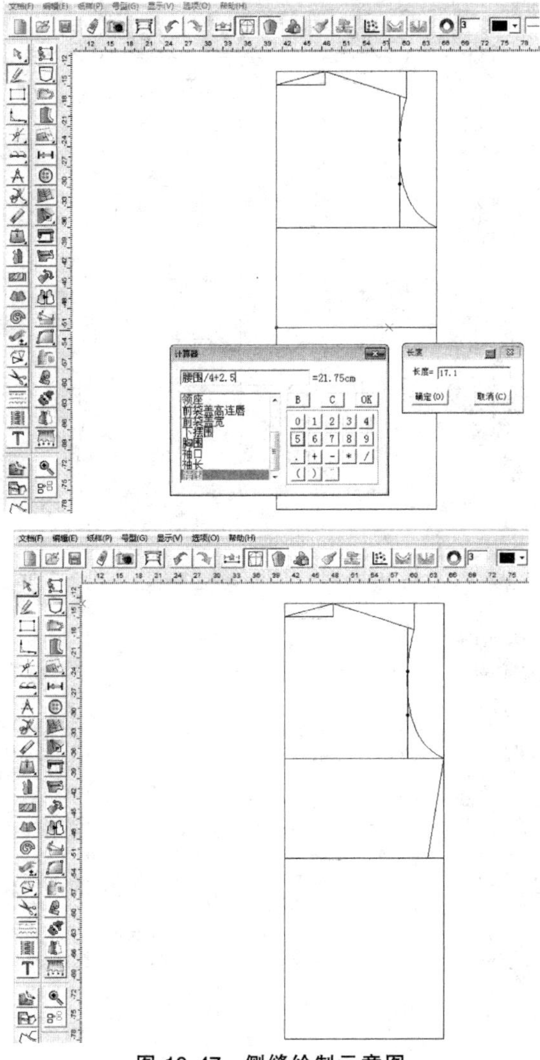

图 10-47　侧缝绘制示意图

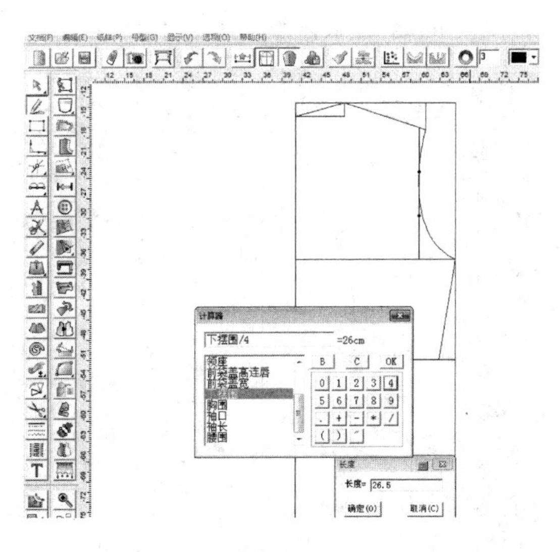

图 10-48

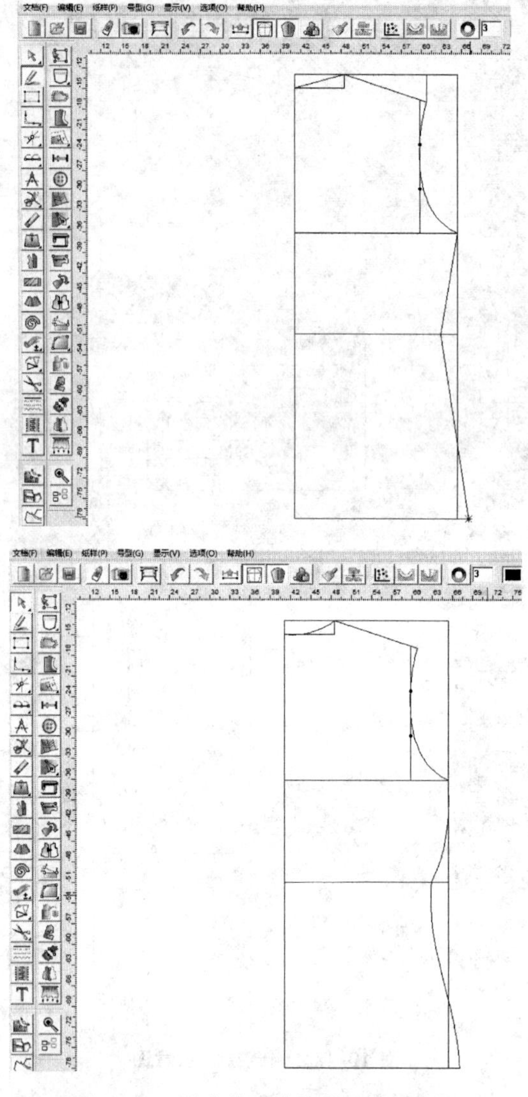

图 10-48 后衣片弧线绘制调整示意图

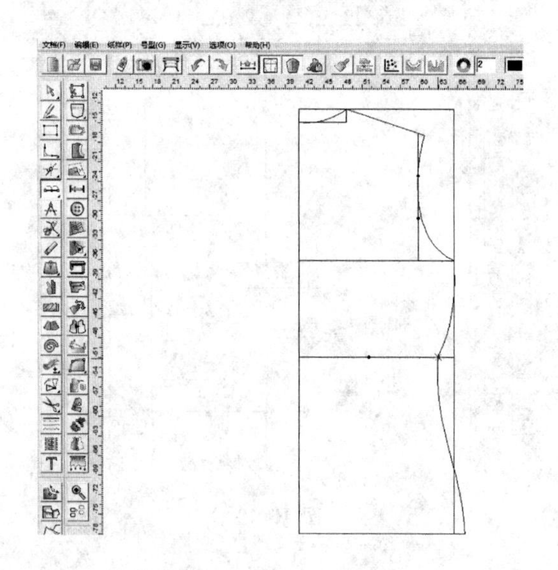

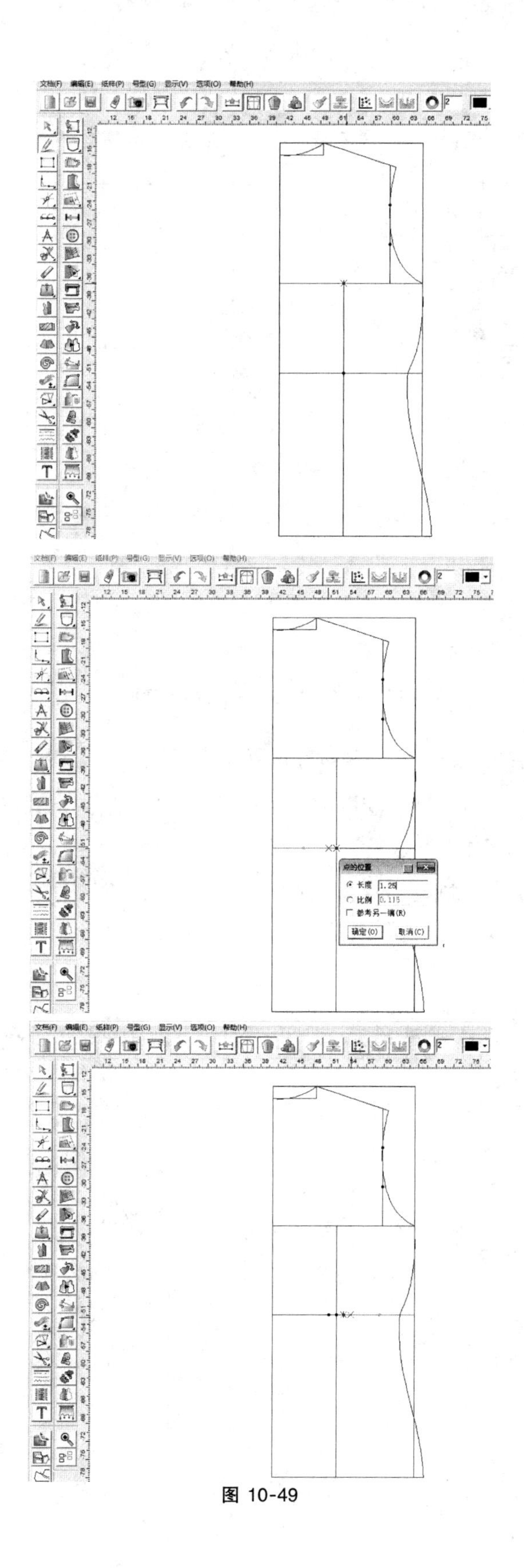

图 10-49

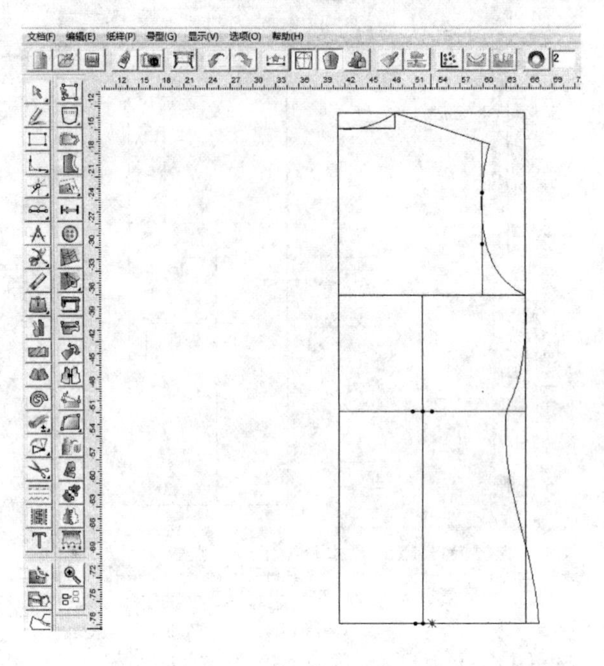

图 10-49 后衣片省绘制示意图

(12) 做后衣片省的位置，先用等份规工具找出中点，过该点用智能笔分别向上、下绘制垂线，分别与背宽和下摆围相交，用点工具绘制出省宽 2.5cm，同样的方法得到下摆围的省宽，如图 10-49 所示。

(13) 用智能笔绘制公主线，并用调整工具调整圆顺弧线，如图 10-50 所示。

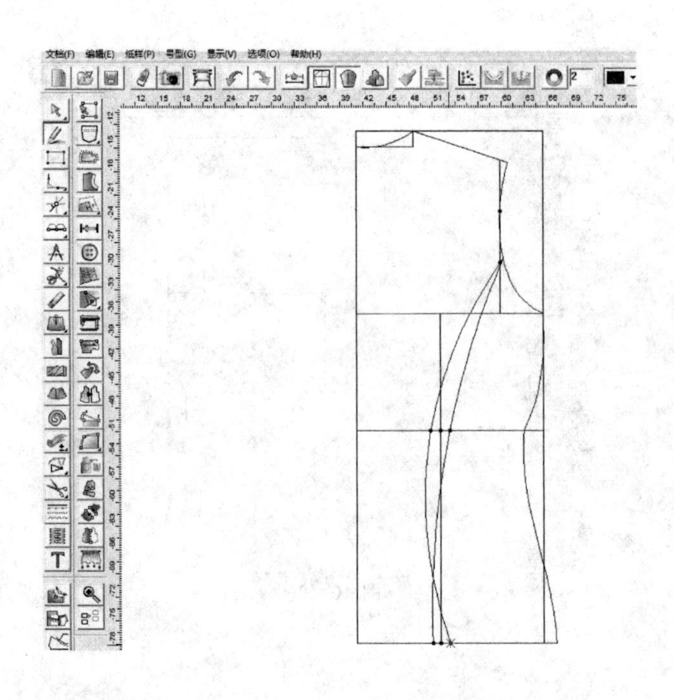

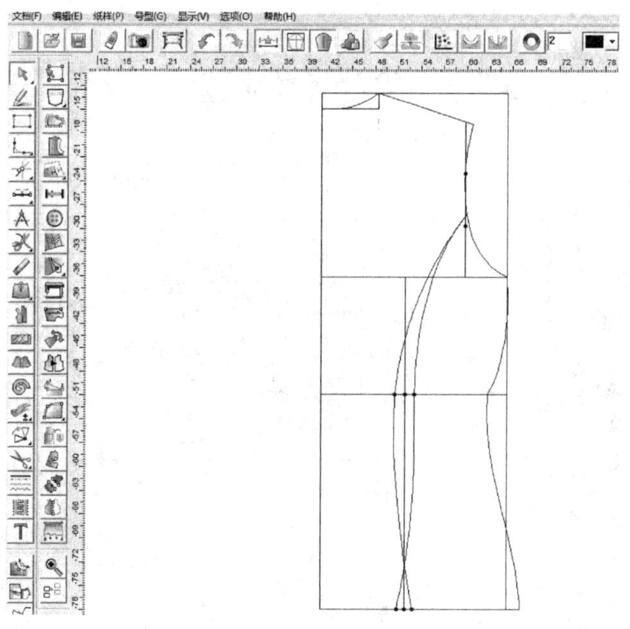

图 10-50 公主线绘制示意图

（14）用移动工具复制前衣片需要的部件，如图 10-51 所示。

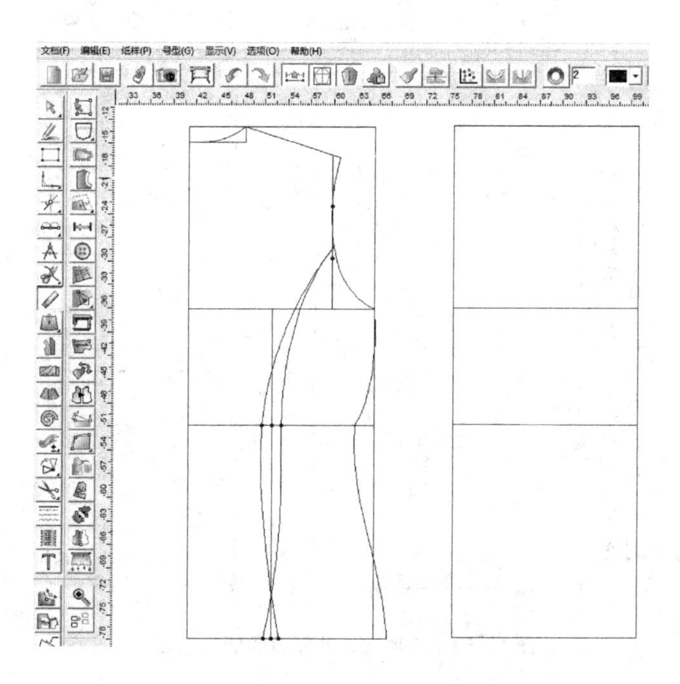

图 10-51 前、后衣片复制示意图

（15）用矩形工具做前领宽和前领深，如图 10-52 所示。

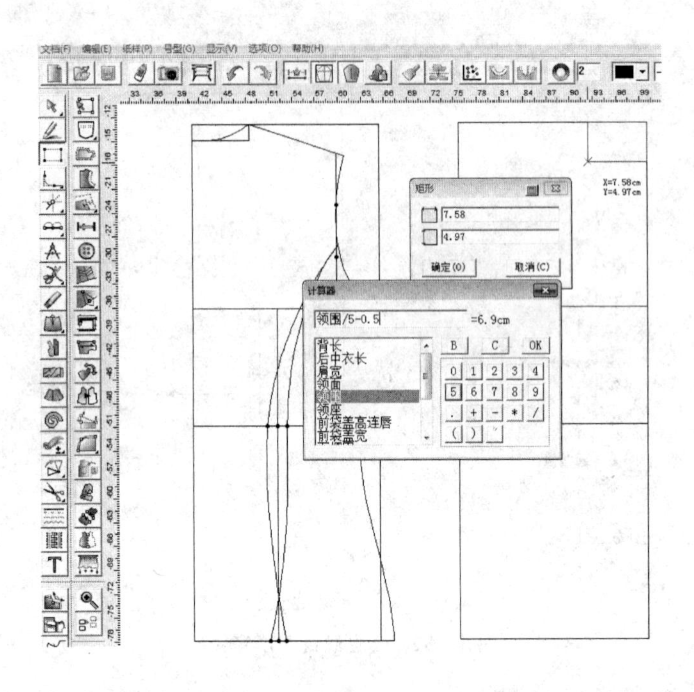

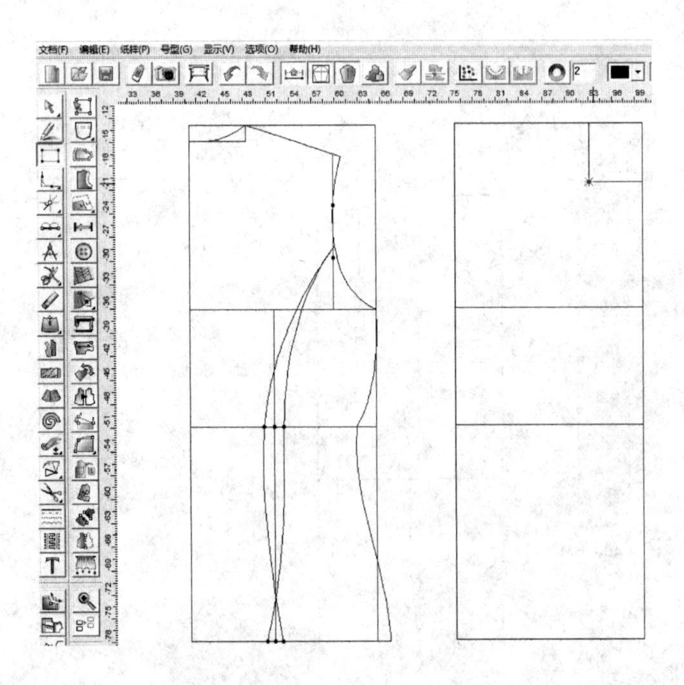

图 10-52 前领宽、前领深绘制示意图

（16）用 智能笔绘制肩斜 4cm，如图 10-53 所示。

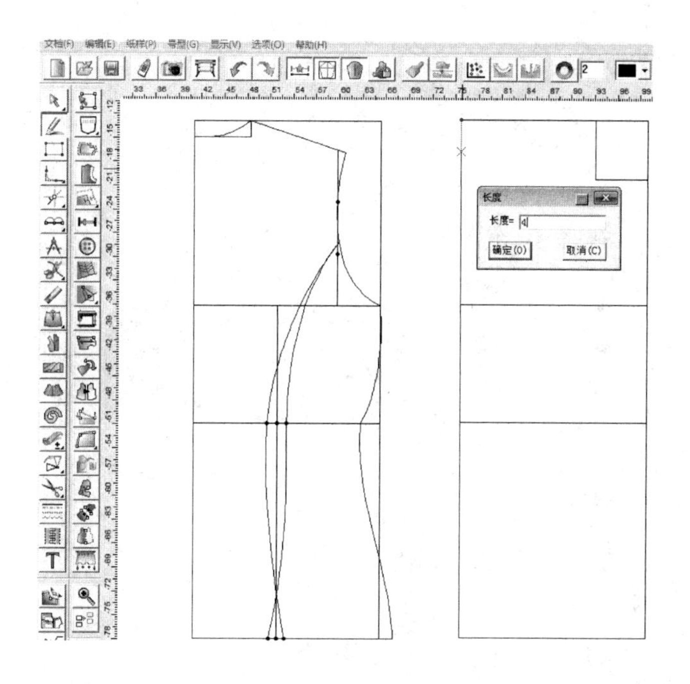

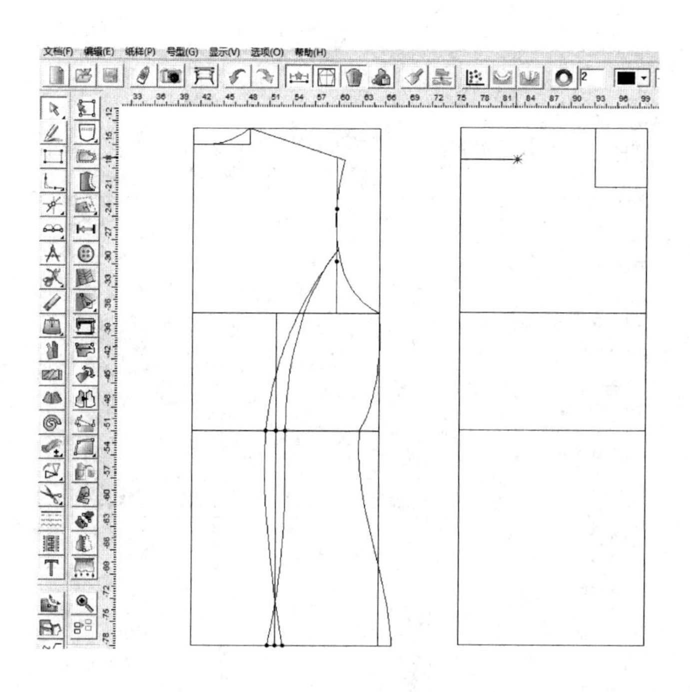

图 10-53 肩斜绘制示意图

（17）为了保证前、后肩长一致，用比较长度工具测量后肩长度，并记录，在尺寸变量栏中修改名称，如图 10-54 所示。

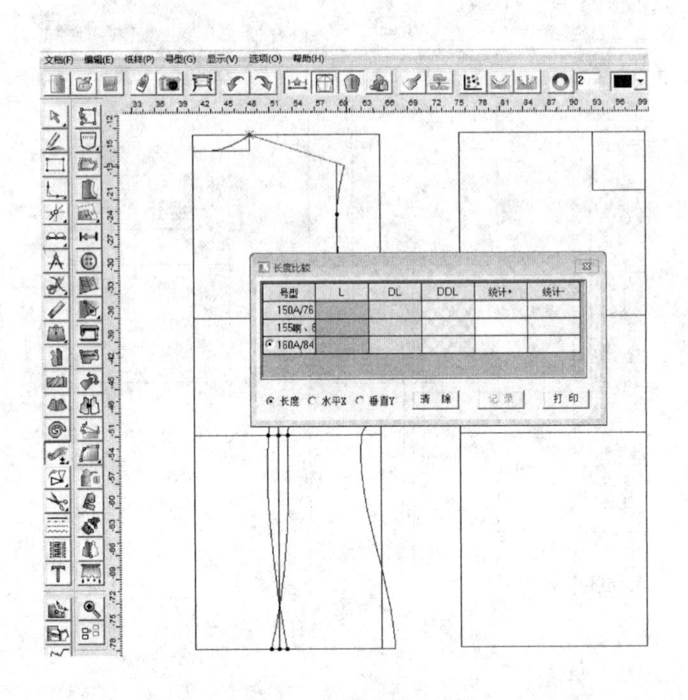

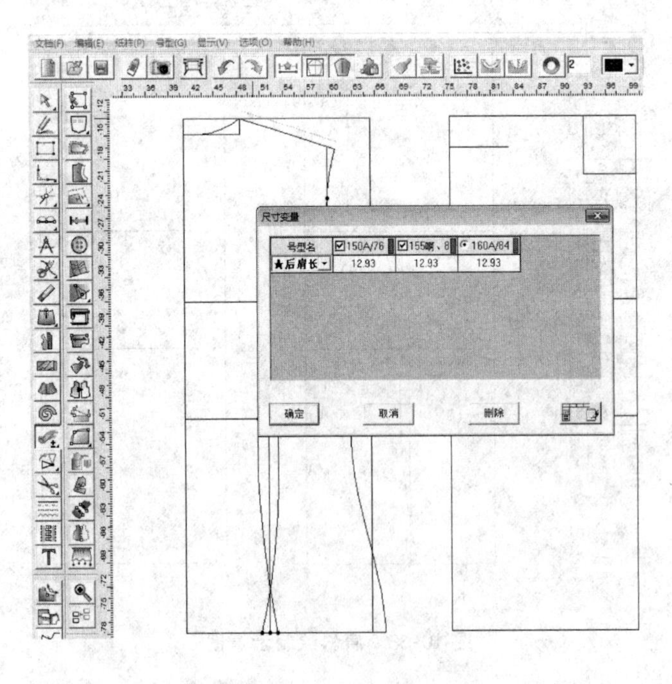

图 10-54　后肩长测量示意图

（18）用圆规工具绘制前肩长，如图 10-55 所示。

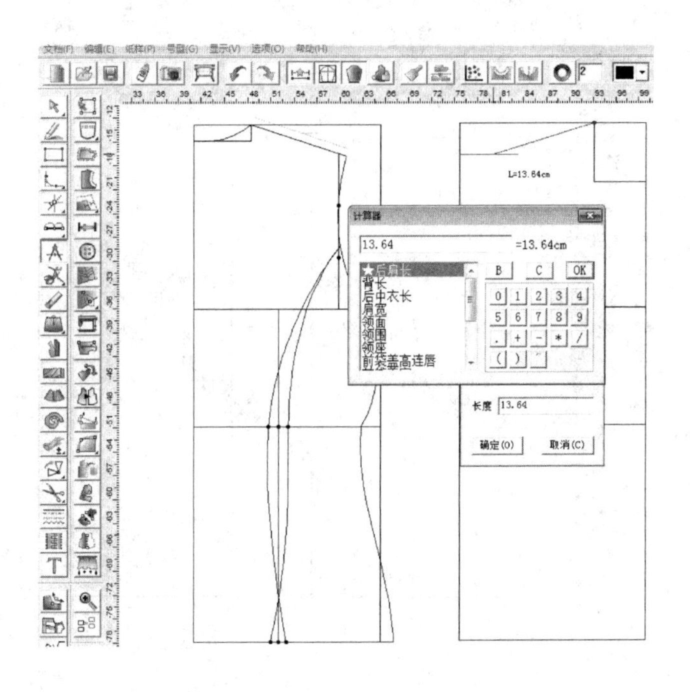

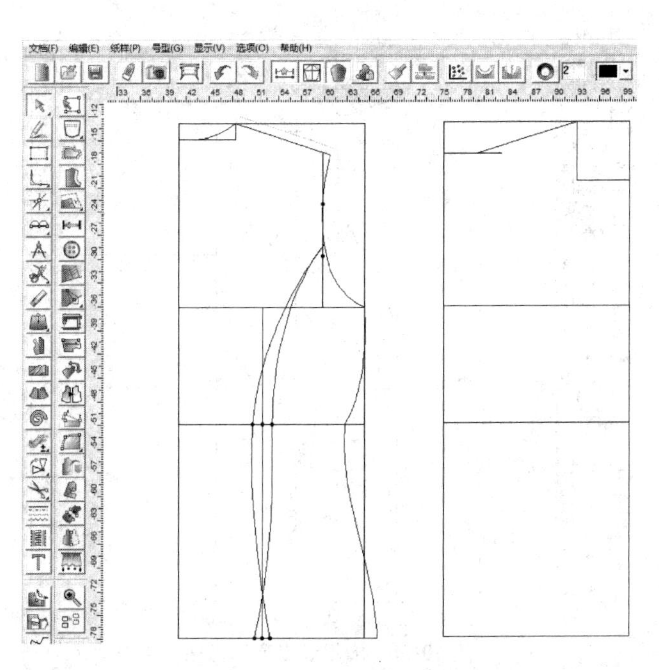

图 10-55　前肩长绘制示意图

（19）绘制前片胸围省量，需要把前片胸围线提高 2cm，用智能笔工具绘制，如图 10-56 所示。

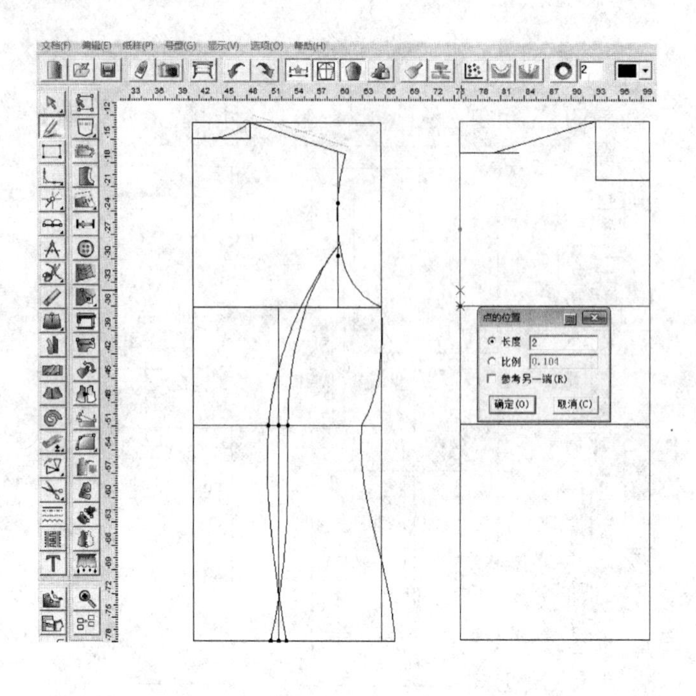

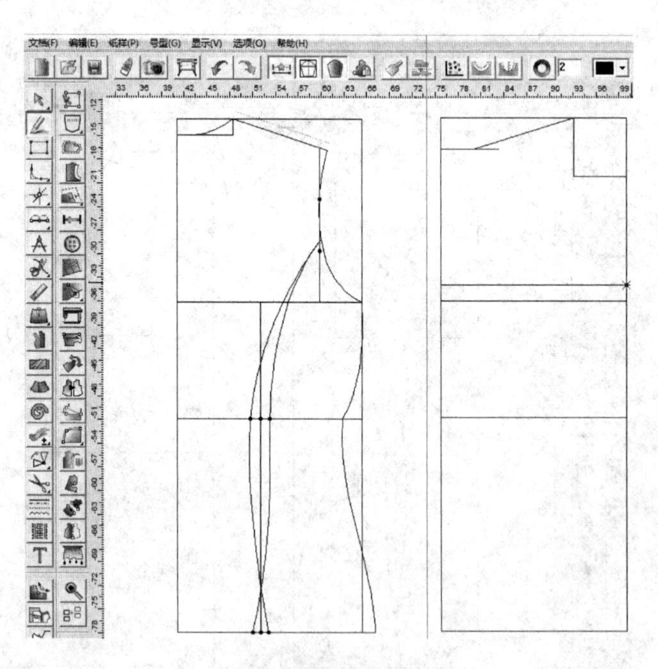

图 10-56 胸围线提高示意图

（20）用智能笔工具绘制前胸宽等于胸宽/6＋2cm，过该点向前肩线作垂直线，连接前肩点到胸围线，得到前袖窿线，用等份规工具把前胸宽线进行三等分，用调整工具调整前袖窿弧线使其圆顺，如图 10-57 所示。

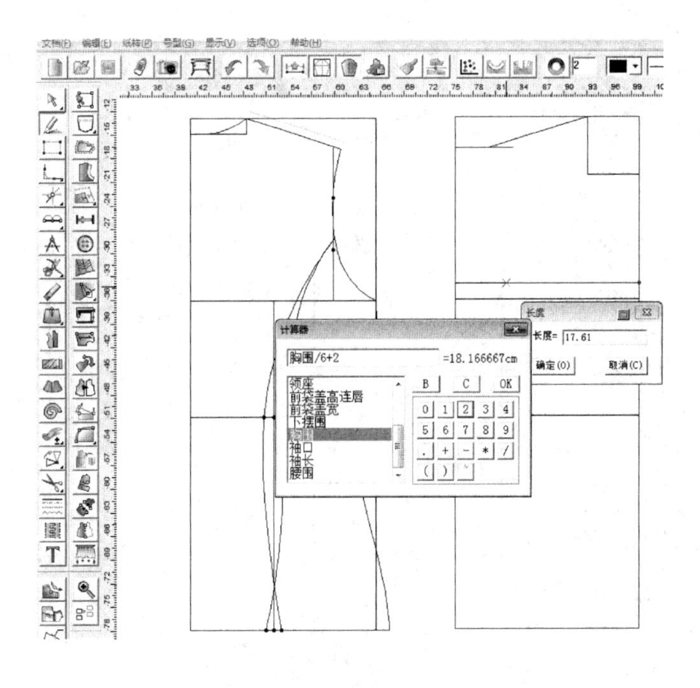
文档(F) 编辑(E) 纸样(P) 号型(G) 显示(V) 选项(O) 帮助(H)
计算器
胸围/6+2
=18.166667cm
领座
前袋盖高连唇
前袋盖宽
下摆围
袖口
袖长
腰围
B
C
OK
长度
长度= 17.61
确定(O)
取消(C)

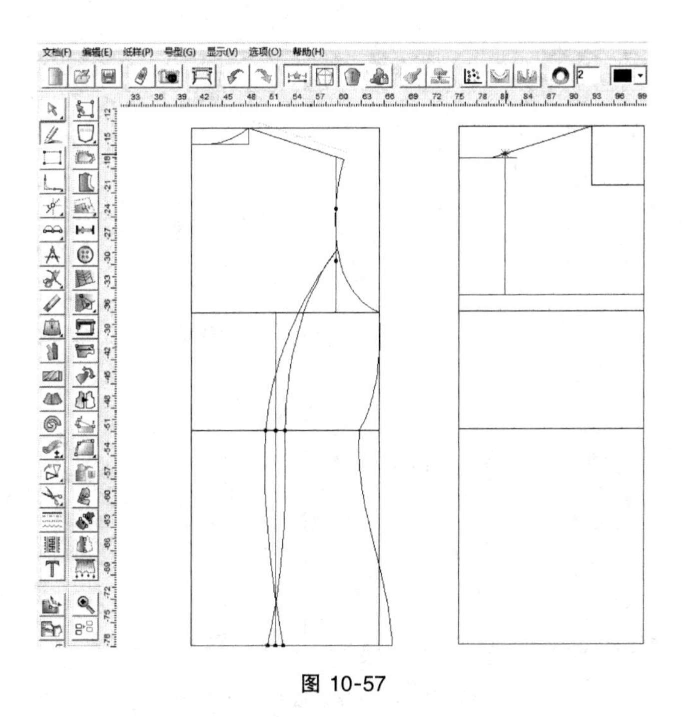
文档(F) 编辑(E) 纸样(P) 号型(G) 显示(V) 选项(O) 帮助(H)

图 10-57

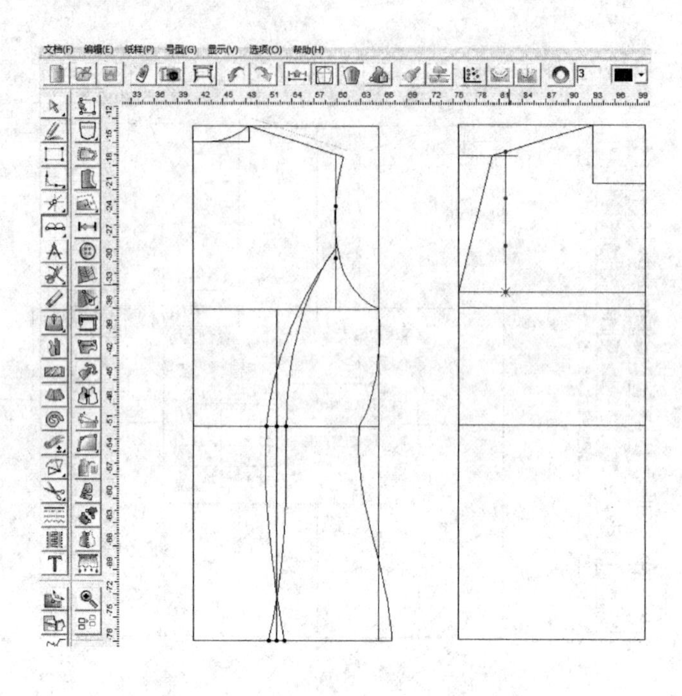

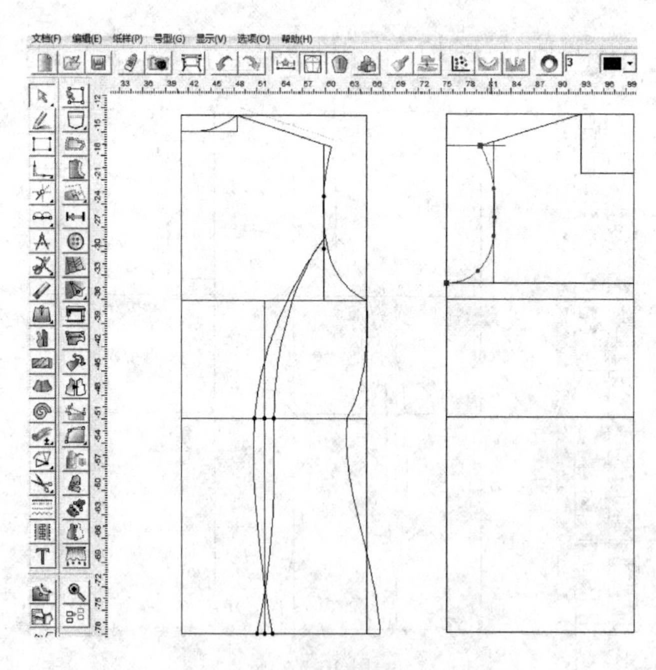

图 10-57 前袖窿弧线绘制示意图

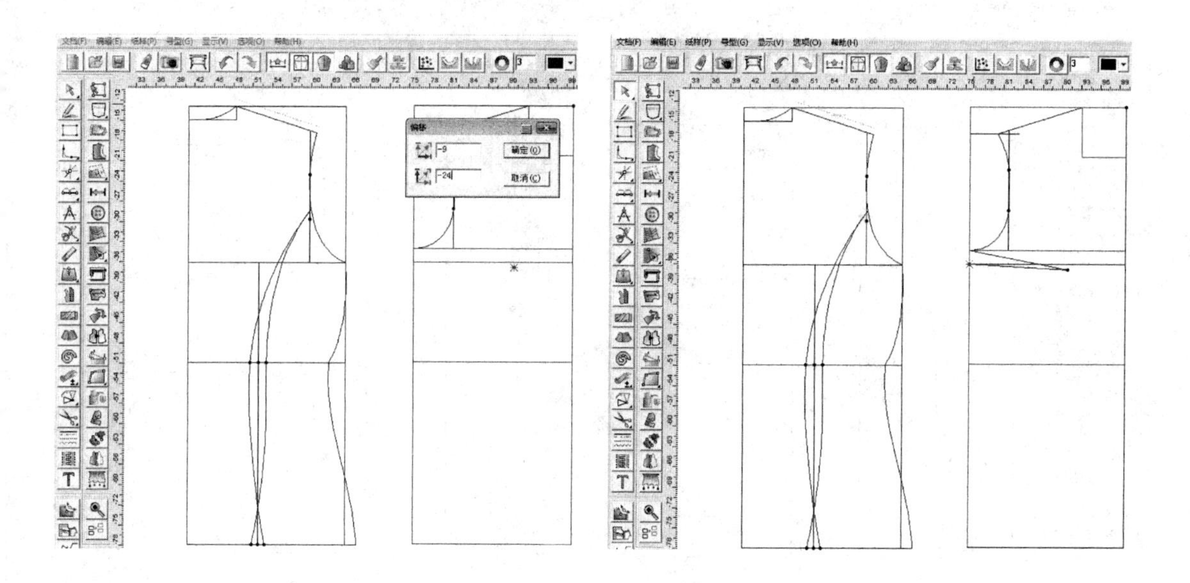

图 10-58　BP 点绘制示意图

（21）用点工具偏移获得 BP 点，用智能笔工具连接得到前胸省，如图 10-58 所示。

（22）为了保证前后侧缝的一致性，用移动工具复制后片侧缝为前片侧缝，如图 10-59 所示。

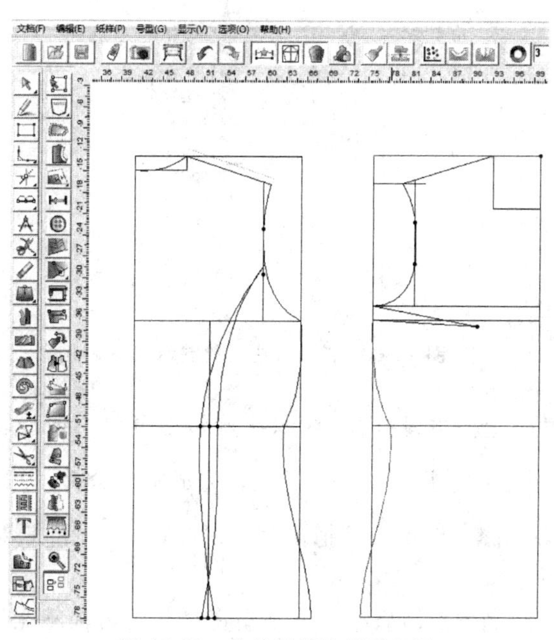

图 10-59　前片侧缝绘制示意图

（23）做前片公主线的方法同后片，具体操作如图 10-60 所示。

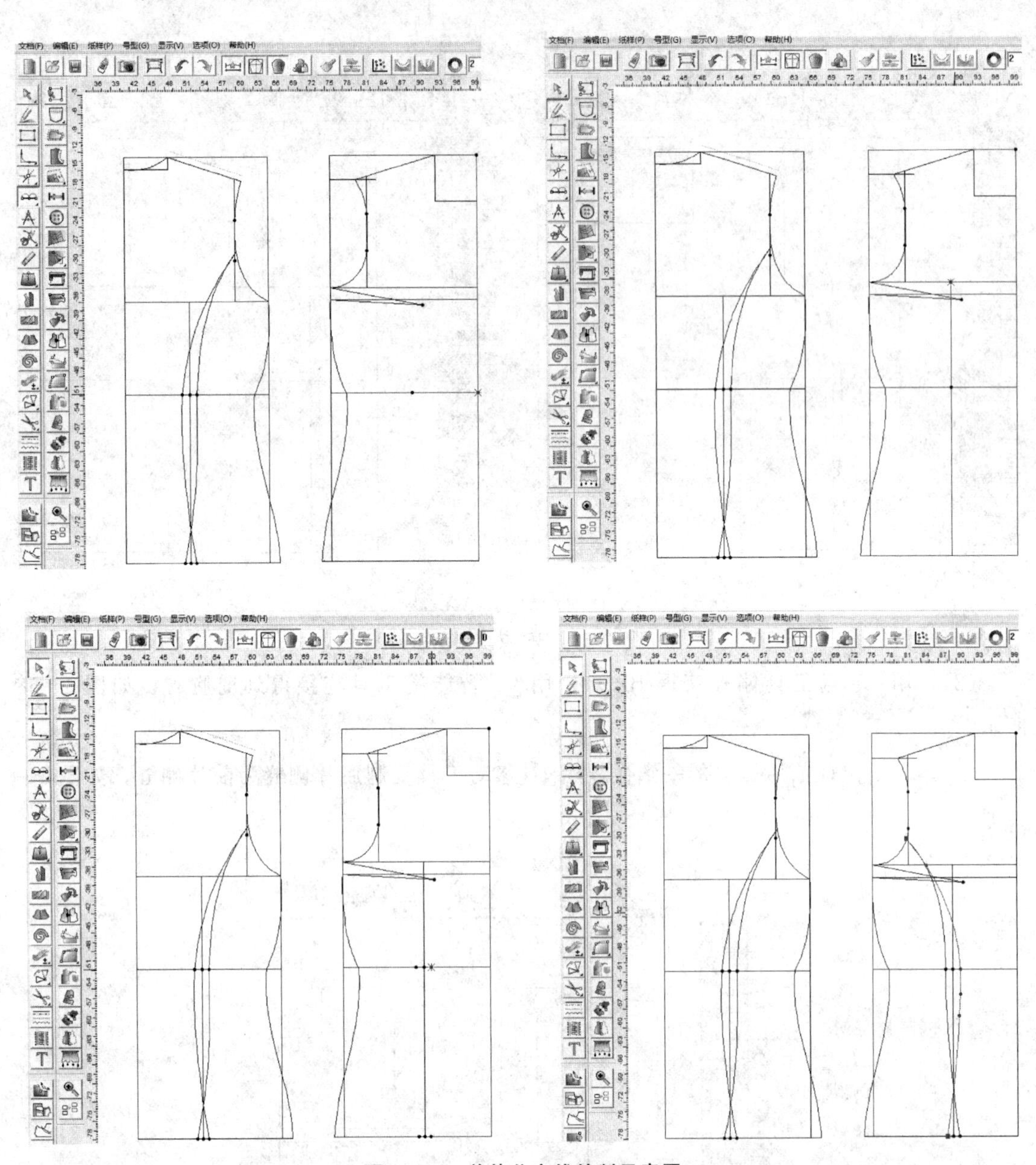

图 10-60　前片公主线绘制示意图

（24）前片胸省合并，把公主线打开。用旋转工具单击要旋转的线，单击右键点击旋转的中心点再点击另外一点，最后单击合并点，完成胸省合并，用智能笔工具完成转移后的公主线的绘制，并用橡皮工具把多余的线擦掉，并用调整工具把公主线调整圆顺，如图 10-61 所示。

（25）领子的绘制　从侧颈点沿肩线伸出领座宽尺寸，设领座宽为 2cm（此尺寸相对稳定），用角度线工具操作，如图 10-62 所示。

（26）用智能笔工具绘制门襟，如图 10-63 所示。

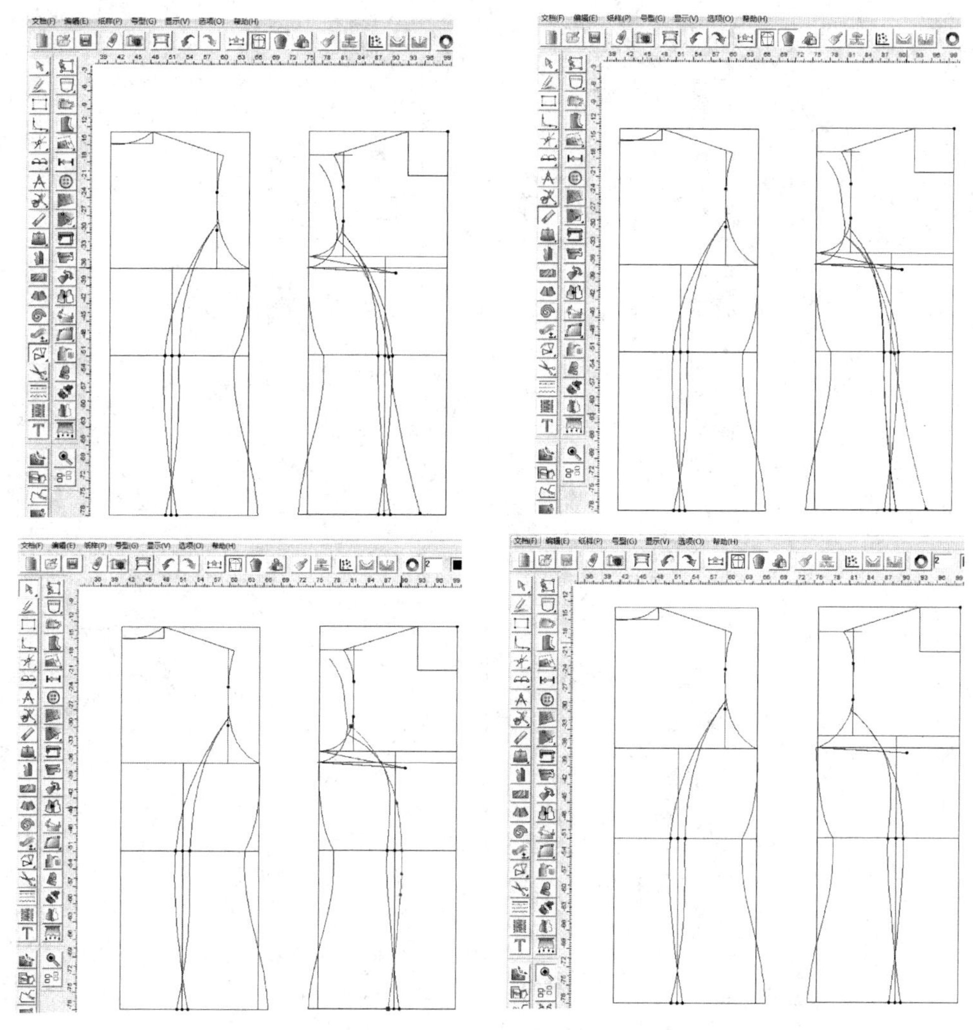

图 10-61　前片胸省合并完成示意图

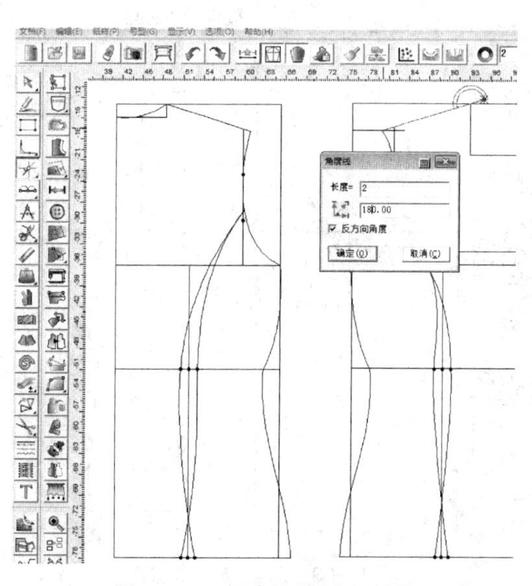

图 10-62　领座宽绘制示意图

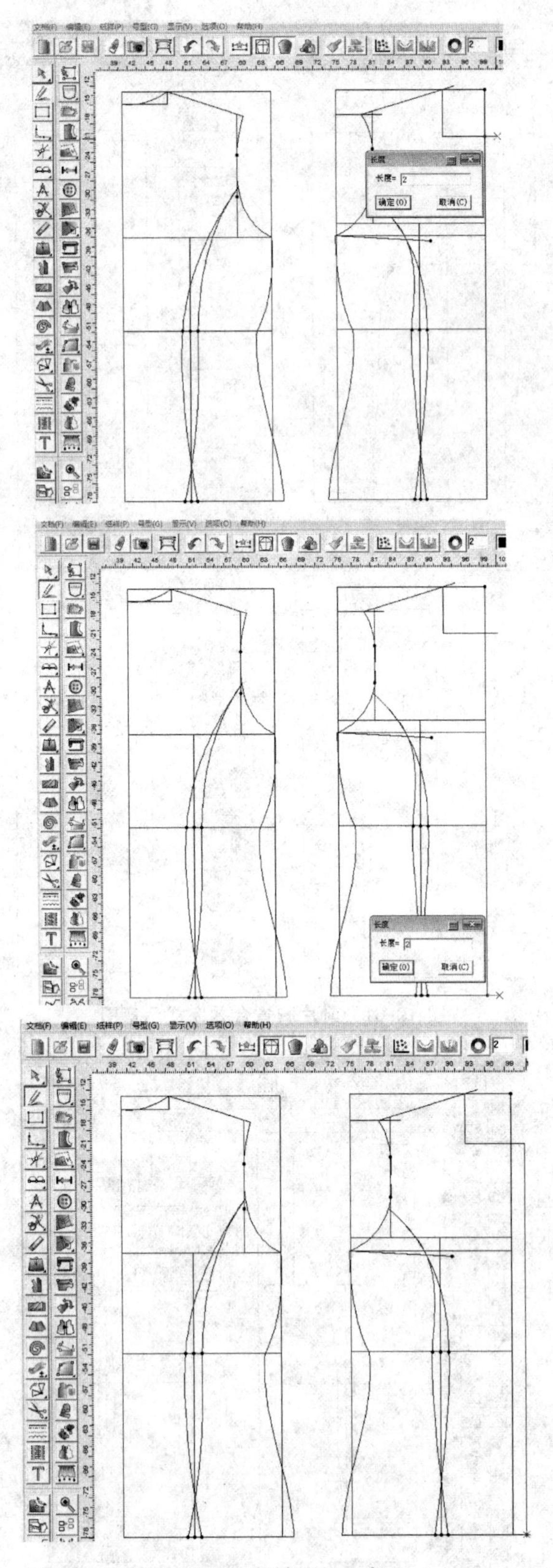

图 10-63　门襟绘制示意图

（27）用智能笔工具从领座宽点连到驳点点位绘制翻驳领，如图 10-64 所示。

（28）用角度线工具沿翻驳领绘制出后领长度，如图 10-65 所示。

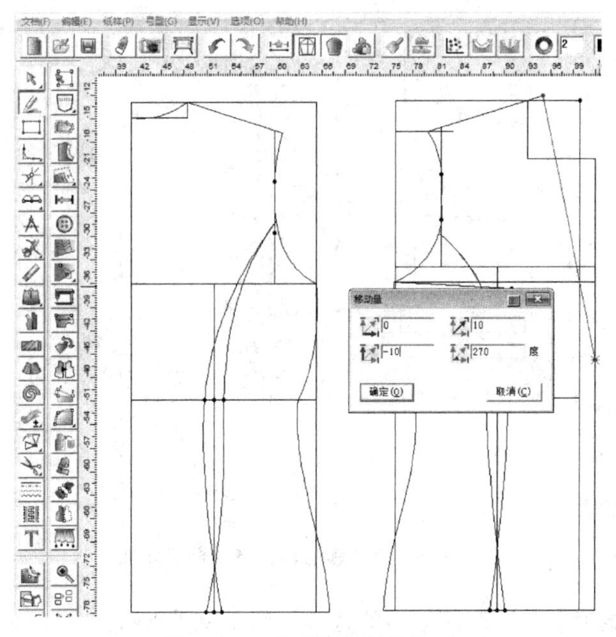

图 10-64 翻驳领绘制示意图

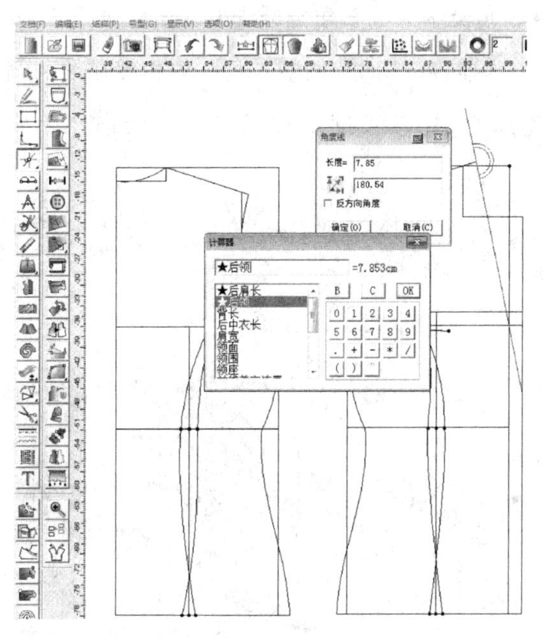

图 10-65 后领长度绘制示意图

（29）用三角板工具绘制出翻驳领的倒伏量为 2cm，如图 10-66 所示。

（30）用三角板工具绘制出领面、领座、后领平行线并延长该线 5cm，如图 10-67 所示。

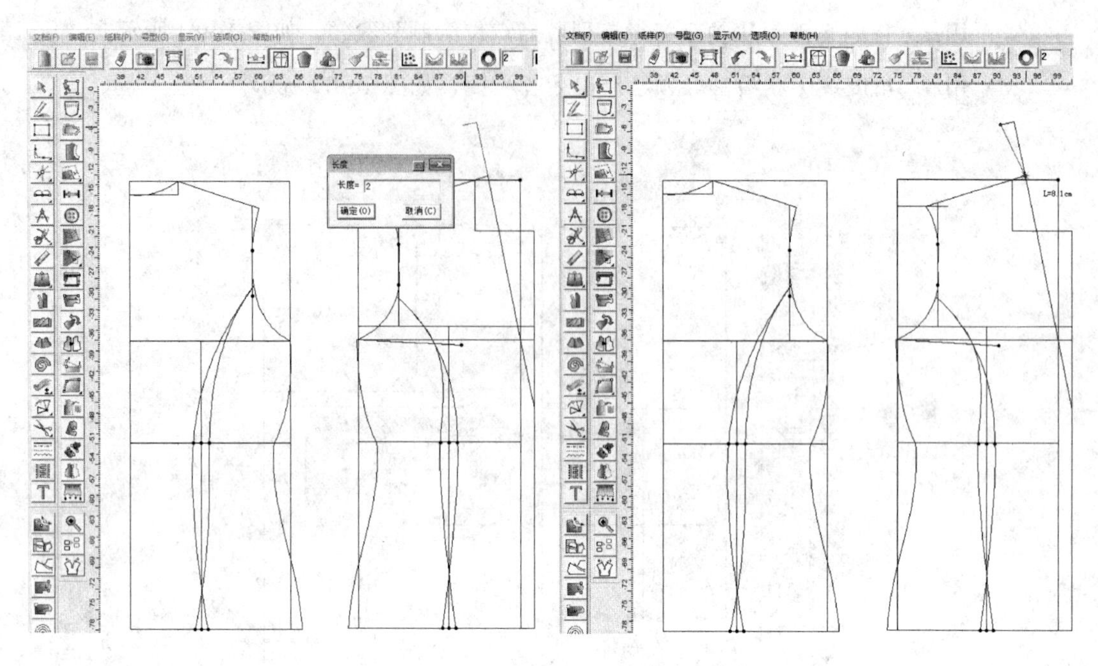

图 10-66　翻驳领的倒伏量绘制示意图

（31）用智能笔工具绘制翻驳领的宽，如图 10-68 所示。

（32）用角度线工具在串口线上取翻驳领角宽为 3.5cm 取点，过该点用三角板工具做出 90°领角，取翻领角宽为翻驳领角宽减去 0.5cm，如图 10-69 所示。

（33）用智能笔工具连接，用调整工具完成相关弧线的调整，如图 10-70 所示。

（34）绘制袖子前先用比较长度工具测量并记录前、后袖窿的尺寸，如图 10-71 所示。

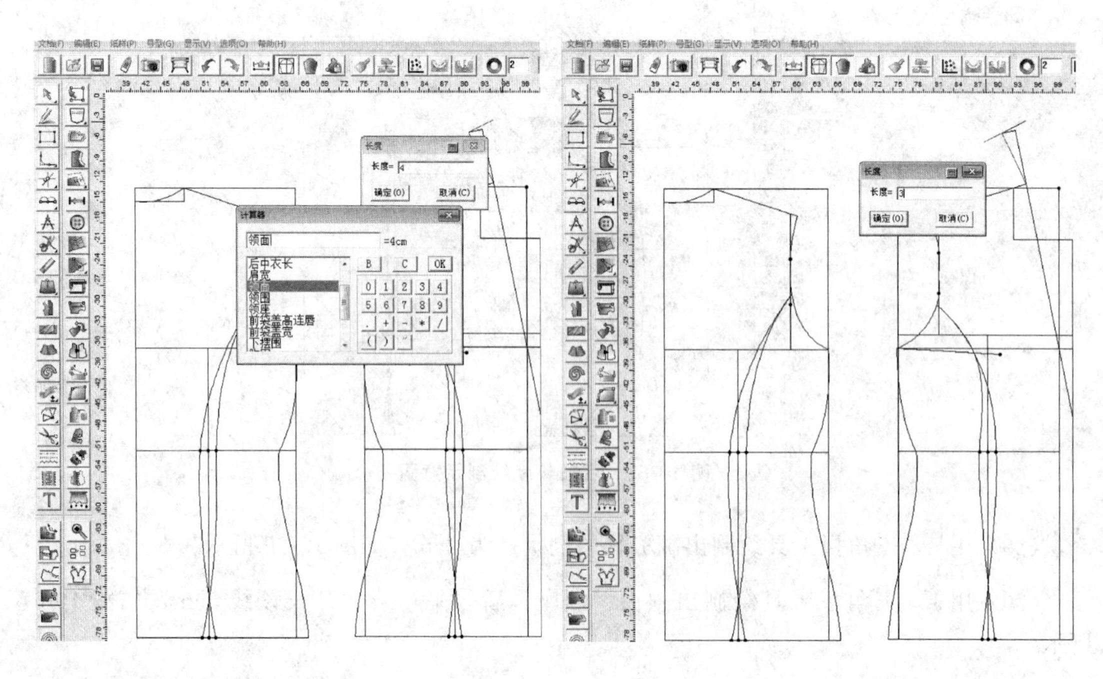

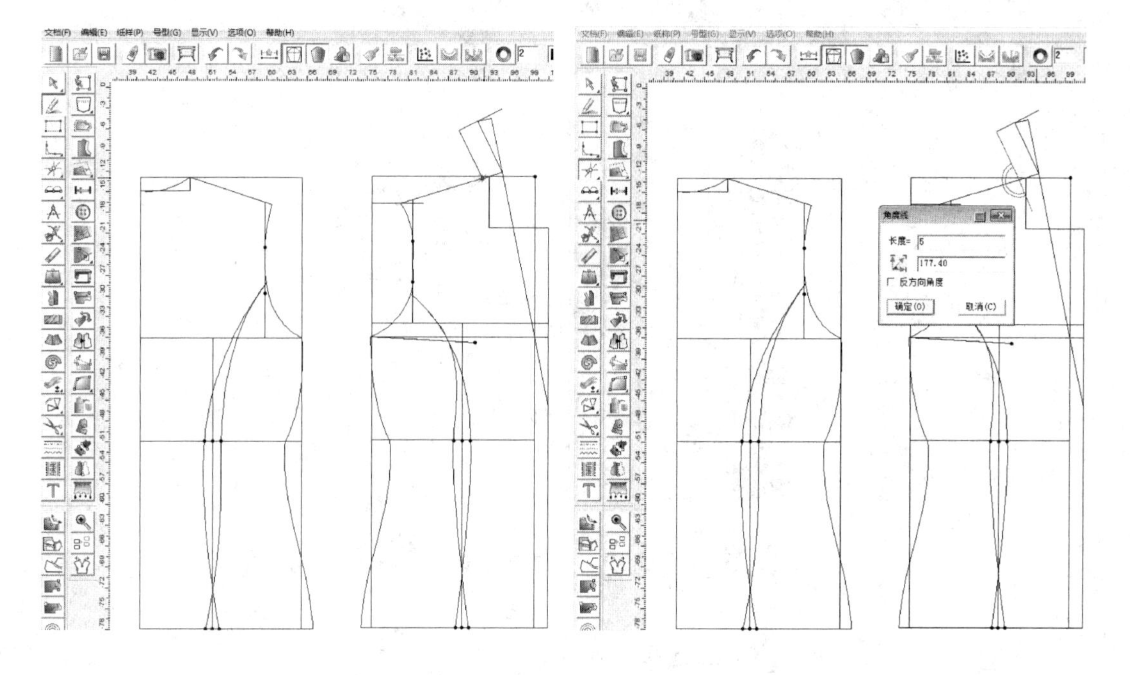

图 10-67　领面、领座绘制示意图

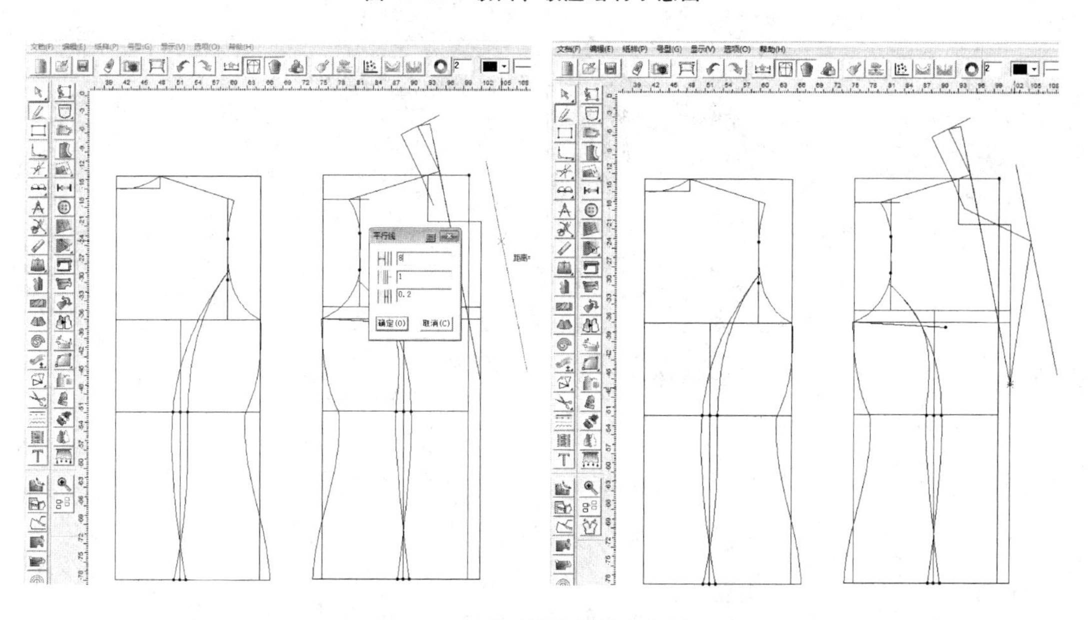

图 10-68　翻驳领宽绘制示意图

（35）用智能笔工具绘制袖长和袖山高，如图 10-72 所示。

（36）过袖山高点用智能笔工具作垂线，用智能笔工具绘制前、后袖窿，如图 10-73 所示。

（37）用智能笔工具绘制袖摆，并用对称工具完成前、后袖缝线绘制，如图 10-74 所示。

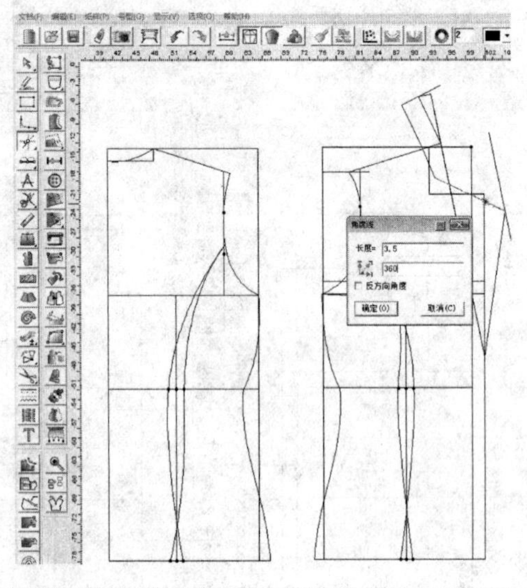

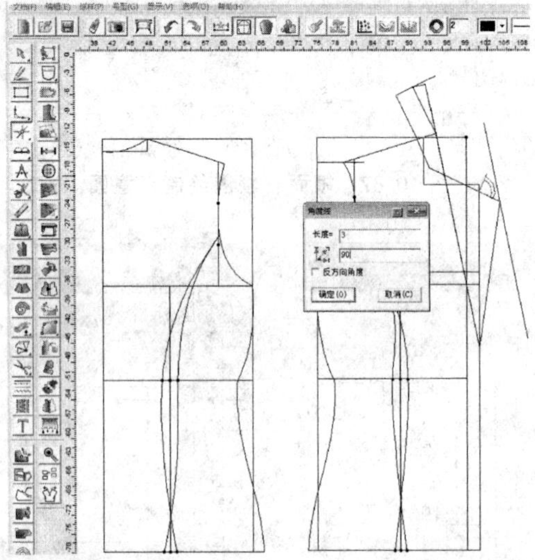

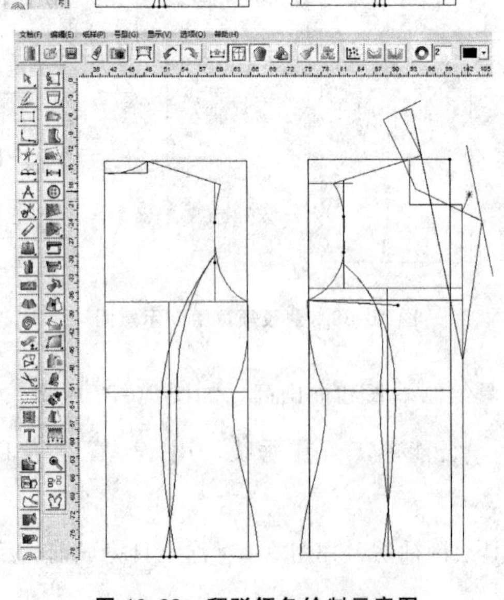

图 10-69　翻驳领角绘制示意图

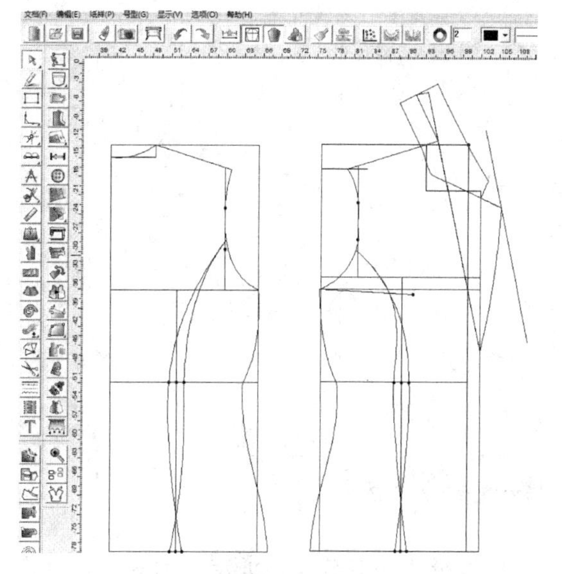

图 10-70 翻驳领完成绘制示意图

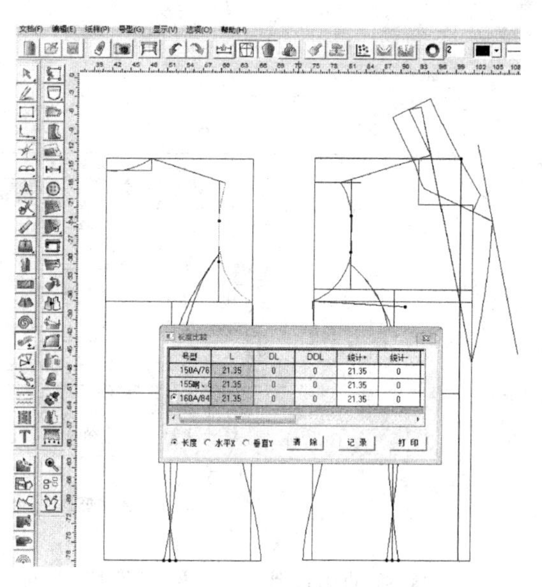

图 10-71 袖窿尺寸测量示意图

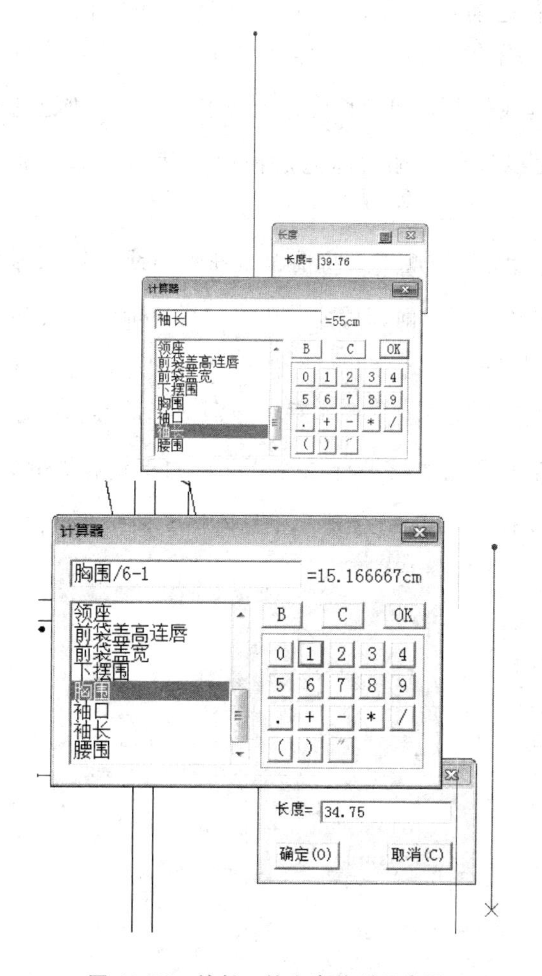

图 10-72 袖长、袖山高绘制示意图

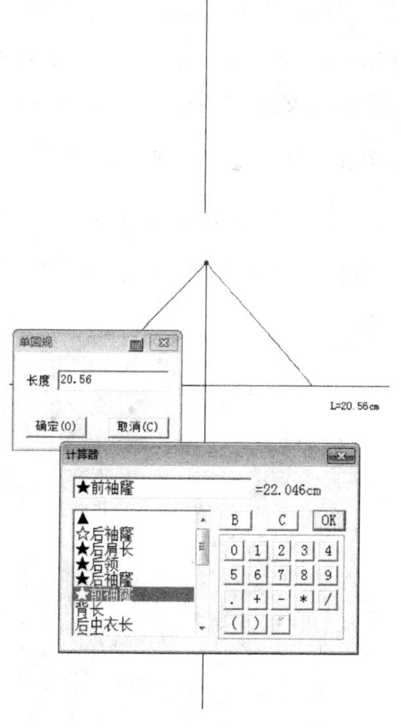

图 10-73 前、后袖窿绘制示意图

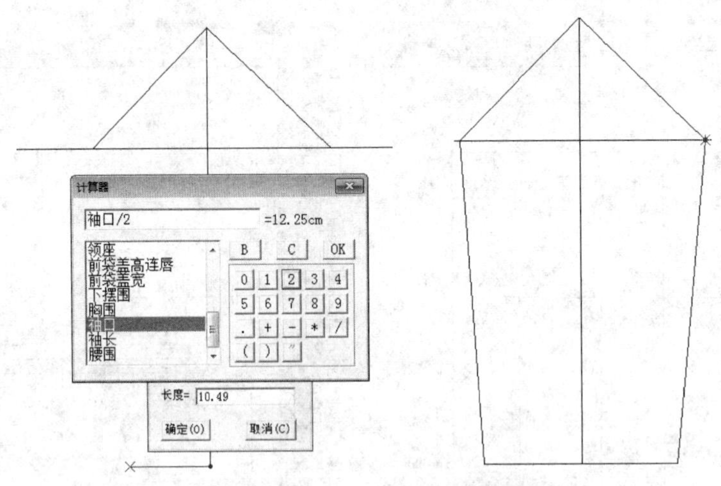

图 10-74 袖摆和前、后袖缝线绘制示意图

(38) 作袖山曲线 用等份规工具将前袖斜线分为四等分，靠近定点的等分点垂直斜线，用智能笔工具向外凸起 1.8cm，靠近前袖缝线的等分点垂直斜线向内凹进 1.3cm，在斜线中点顺斜边下移 1cm 为袖山 S 曲线的转折点。在后袖斜线上，靠近顶点处也取前袖斜线四分之一点凸起 1.5cm，靠近后袖缝线处取其同等长度作为切点，用智能笔工具连接各点绘制。最后用调整工具把曲线调整圆顺，即完成袖山曲线的绘制，如图 10-75 所示。

(39) 作两片袖 先作两片袖中的大袖，用等份规工具将前、后袖落山线进行二等分，过相应两点分别用智能笔工具向袖口作垂线，即前、后公共边线，再过前、后公共边线与落山线交点向两边作大、小袖，后片取 1.8cm 和 1.5cm。前片各取 1.5cm，后片过大袖点用智能笔工具向上作垂直线交于后袖窿弧线。前片要作垂线分别交于袖摆和袖窿弧线。用智能笔工具作袖口。用等份规工具把袖长进行二等分，再向下偏移 3cm，用智能笔工具绘制出肘线。前袖片向内偏移 1cm，用智能笔工具连接大袖相关点位，

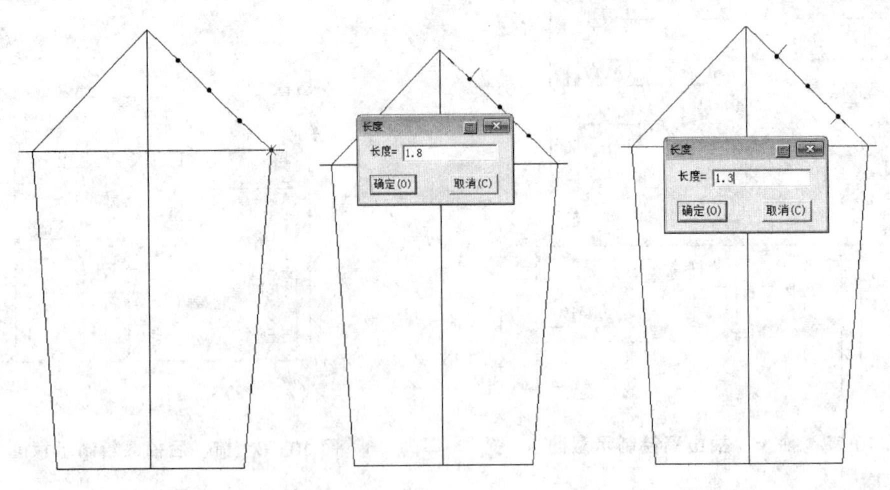

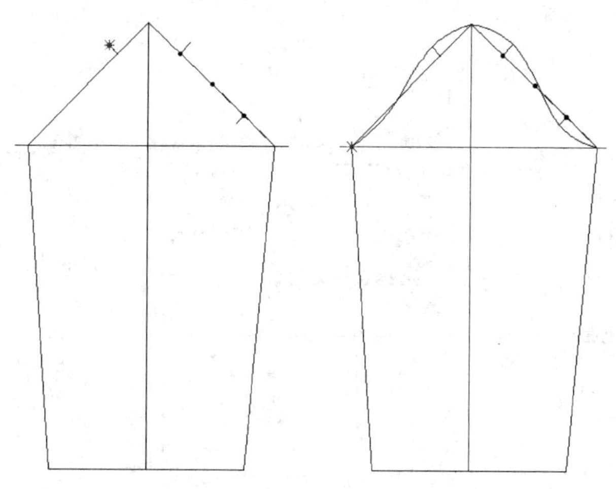

图 10-75　前、后袖窿曲线绘制示意图

并用调整工具进行大袖弧线的调整，如图 10-76 所示。

（40）因为两片袖是在一片袖的基础上演变而来的，使得袖子更合体，造型更加美观。用对称工具和移动工具移动前、后袖窿。用智能笔工具和调整工具完成最终

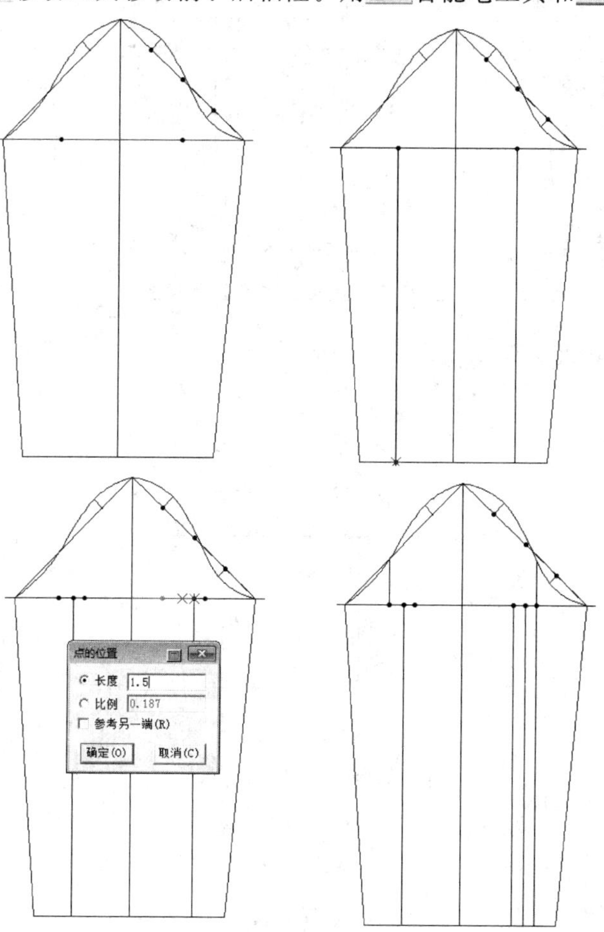

图 10-76

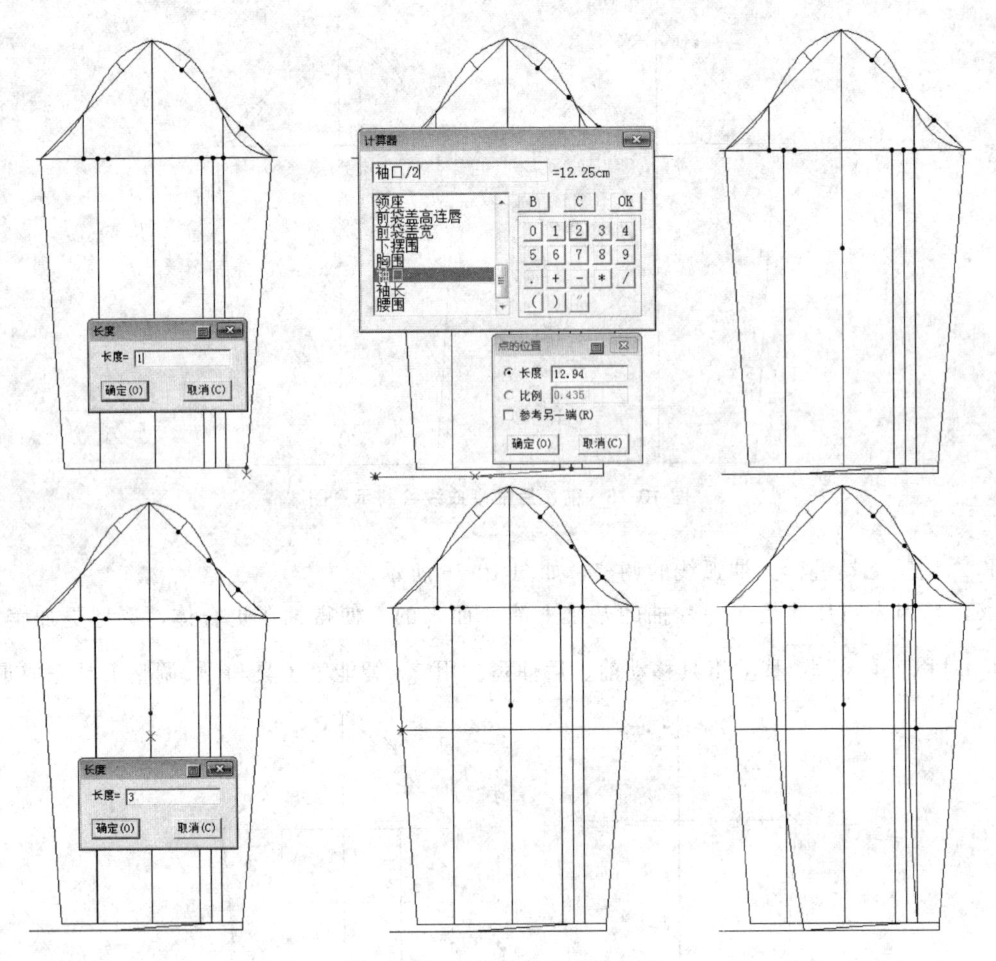

图 10-76　大袖制作步骤示意图

的两片袖的绘制，如图 10-77 所示。

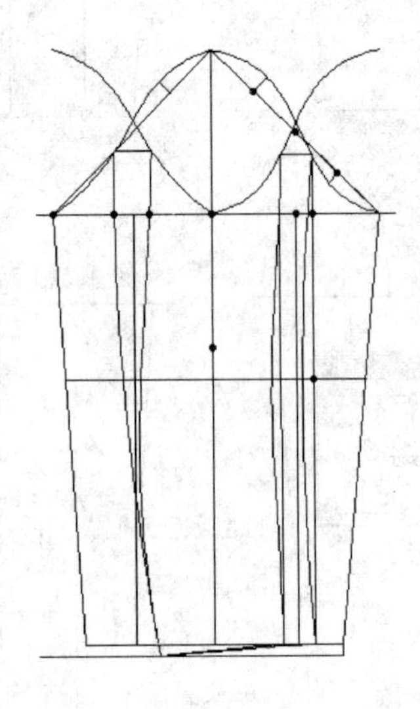

图 10-77　两片袖的绘制示意图

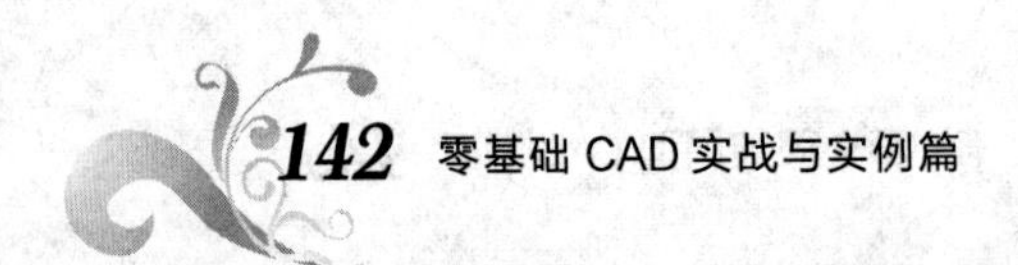

（41）用剪刀工具剪纸样，用布纹线工具调整布纹方向，以部分衣片和大袖片为例，如图 10-78 所示。

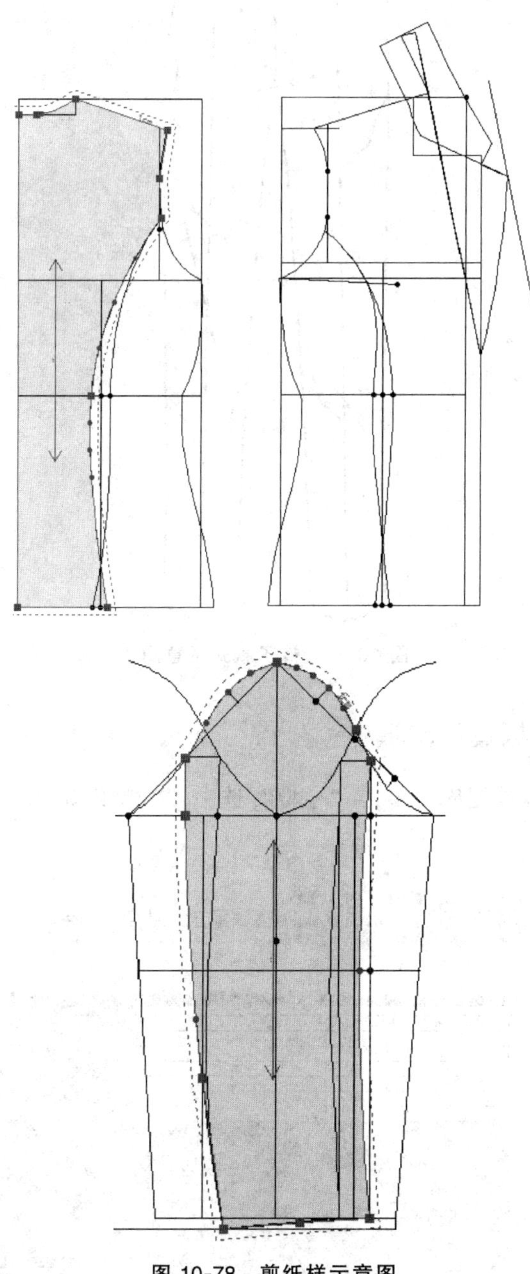

图 10-78 剪纸样示意图

第三节 裤子制板

一、裤子款式

裤子款式如图 10-79 所示。

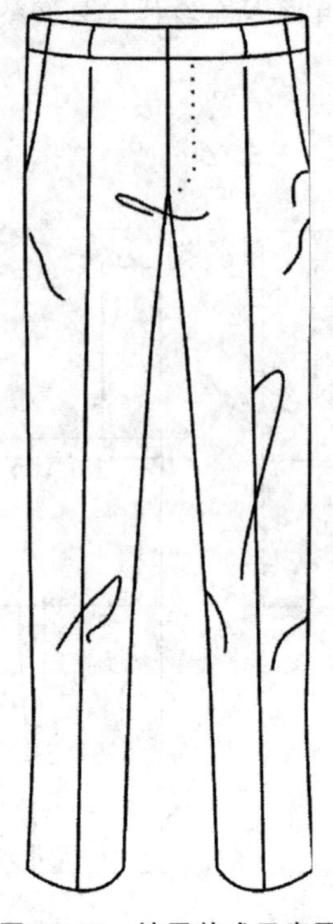

图 10-79　裤子款式示意图

二、裤子 CAD 制板具体步骤

（1）先建立裤子基本数据库，单击“号型”选中“号型编辑”，建立相应的裤子基本数据，如图 10-80 所示。

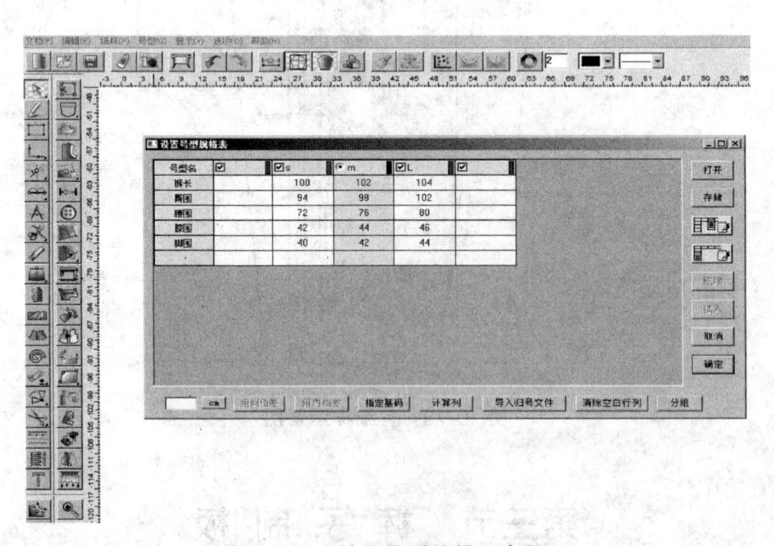

图 10-80　裤子号型编辑示意图

（2）用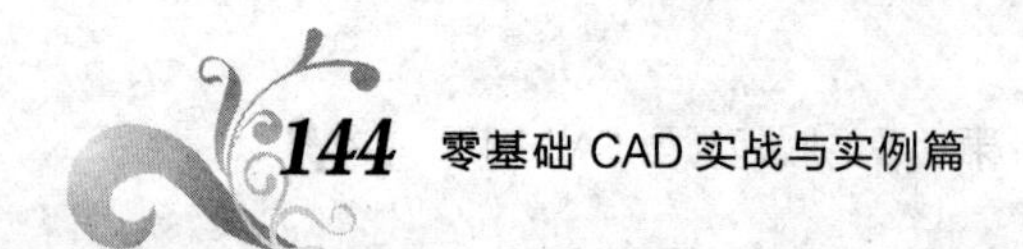智能笔工具绘制裤长，如图 10-81 所示。

（3）用智能笔工具沿裤长线底端点向上画出下摆线，长度自定，如图 10-82 所示。

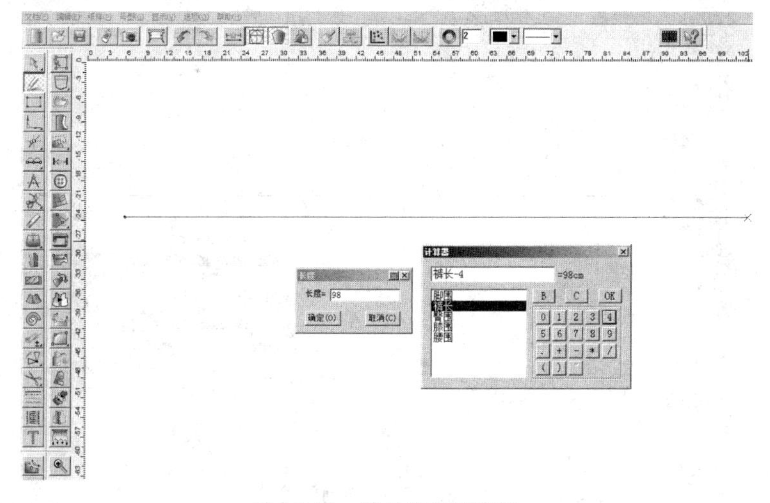

图 10-81　裤长绘制示意图

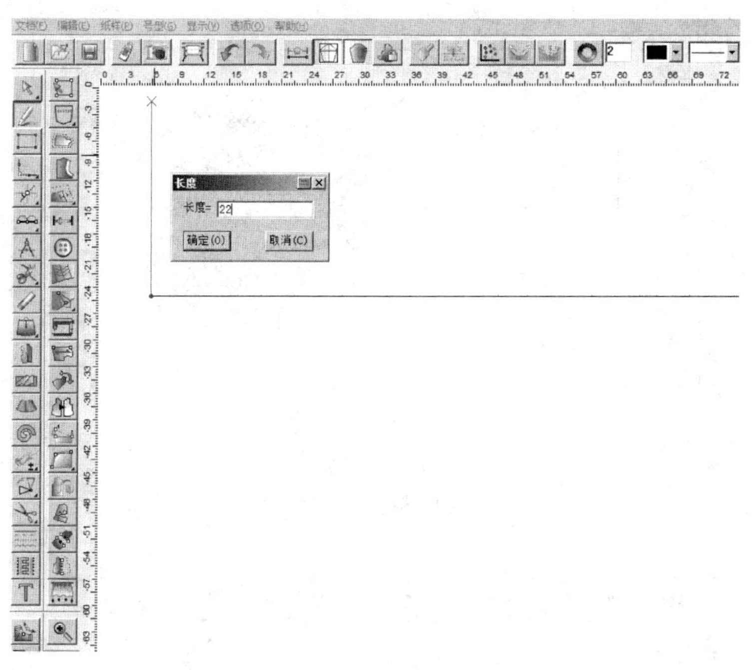

图 10-82　裤子下摆线绘制示意图

（4）用智能笔工具沿裤长线顶点向下画出直裆，如图 10-83 所示。

（5）用智能笔工具沿直裆点向上画垂直线即为横裆线，如图 10-84 所示。

（6）选用矩形工具把横裆线与直裆框成矩形，如图 10-85 所示。

（7）用等份规工具把直裆三等分，取靠近横裆线处一点，利用智能笔工具向上画垂直线即为臀围线，如图 10-86 所示。

（8）用智能笔工具绘制前龙门，如图 10-87 所示。

（9）利用智能笔工具绘制前裆，如图 10-88 所示。

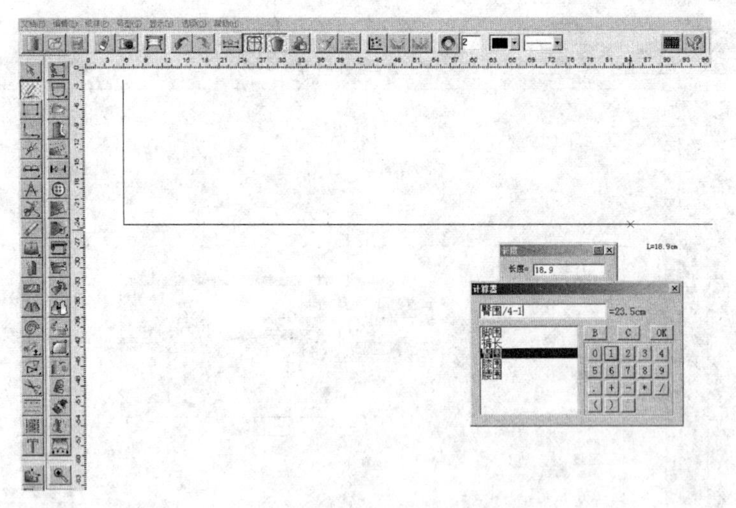

图 10-83　直裆绘制示意图

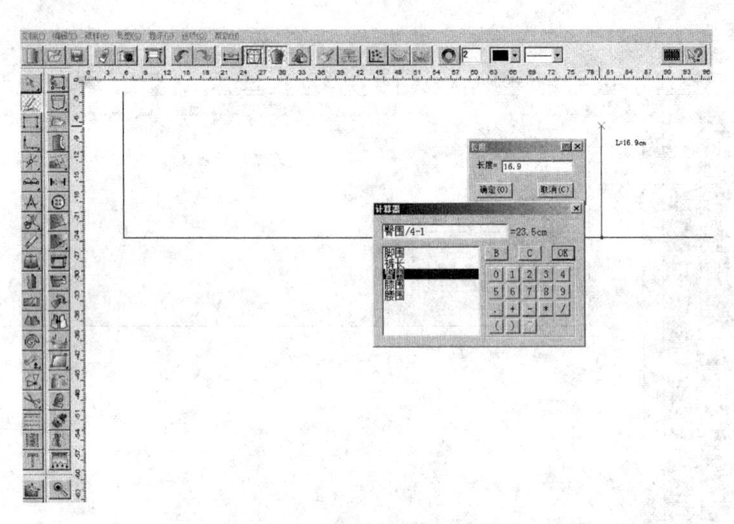

图 10-84　横裆线绘制示意图

图 10-85　矩形绘制示意图

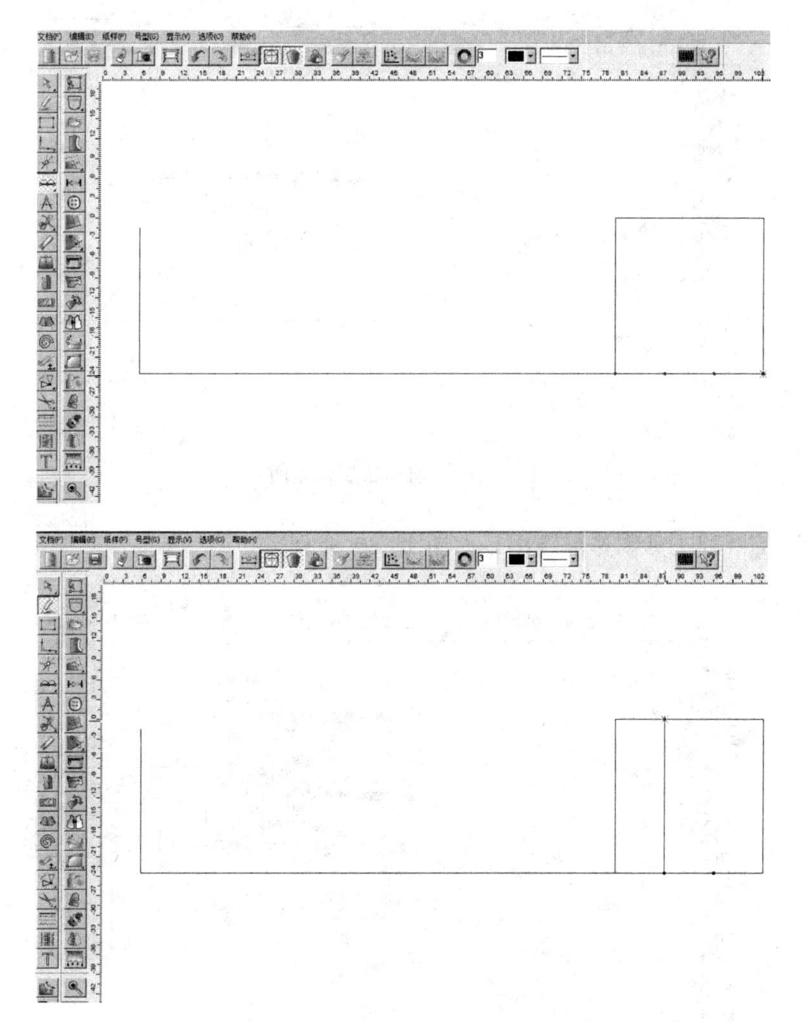

图 10-86　臀围线绘制示意图

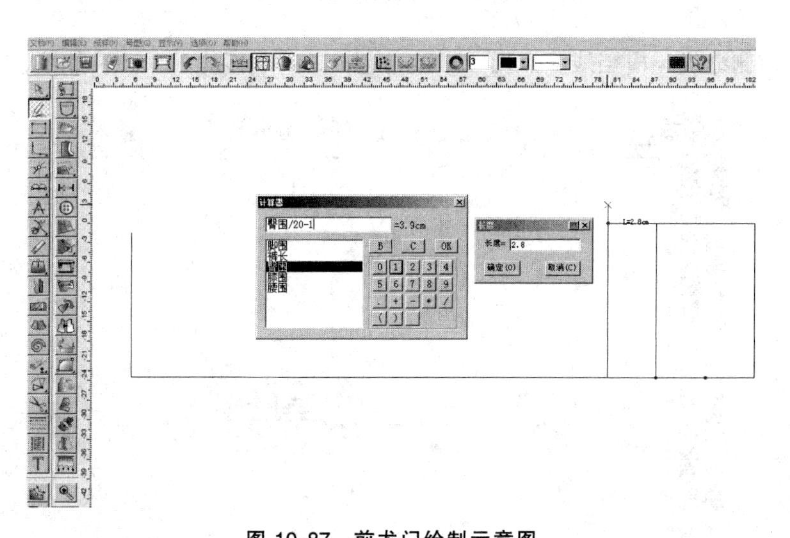

图 10-87　前龙门绘制示意图

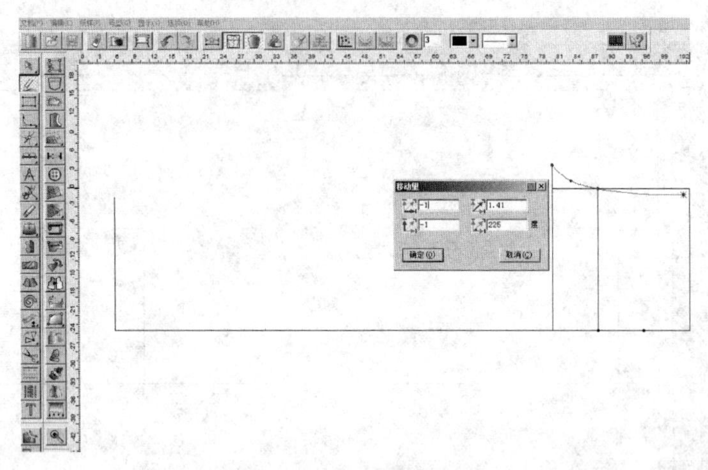

图 10-88　前裆绘制示意图

（10）用圆规工具制作前腰围，如图 10-89 所示。

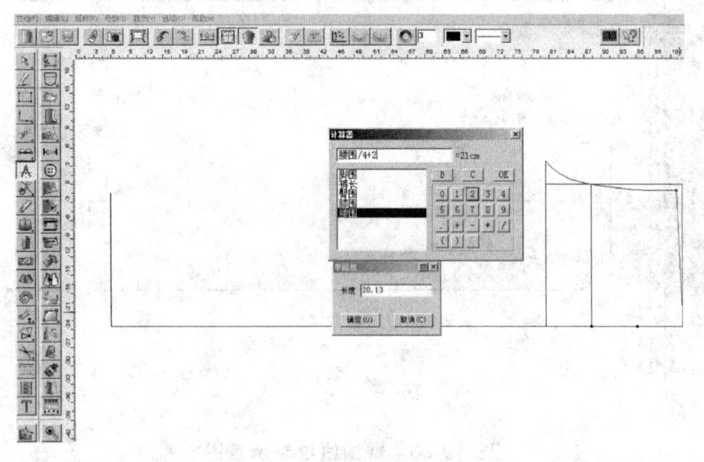

图 10-89　前腰围绘制示意图

（11）沿前侧缝线与横裆线交点用智能笔工具向上移动 0.7cm，如图 10-90 所示。

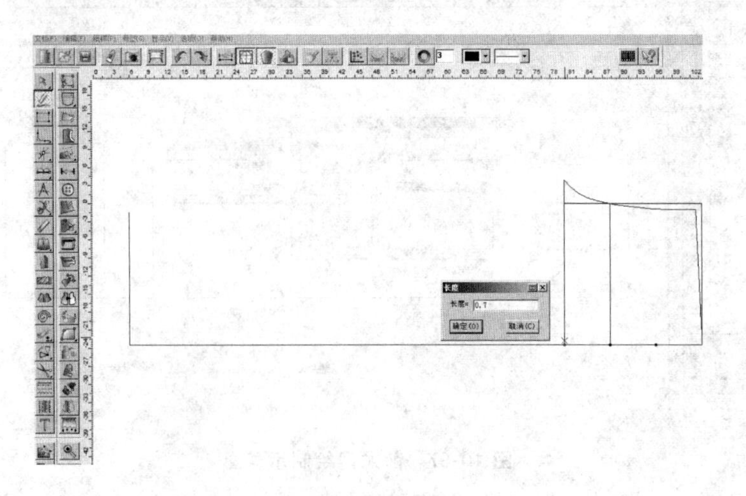

图 10-90　沿交点向上移动示意图

（12）用智能笔工具绘制前侧缝线，如图 10-91 所示。

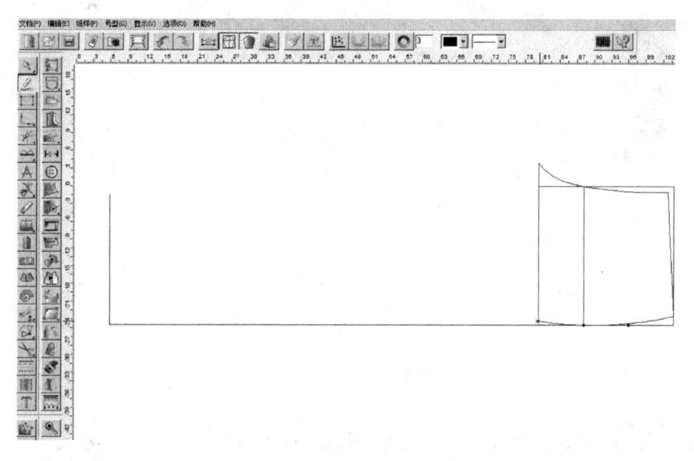

图 10-91　前侧缝线绘制示意图

（13）用等份规工具把横裆线和前龙门线等分为二，过中点用智能笔工具向裤脚口方向作垂线即前挺缝线，如图 10-92 所示。

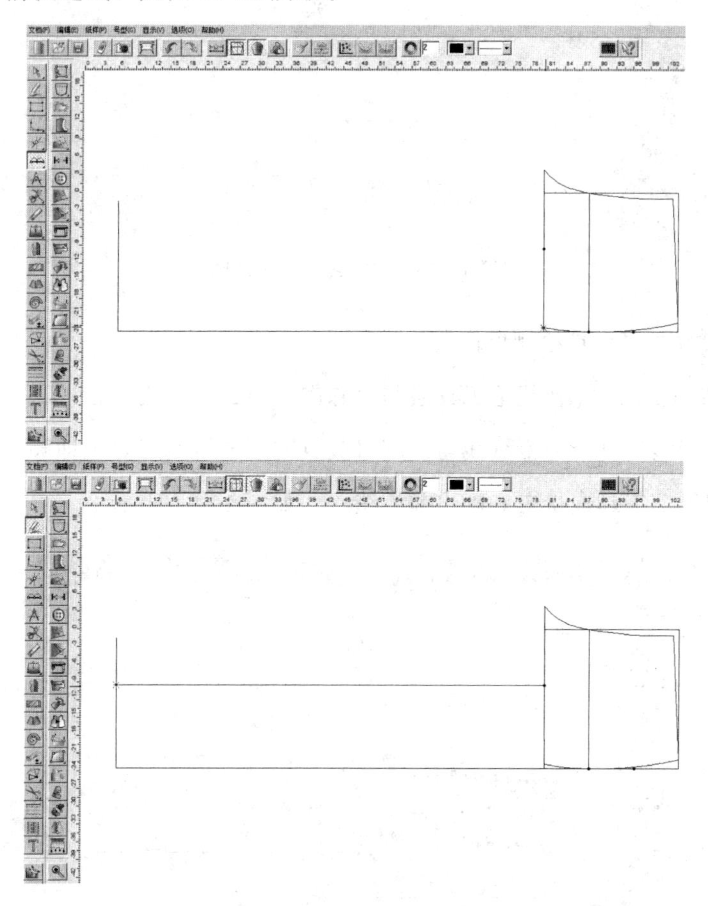

图 10-92　前挺缝线绘制示意图

（14）用等份规工具把从臀围线到裤脚口这段前侧缝线进行二等分，过中点用智能笔工具向上作中裆线，如图 10-93 所示。

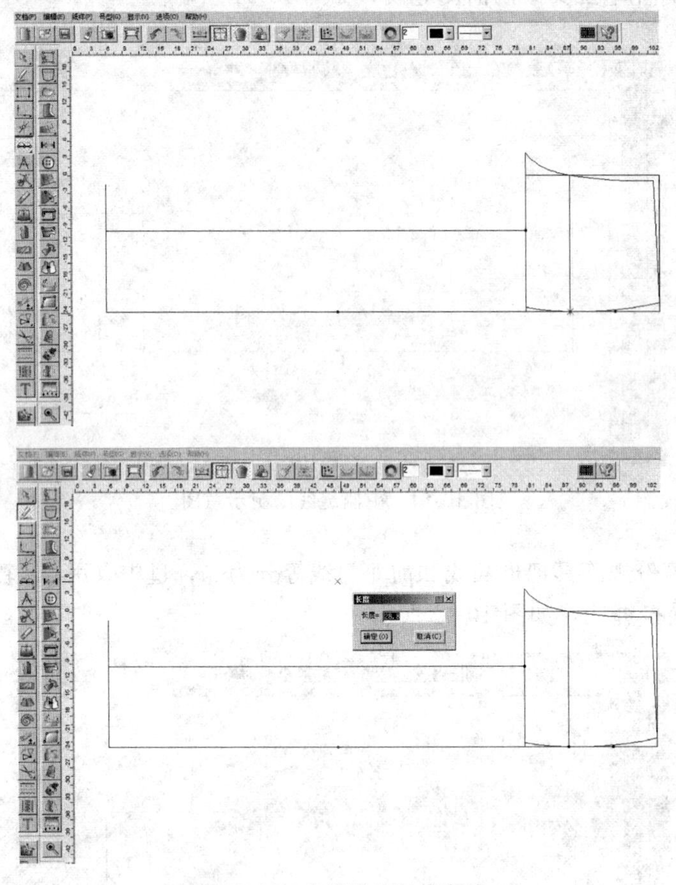

图 10-93　中裆线绘制示意图

(15) 用智能笔工具绘制前侧缝线

① 过中裆线向下用智能笔工具绘制出膝围/4－1cm 确定点位；

② 用智能笔工具沿前挺缝线与裤脚口交点向下取裤脚口点位即脚围/4－1cm；

③ 用智能笔工具连接三点画出前侧缝线，如图 10-94 所示。

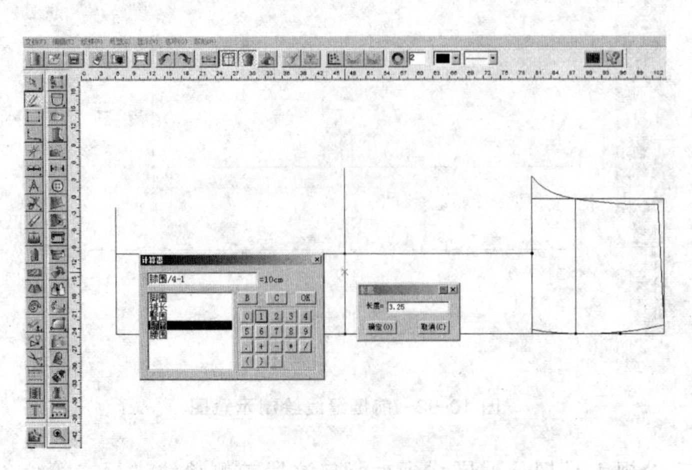

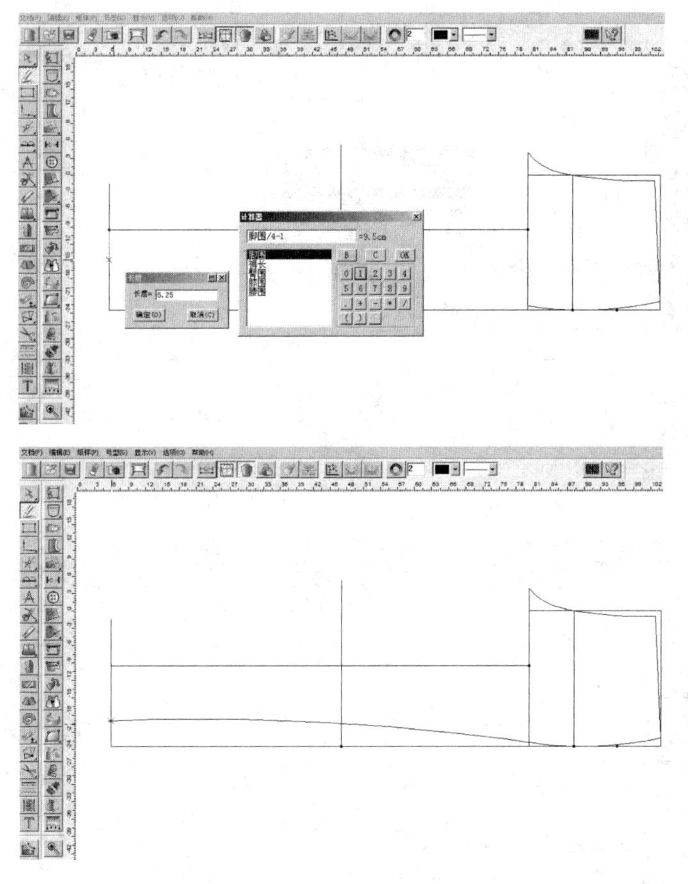

图 10-94　前侧缝线绘制示意图

（16）用同样的方法绘制内侧缝线，如图 10-95 所示。

（17）绘制腰省用等份规把腰平分为二，用三角板工具绘制腰省垂线，用收省工具绘制出最终腰省，如图 10-96 所示。

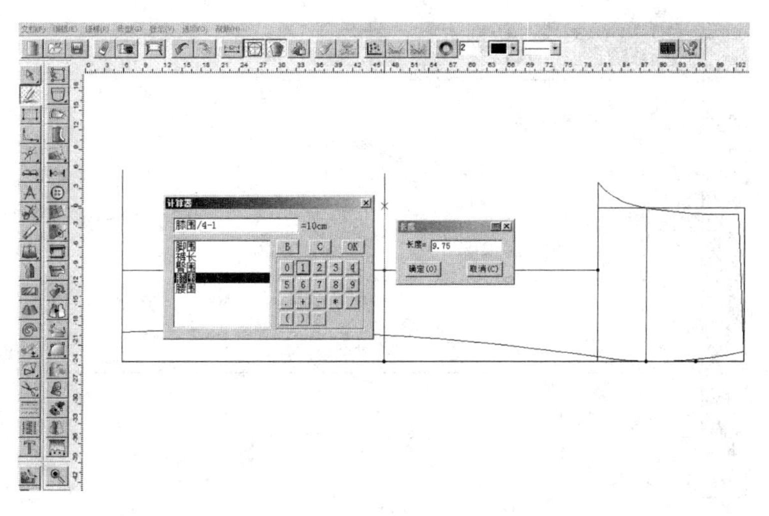

图 10-95

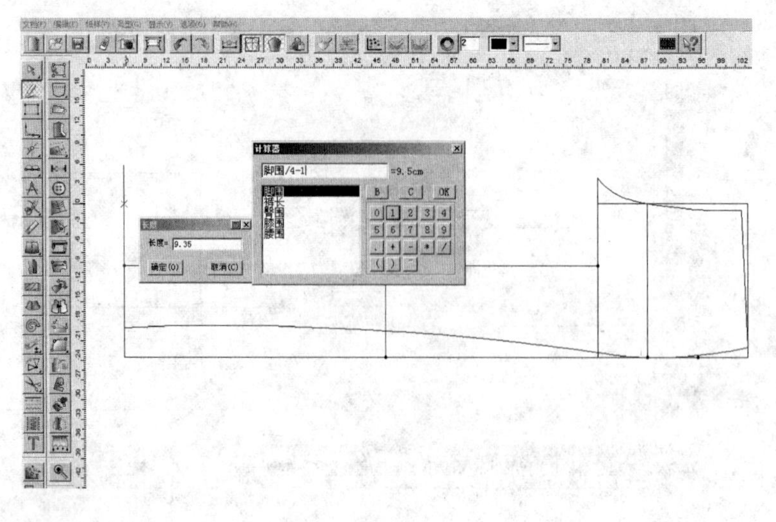

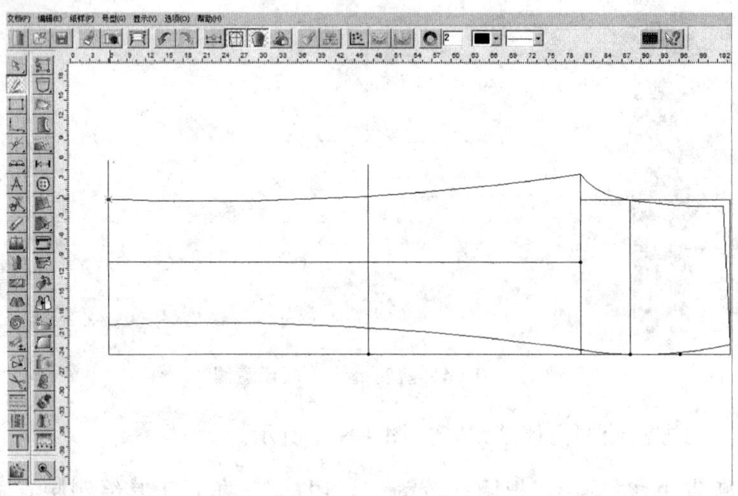

图 10-95　内侧缝线绘制示意图

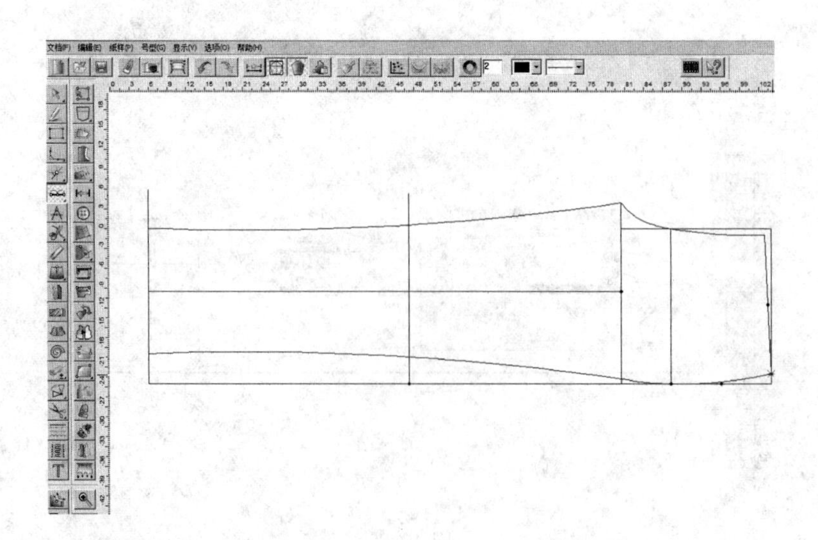

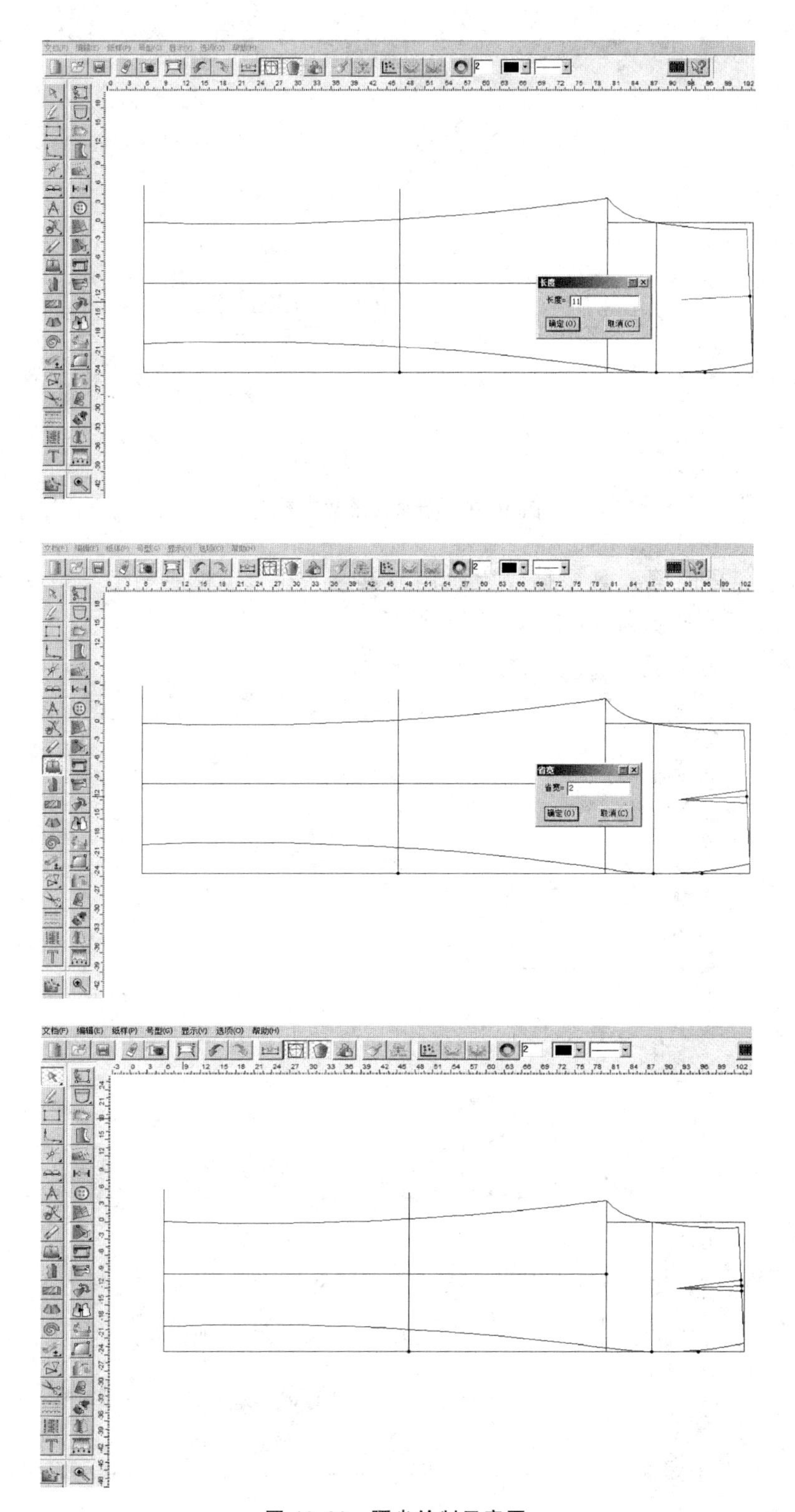

图 10-96　腰省绘制示意图

（18）在前裤片的基础之上绘制后裤片，可以根据经验从臀围线向下用智能笔工具取一定的量，如图 10-97 所示。

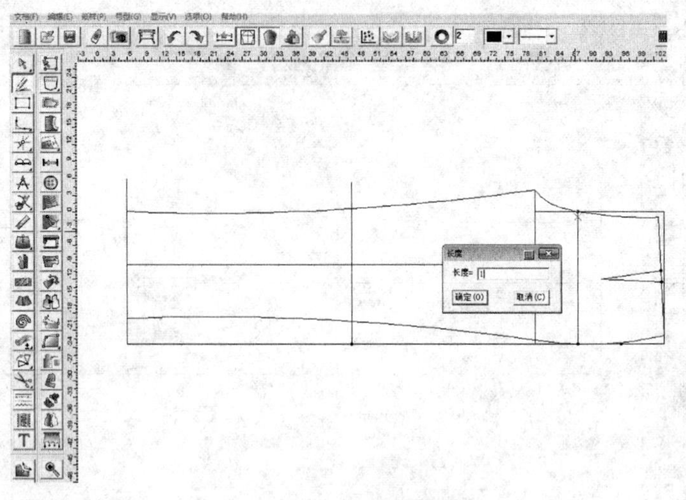

图 10-97　后裤片绘制示意图

（19）用智能笔工具根据经验绘制后起翘，用智能笔工具沿横裆线向上取 0.5cm，连接该点到后翘直线，如图 10-98 所示。

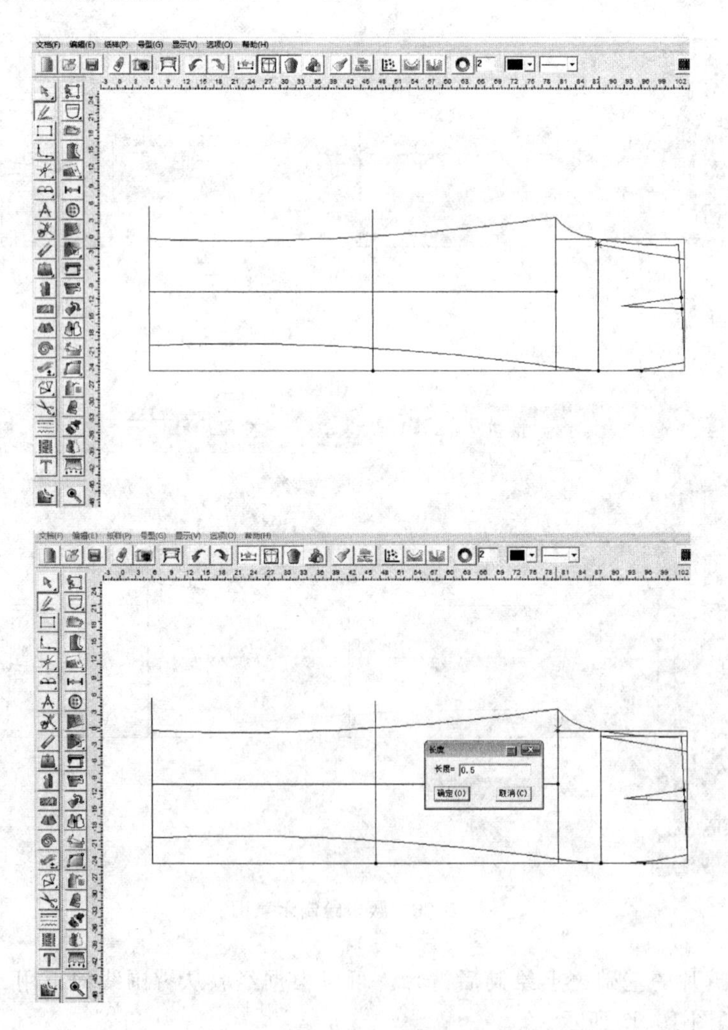

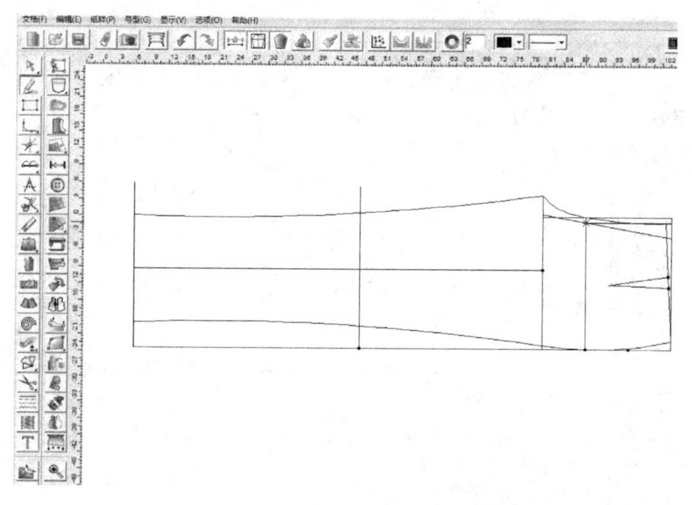

图 10-98　后起翘绘制示意图

(20) 用智能笔工具自横裆线向下 1cm 取落裆点，通过该点做前裤片横裆线的平行线，该线就是后裤片横裆线，如图 10-99 所示。

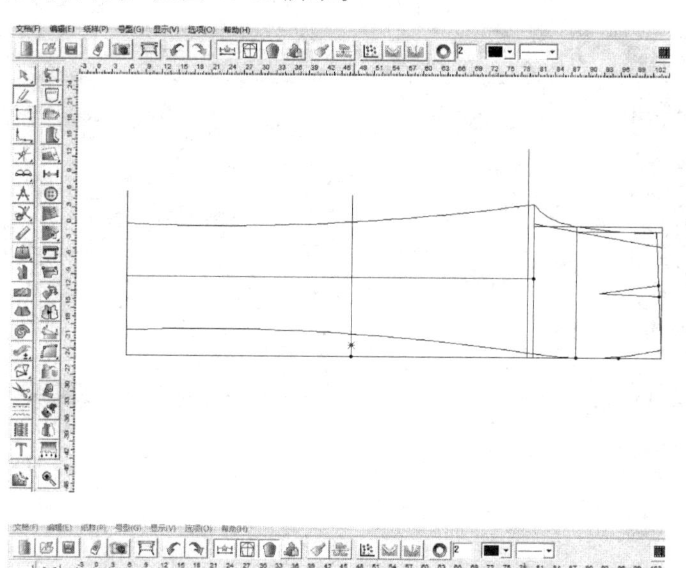

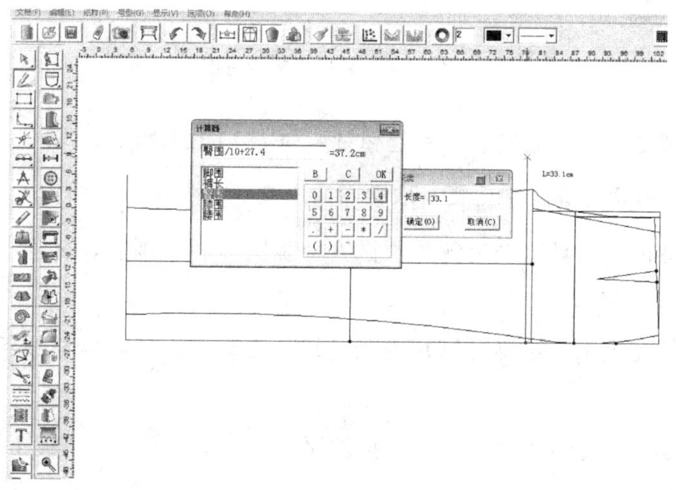

图 10-99

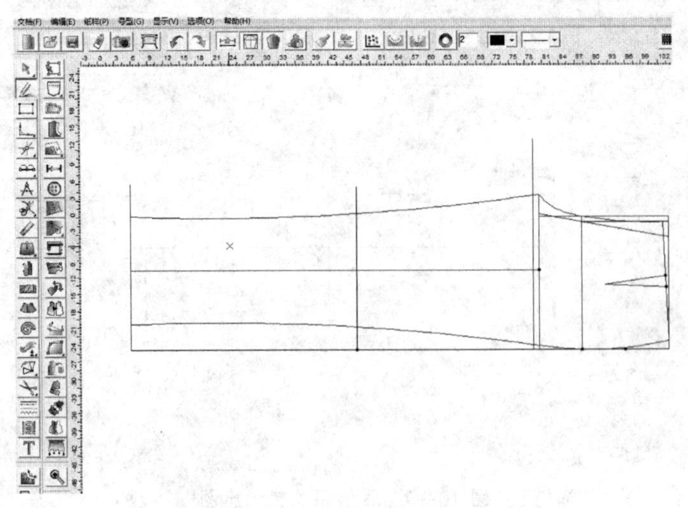

图 10-99　后裤片横裆线绘制示意图

(21) 用智能笔工具和调整工具把后裆画圆顺，如图 10-100 所示。

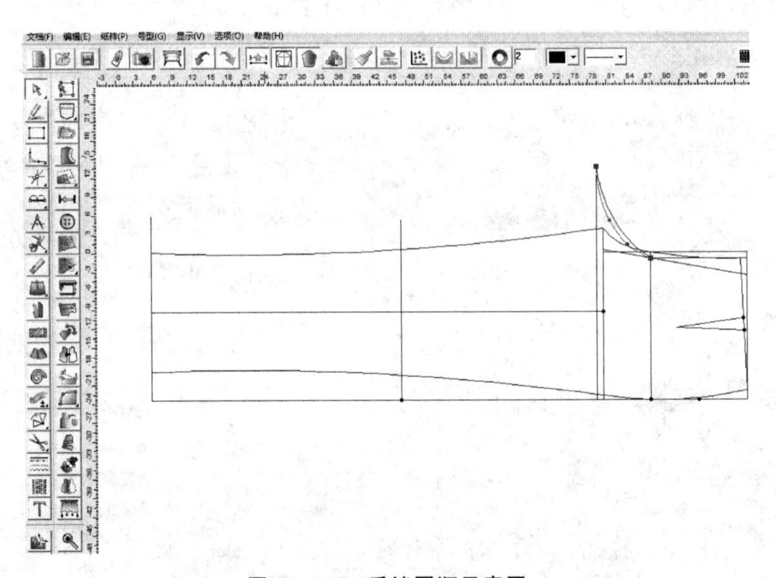

图 10-100　后裆圆顺示意图

(22) 用智能笔工具绘制后裤片起翘量，如图 10-101 所示。

(23) 再用圆规工具绘制后腰，取腰围/4＋2cm 的省量，如图 10-102 所示。

(24) 用智能笔工具绘制后裤片臀围宽、膝围宽和脚围宽，并连接各点，得到后侧缝线，如图 10-103 所示。

(25) 用智能笔工具绘制后裤片内侧缝线方法同前裤片内侧缝线绘制，具体方法如图 10-104 所示。

(26) 在后裤片腰围线上用等份规把腰平分为二，用三角板工具绘制腰省垂线，用收省工具绘制出最终腰省，如图 10-105 所示。

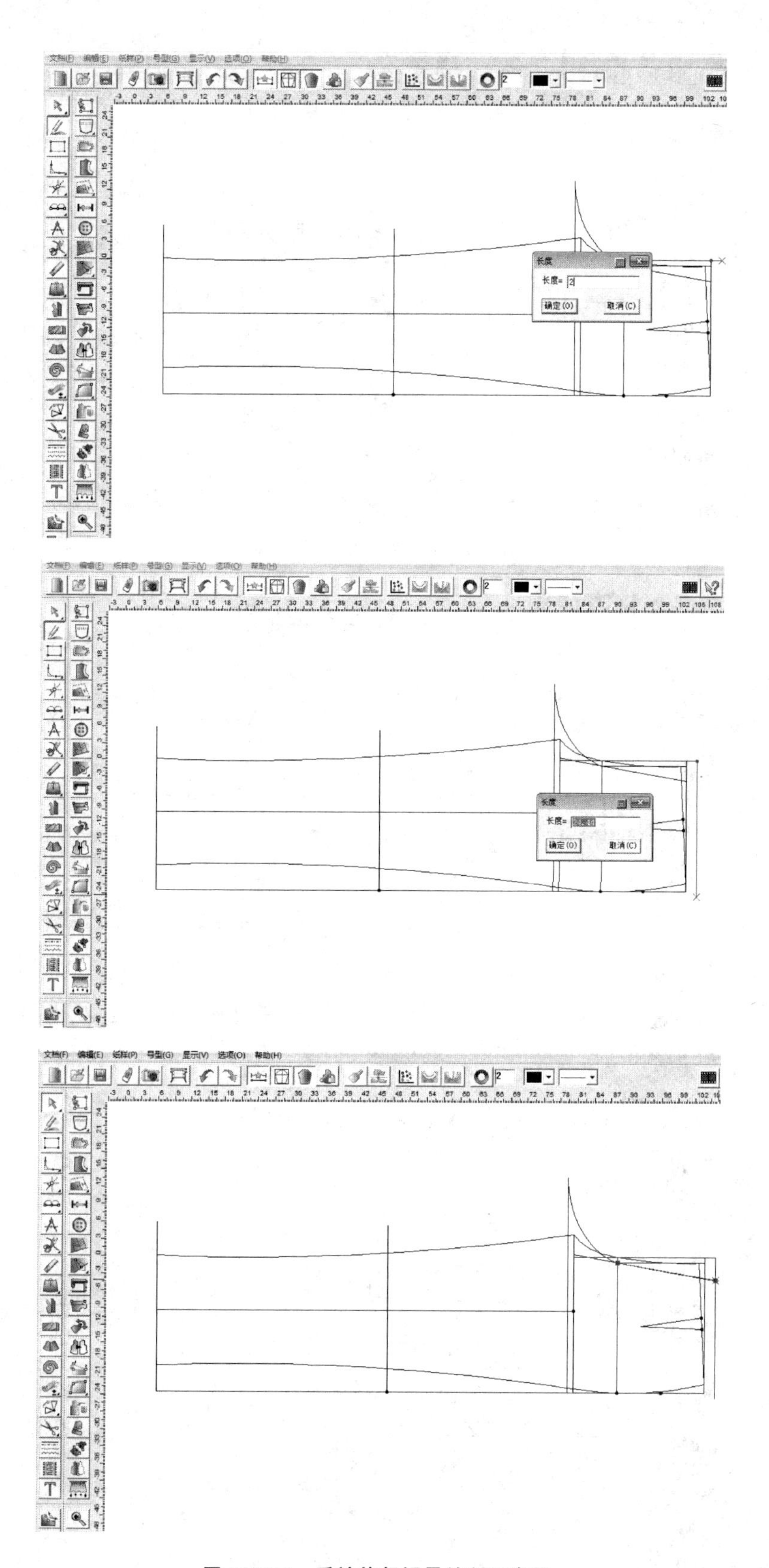

图 10-101　后裤片起翘量绘制示意图

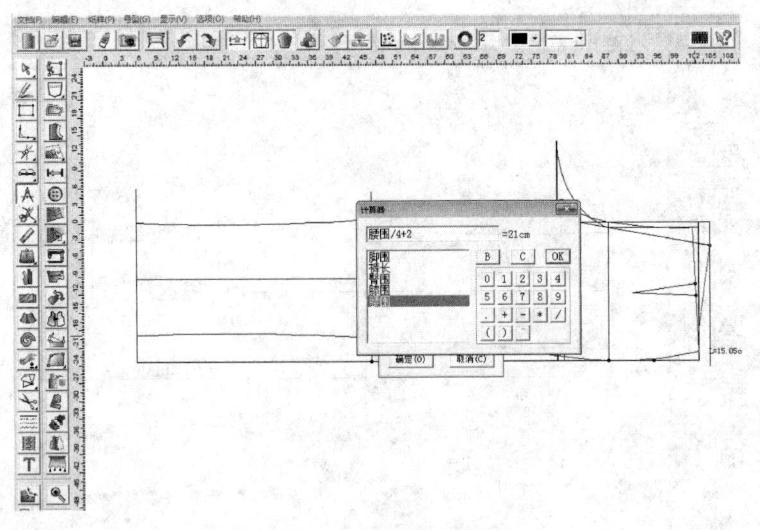

图 10-102　后腰绘制示意图

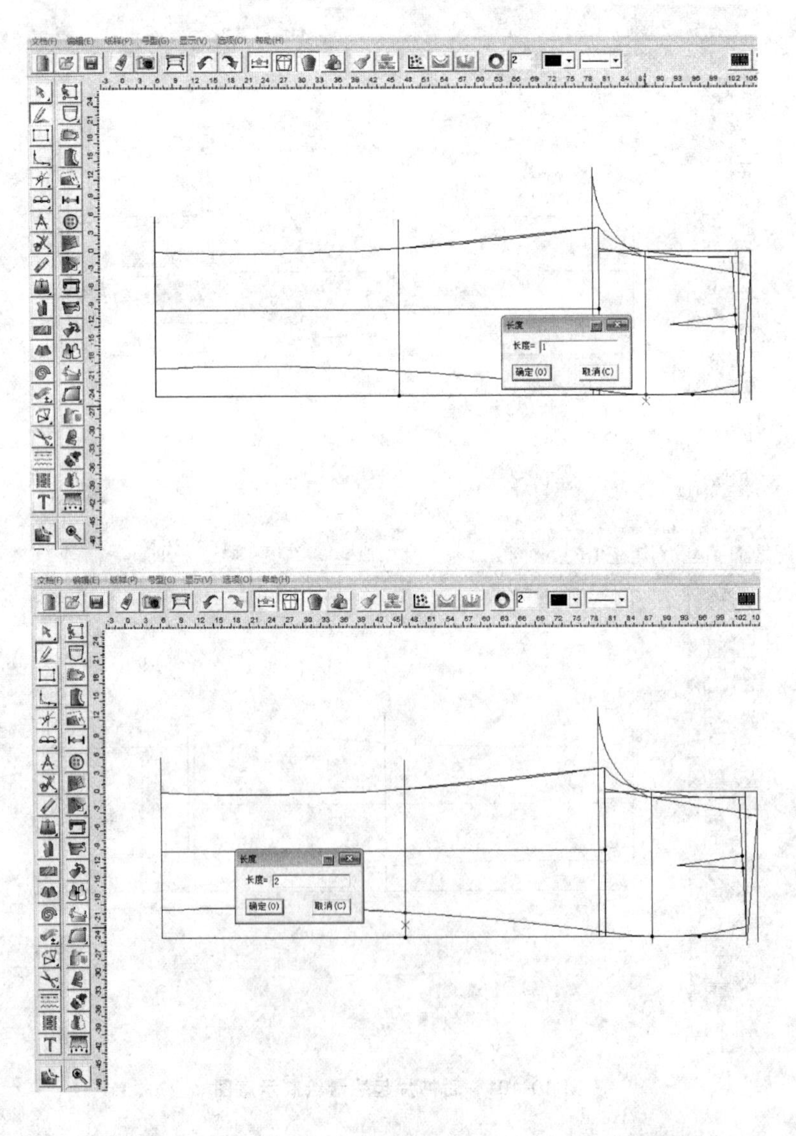

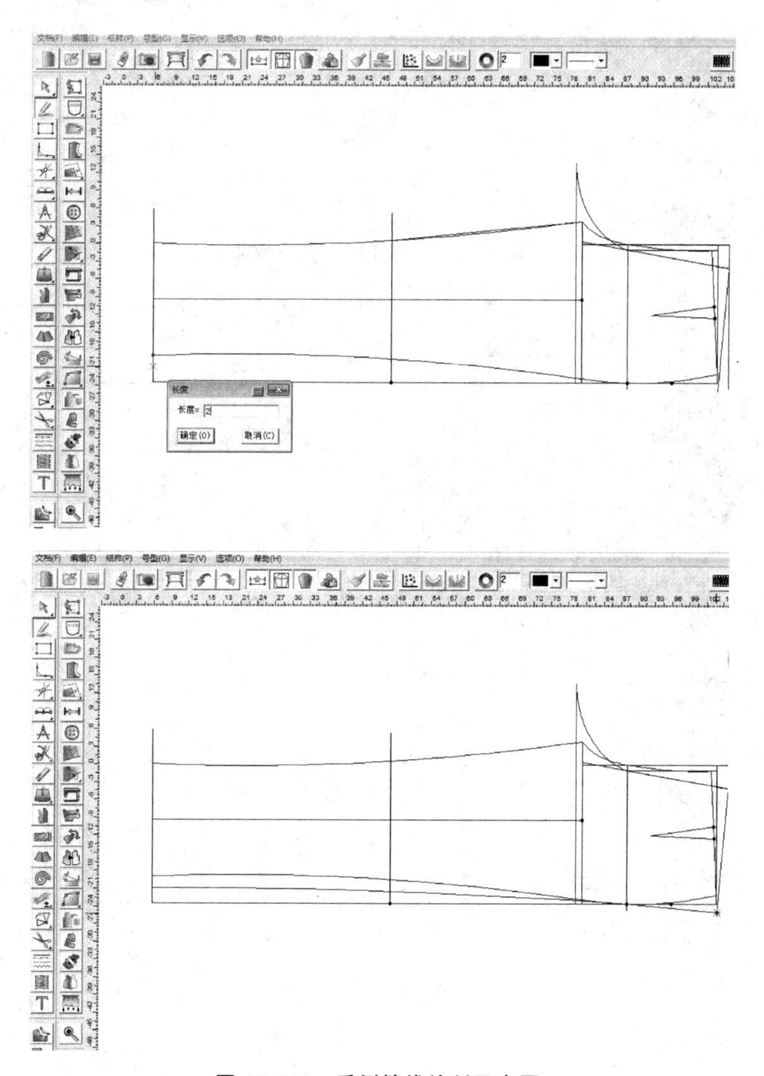

图 10-103 后侧缝线绘制示意图

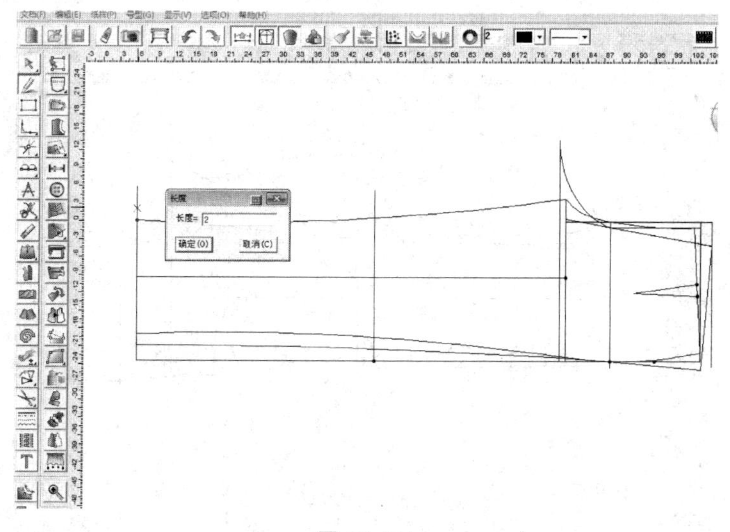

图 10-104

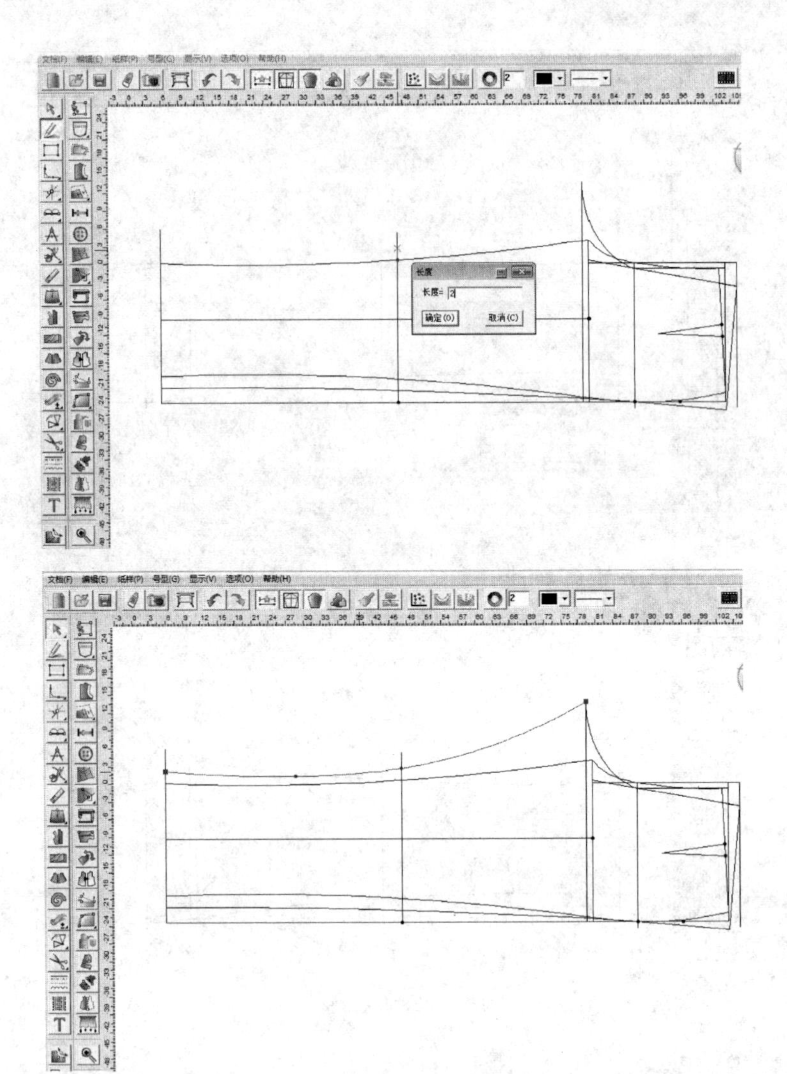

图 10-104　后裤片内侧缝线绘制示意图

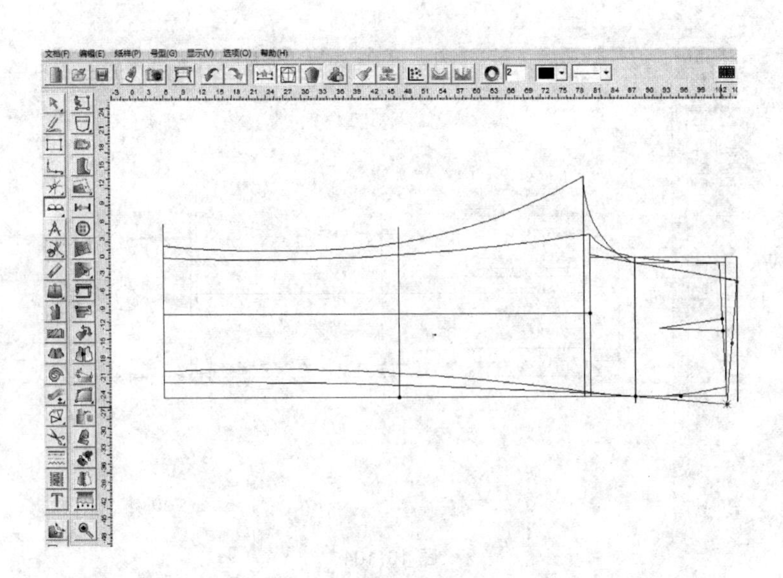

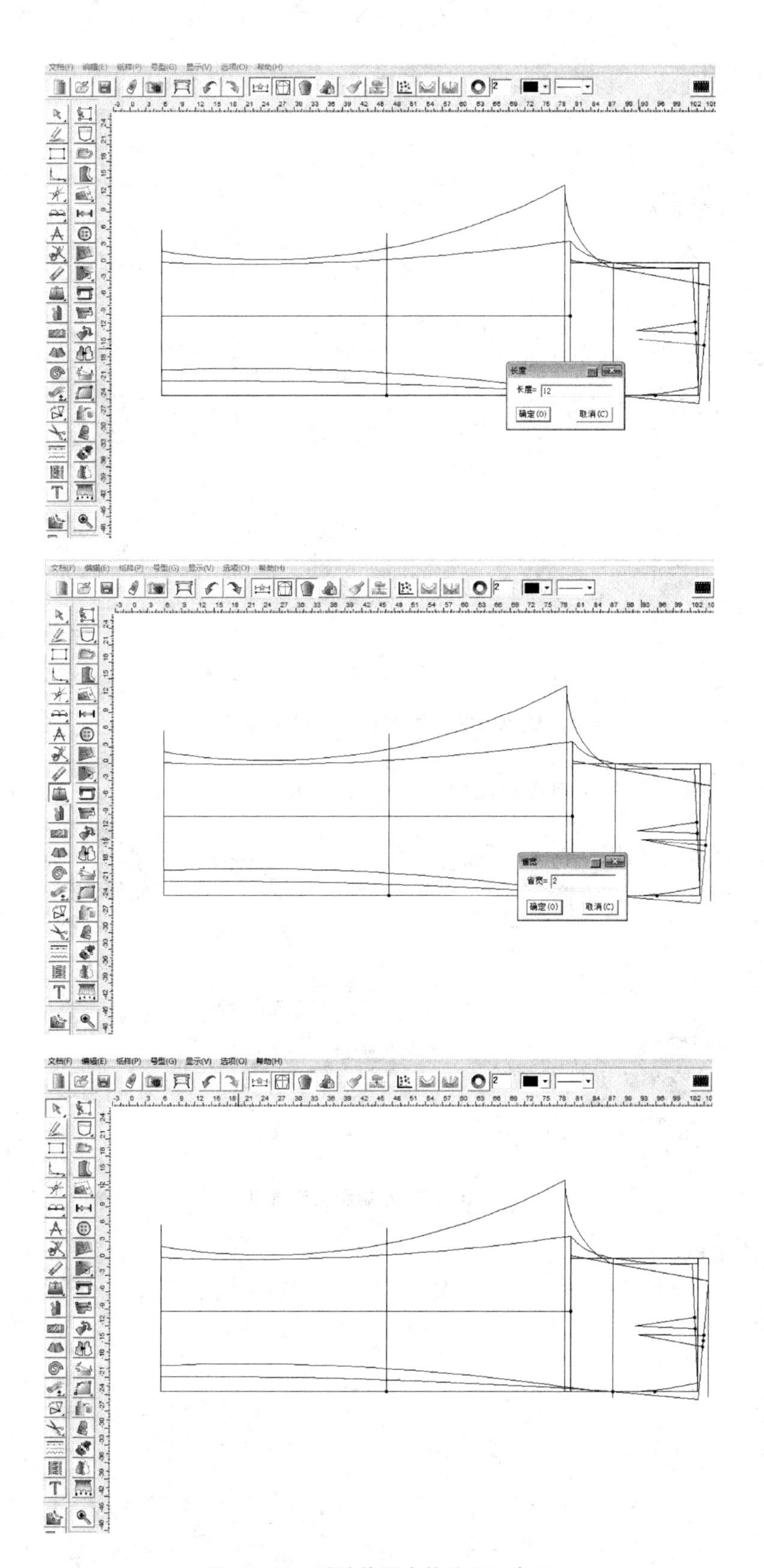

图 10-105　后裤片腰省的绘制示意图

（27）用移动工具把绘制好的前、后裤片分开，如图 10-106 所示。

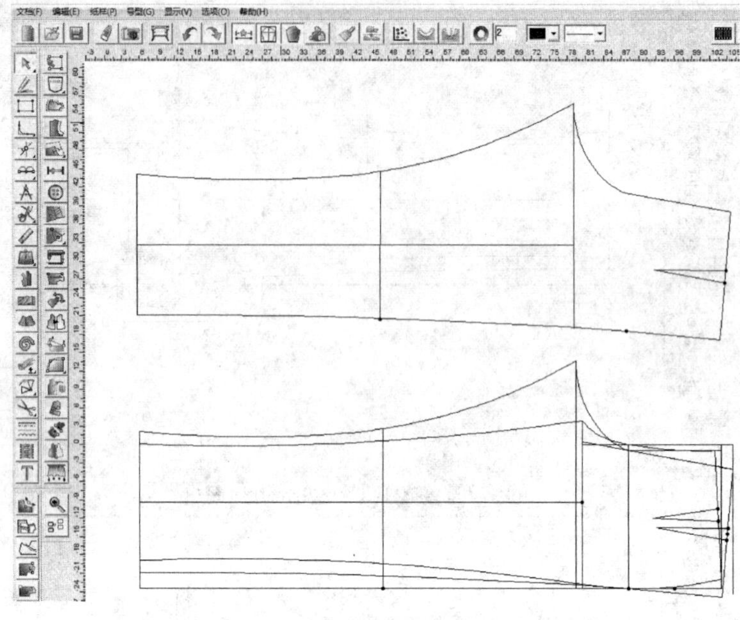

图 10-106　移动前、后裤片示意图

（28）用矩形工具绘制腰头，如图 10-107 所示。

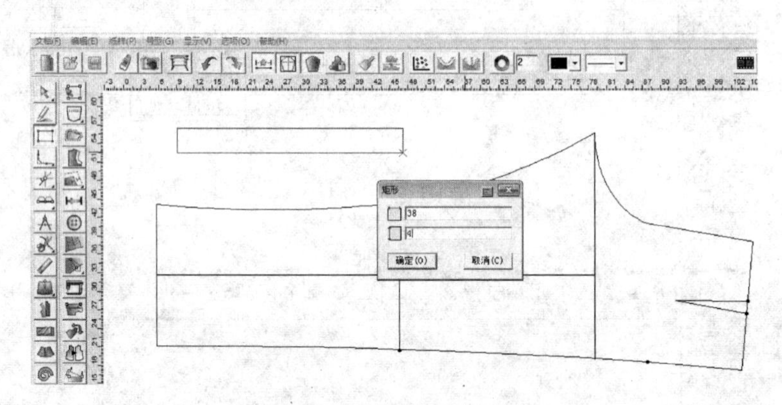

图 10-107　绘制腰头示意图

第十一章　服装 CAD 实战应用

第一节　女衬衫的制板

一、女衬衫款式绘制

女衬衫款式效果如图 11-1 所示。

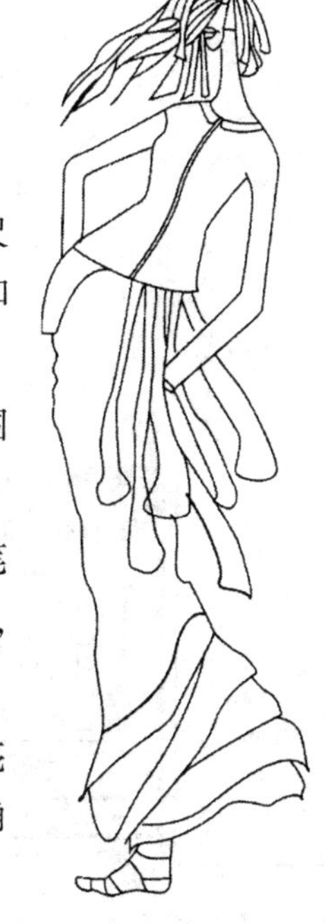

图 11-1　女衬衫款式效果图

二、女衬衫制板具体步骤

（1）单击“号型”菜单—“号型编辑”，在设置号型规格表中输入尺寸（此操作可有可无），并指定基码，以方便后续的步骤方便快捷，如图 11-2 所示。

（2）选择智能笔工具在空白处拖定出衣长（64cm）、后胸围（胸围 98/4＝24.5cm），如图 11-3 所示。

（3）用矩形工具绘制后领宽 8cm、后领深 2cm，选择智能笔工具画出后领曲线，并用对称调整工具对后领曲线进行对称调整，如图 11-4 所示。

（4）选择智能笔工具，光标放在后中线的最上端，该点变成亮星点时单击“Enter”键，弹出“移动量”对话框，输入偏移量按“确定”，并与领宽点连接，如图 11-5 所示。

（5）继续用智能笔工具，放在上水平线上（等分点之外）按住鼠标左键往下拖，在键盘上输入“24”并单击左键，定出胸围线。采用同样的操作方法定出腰围线，如图 11-6 所示。

（6）用智能笔工具定出背宽（胸围/6＋2.5＝18.8cm），如图 11-7 所示。

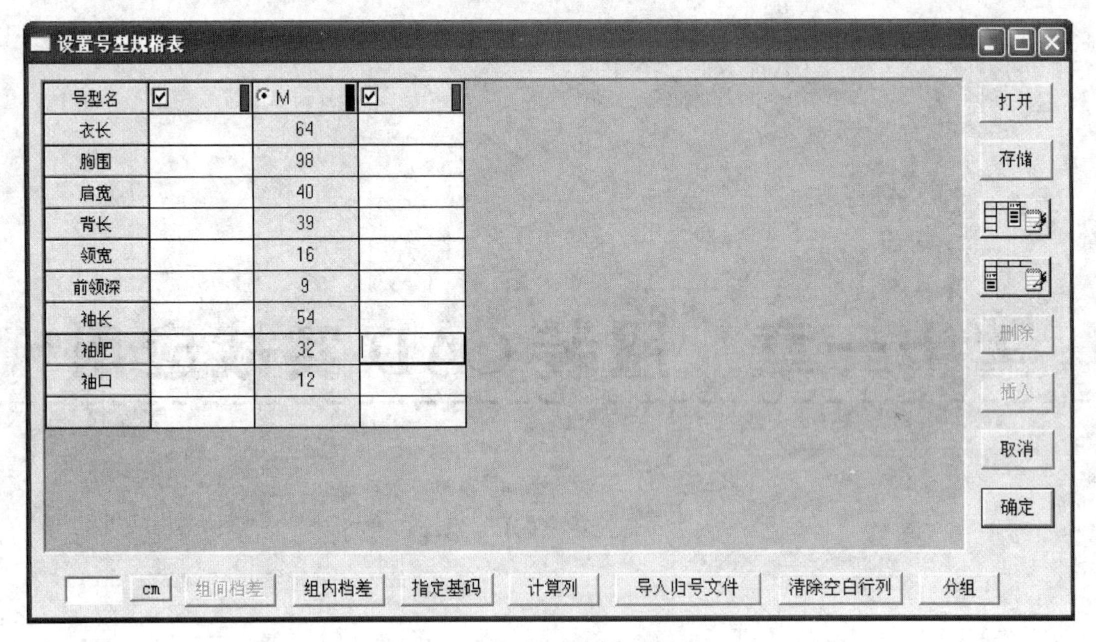

图 11-2　号型编辑示意图

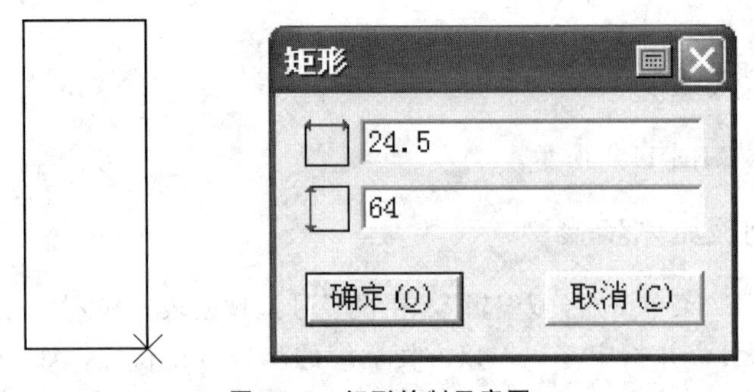

图 11-3　矩形绘制示意图

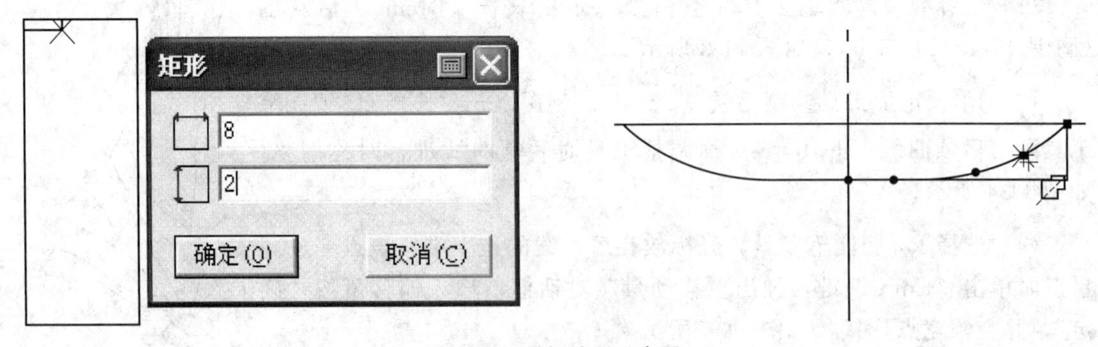

图 11-4　后领绘制示意图

（7）用智能笔工具画后袖窿　在背宽线上取等份点时，如果不是所需要的等份数，可以在快捷工具栏 2 输入合适的等份数，接着用调整工具调整圆顺，如图 11-8 所示。

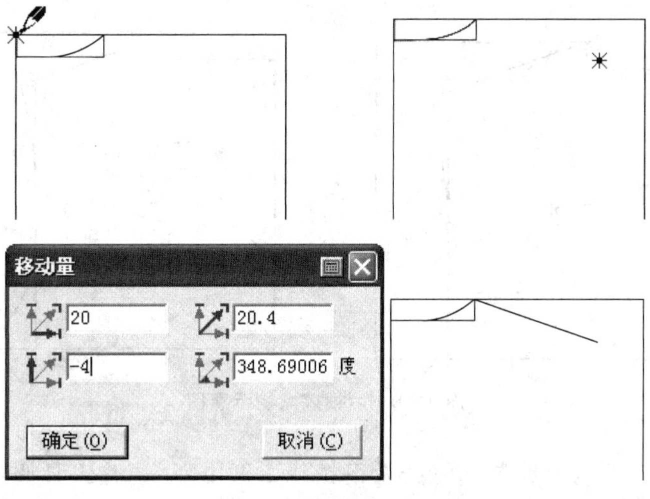

图 11-5 后肩线绘制示意图

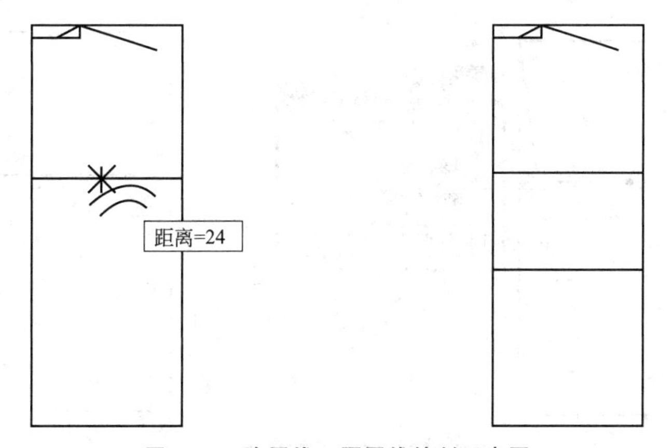

图 11-6 胸围线、腰围线绘制示意图

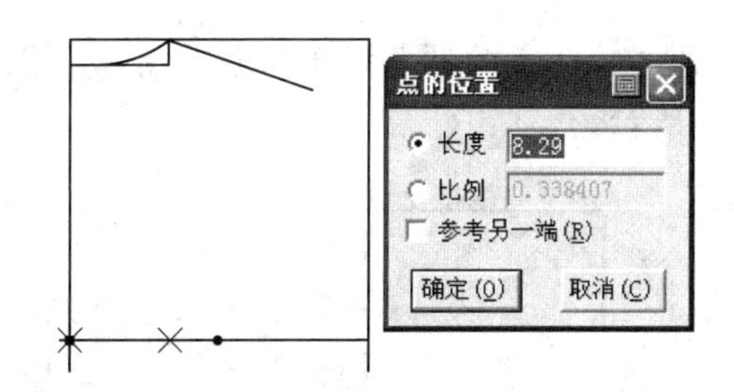

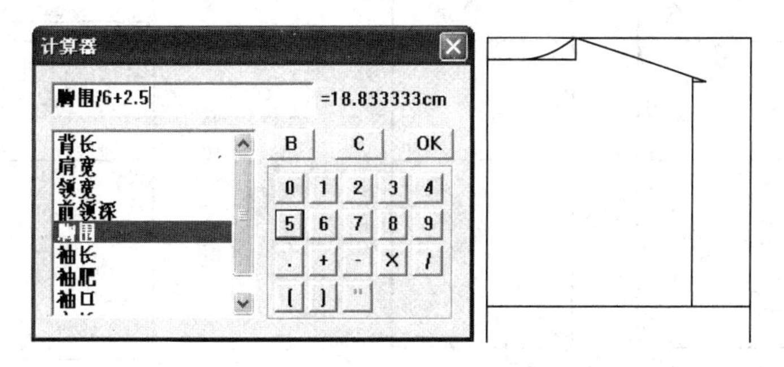

图 11-7 背宽线绘制示意图

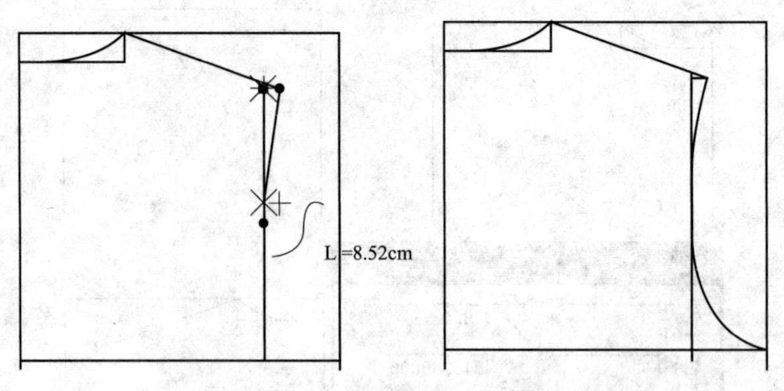

图 11-8　后袖窿绘制示意图

(8) 同样用智能笔绘制侧缝线及下摆线，再用调整工具调整圆顺，如图 11-9 所示。

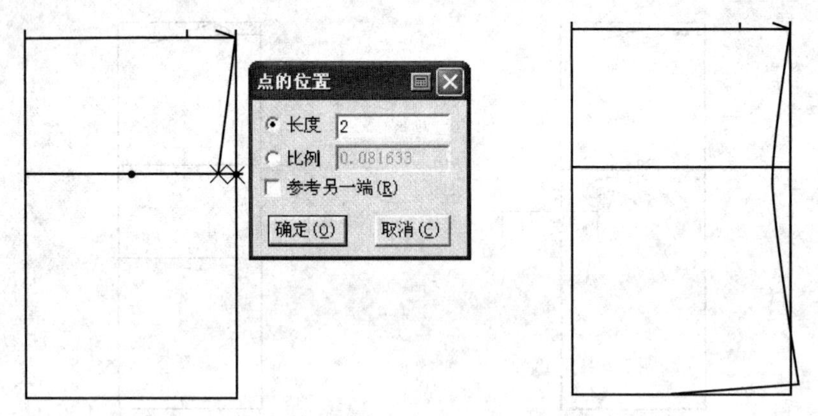

图 11-9　侧缝线和下摆线绘制示意图

(9) 用移动工具复制后幅的结构线来制作前幅，用智能笔在胸围线上向上拖距其 2.5cm 的线，如图 11-10 所示。

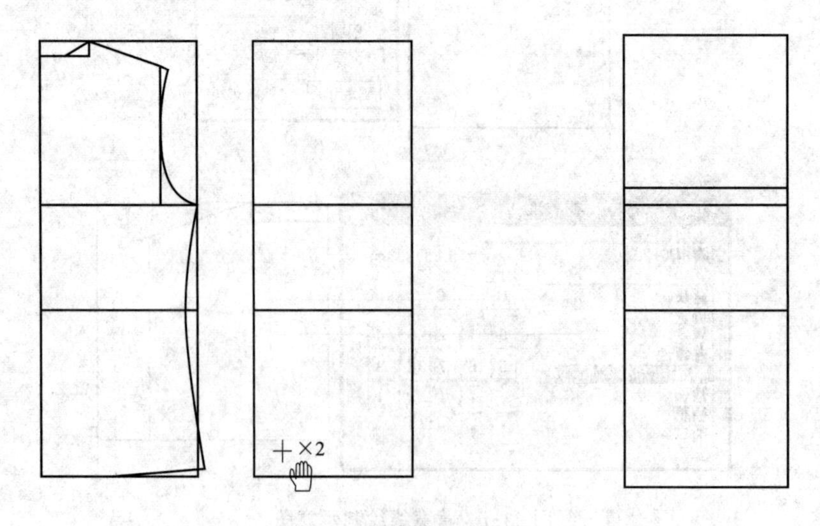

图 11-10　复制前幅示意图

（10）用矩形工具画出前领深 9cm，前领宽 8cm，用智能笔工具画出前落肩线 4.2cm，前胸宽 17.8cm，画出前领曲线，再用对称调整工具对前领调整到满意为止，如图 11-11 所示。

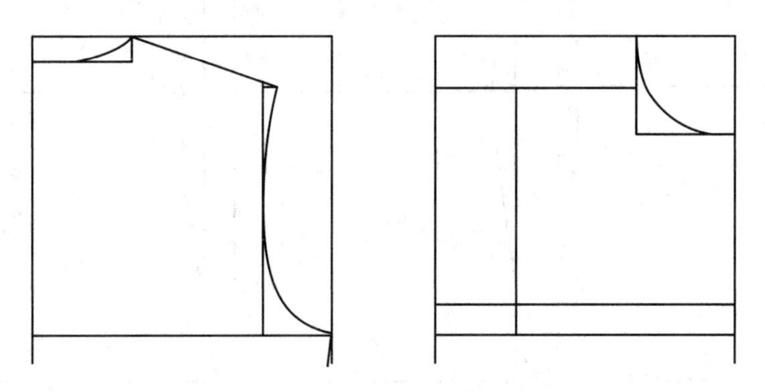

图 11-11　前领绘制示意图

（11）用比较长度工具测量后幅小肩长并记录，用圆规绘制出前幅小肩，用智能笔画出前袖窿曲线，如图 11-12 所示。

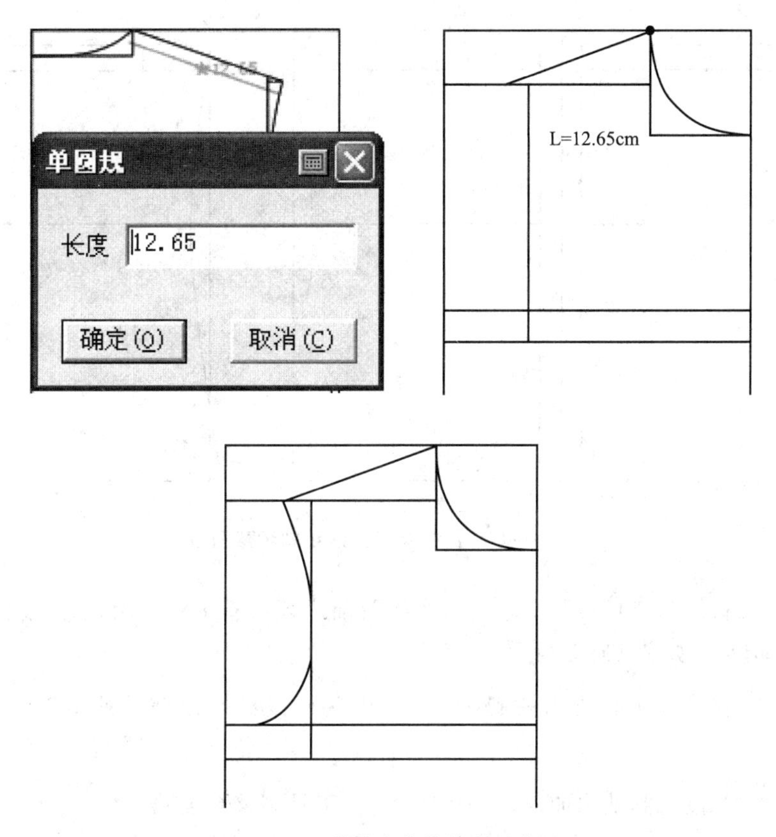

图 11-12　前袖窿曲线绘制示意图

（12）用移动工具翻转复制后侧缝，并用调整工具把侧缝上端点调整至距胸围 2.5cm 的线上，如图 11-13 所示。

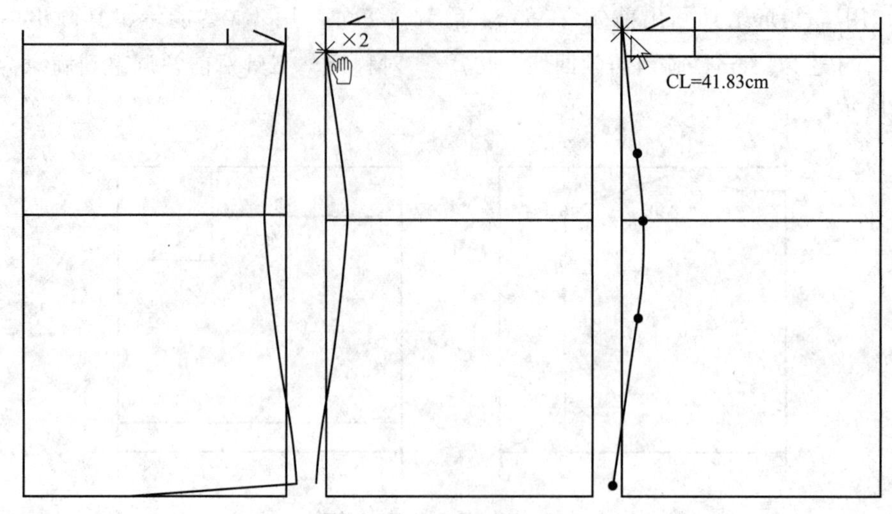

图 11-13　前侧缝绘制示意图

（13）用智能笔画出门襟及下摆线，用合并调整工具调整前后夹圈、前后领口曲线及前后下摆至圆顺，如图 11-14 所示。

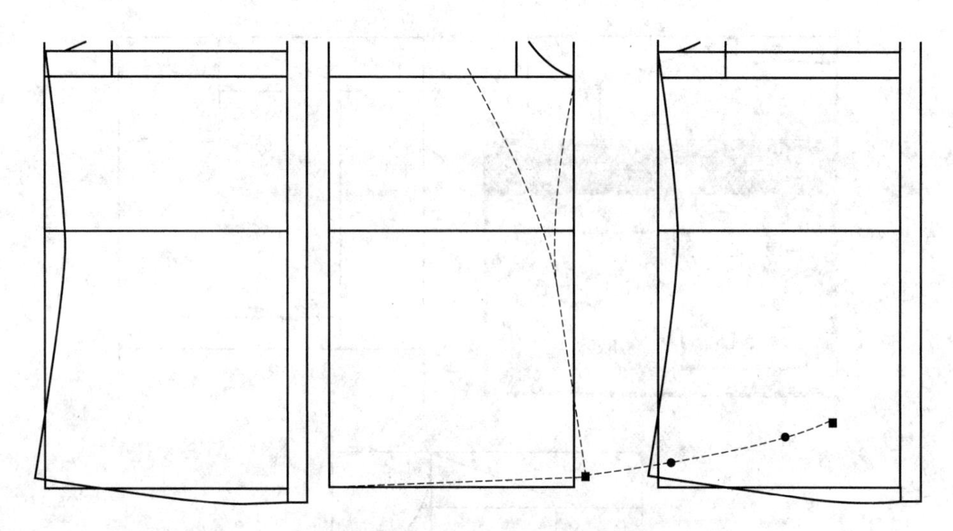

图 11-14　门襟及下摆线绘制示意图

（14）用智能笔工具绘制出腋下省中线及前后菱形省中线，用比较长度工具测量前后袖窿长并记录，如图 11-15 所示。

（15）用智能笔工具画出袖肥 32cm，用圆规绘制出前后袖山斜线，如图 11-16 所示。

（16）用智能笔画袖山曲线，并用调整工具调整至圆顺。

（17）用比较长度工具比较袖山曲线与前后袖窿的差值，如果容位不是预期值，用线调整工具调整到位，如图 11-17 所示。

（18）用智能笔画出袖中线及袖口、袖侧缝，如图 11-18 所示。

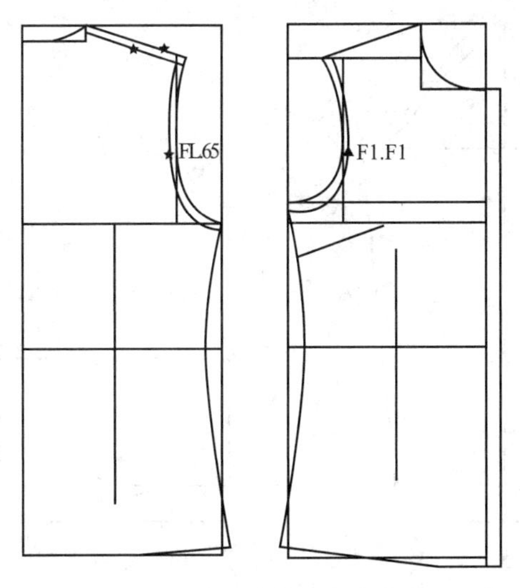

图 11-15 腋下省及前后菱形省中线绘制示意图

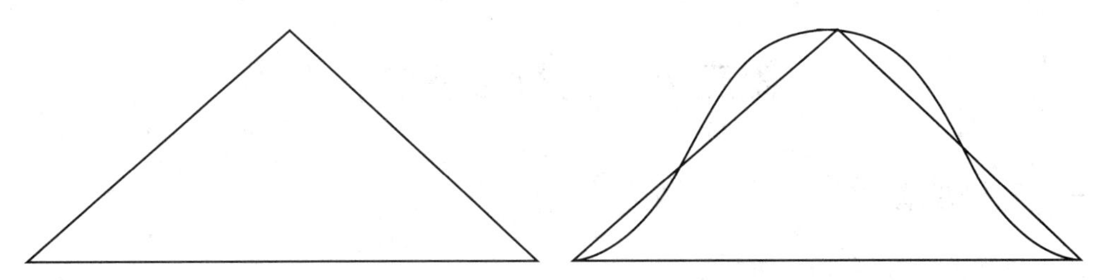

图 11-16 袖山斜线绘制示意图

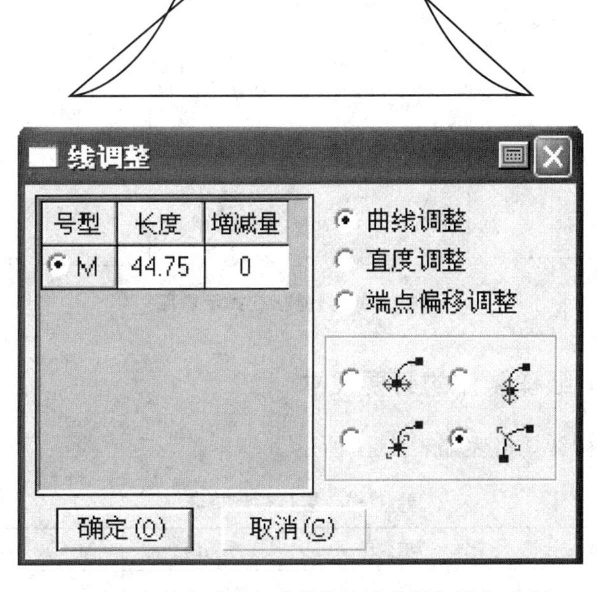

图 11-17 袖山曲线与前后袖窿的差值调整示意图

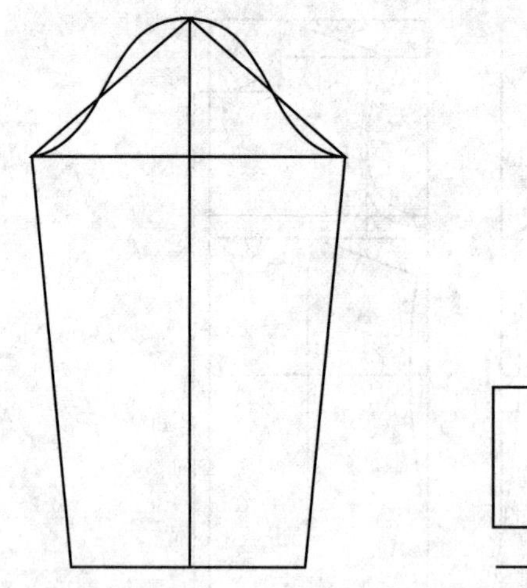
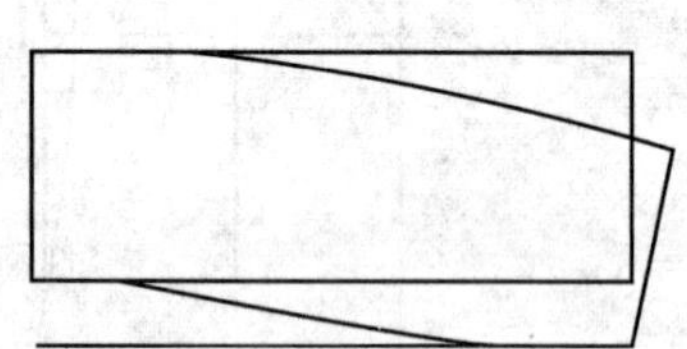

图 11-18　袖中线、袖口及袖侧缝绘制示意图

(19) 用比较长度工具测量出前后领口曲线的总长，用智能笔画出领。

第二节　男衬衫的制板

一、男衬衫款式绘制

男衬衫款式如图 11-19 所示。

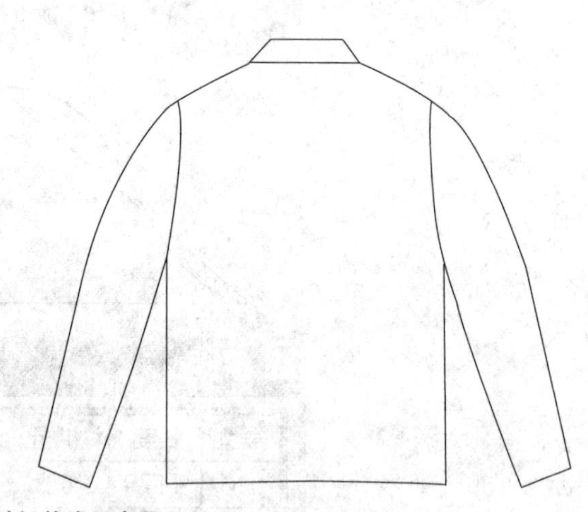

图 11-19　男衬衫款式示意图

二、男衬衫基础纸样制作的必要尺寸

建立尺寸表，男衬衫规格表如表 11-1 所示。

表 11-1　男衬衫规格表　　单位：cm

部　位	衣　长	胸　围	领　围	肩　宽	袖　长
规　格	76	112	40	48	62

三、男衬衫 CAD 制板步骤

具体绘制步骤：

（1）号型编辑　打开富怡设计与放码 CAD 系统，单击菜单栏里的“号型”—“号型编辑”，进行设置号型规格表，其中 L175/92A 为指定基码，如图 11-20 所示。

（2）用矩形工具和智能笔工具用左键拖动都能绘制矩形，在对话框中设置宽度为胸围/4，长度为衣长，单击“确认”后，便生成矩形图形，如图 11-21 所示。

设置号型规格表

号型名	L175/92A
衣长	76
胸围	112
肩宽	48
领围	40
袖长	62

图 11-20　号型编辑示意图

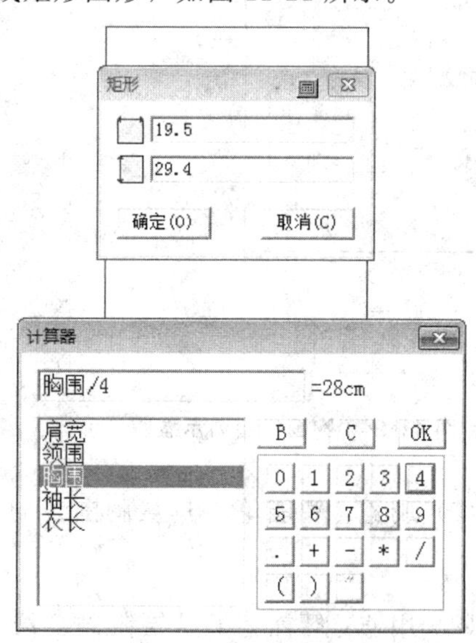

图 11-21　绘制矩形示意图

（3）用矩形工具绘制后领，后领宽取领围/5，后领高 2.5cm，如图 11-22 所示。

（4）用智能笔工具绘制肩宽和肩斜线，肩宽取肩宽/2，肩斜取 4cm，再用智能笔工具连接肩斜和领子绘出肩线，同时把领子连线绘制出来，如图 11-23 所示。

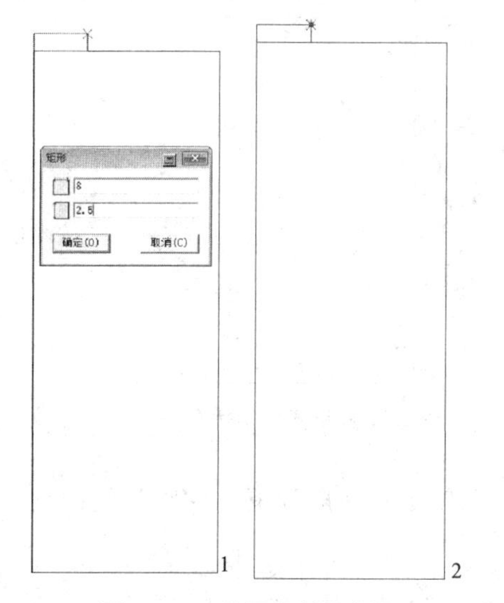

图 11-22　后领绘制示意图

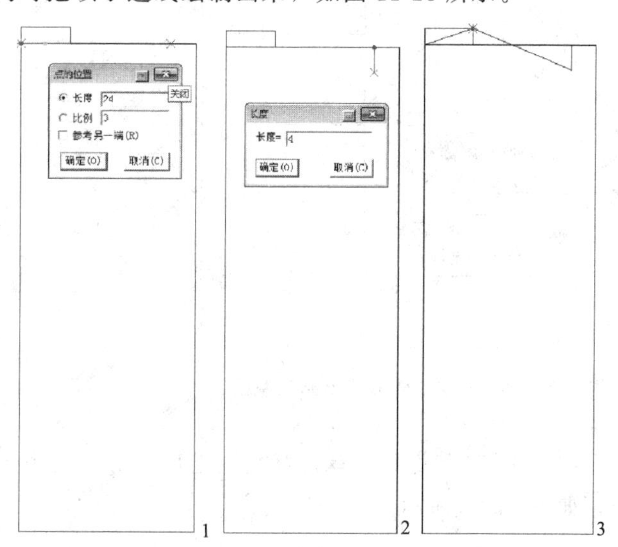

图 11-23　肩斜线和领子绘制示意图

(5) 用智能笔工具绘制平行线，取胸围/5+2cm 即为胸围线，如图 11-24 所示。

(6) 用智能笔工具在胸围线上找出背宽点等于胸围/6+3cm，过背宽点向肩线作垂线，即为背宽，并完成袖窿连接，如图 11-25 所示。

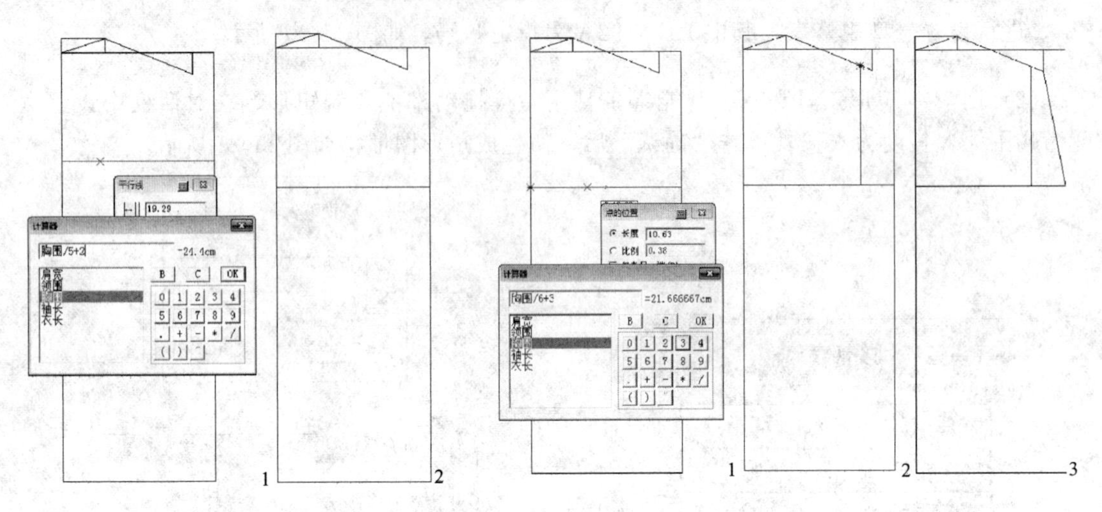

图 11-24 胸围线绘制示意图　　图 11-25 背宽、袖窿绘制示意图

(7) 用智能笔工具从胸围线向下摆绘制平行线取 15cm 即为腰节线，如图 11-26 所示。

(8) 用智能笔工具绘制侧缝线，在腰节线上缩进 1cm，做收腰处理，如图 11-27 所示。

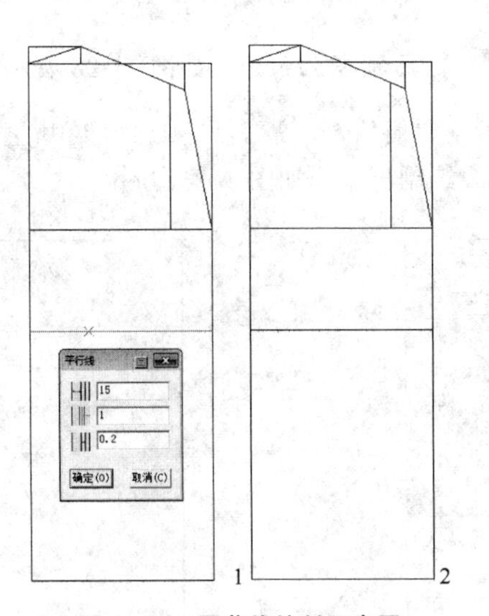

图 11-26 腰节线绘制示意图

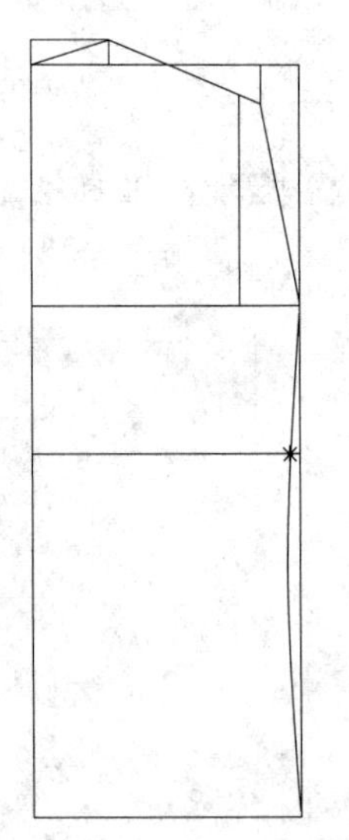

图 11-27 侧缝线绘制示意图

(9) 用等份规工具将背宽线进行三等分，用调整工具完成领围和袖窿弧线的制作，如图 11-28 所示。

(10) 用移动工具来复制前片和后片共用的辅助线，如图 11-29 所示。

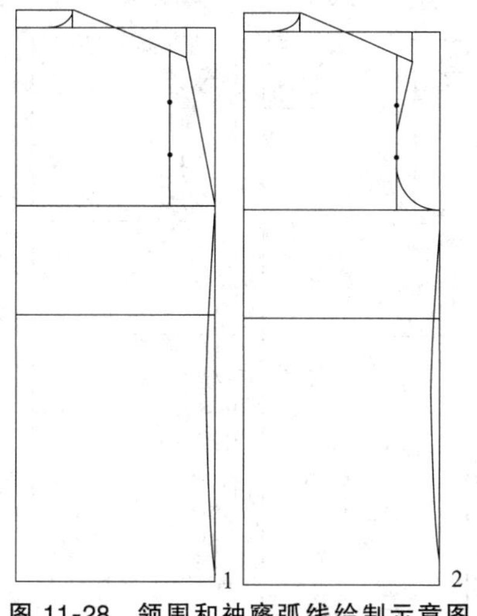

图 11-28　领围和袖窿弧线绘制示意图

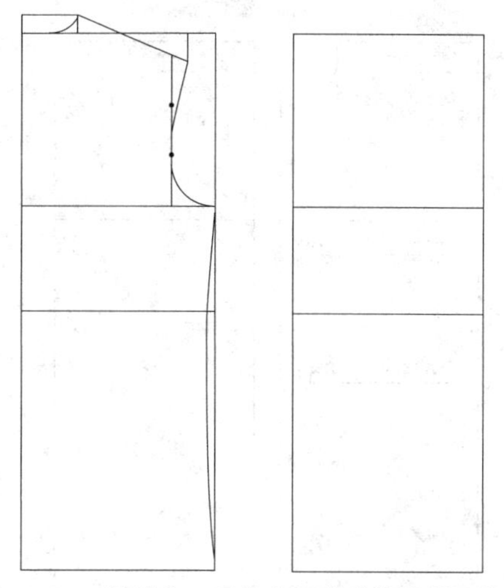

图 11-29　复制前、后片共用辅助线绘制示意图

（11）用矩形绘制前领，用智能笔和调整工具绘制前领围，如图 11-30 所示。

（12）用智能笔沿衣长线顶点向下 4cm 为落肩点，过落肩点绘制胸围线的平行线，再用长度比较工具测量后片肩线长度并记录，最后用智能笔或圆规工具绘制出前片肩线，如图 11-31 所示。

（13）用智能笔沿胸围线取胸宽为胸围/6，过该点向上作垂线交于肩线即为背宽，如图 11-32 所示。

（14）用等份规工具把背宽进行三等分，用智能笔连接前片袖窿线，用调整工具对袖窿进行弧度调整使其圆顺，如图 11-33 所示。

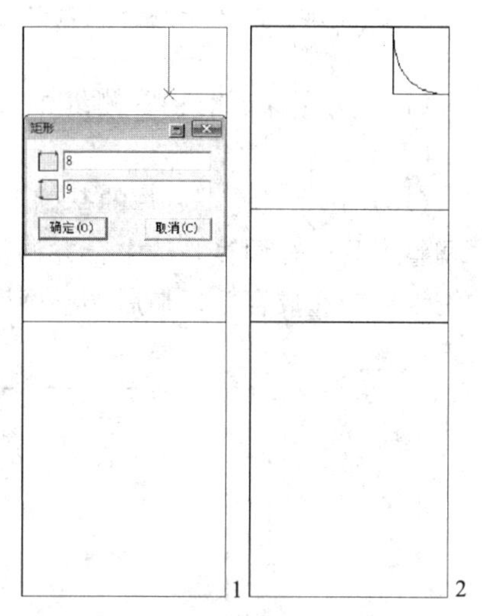

图 11-30　前领绘制示意图

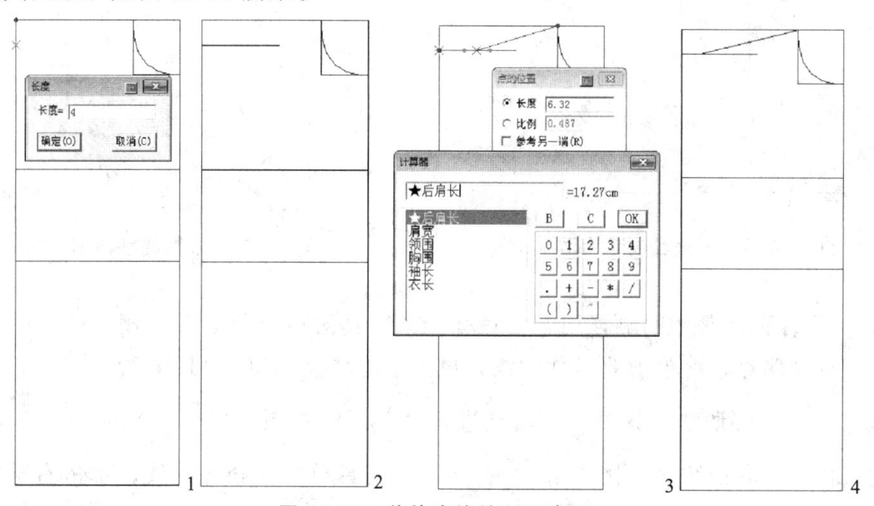

图 11-31　前片肩线绘制示意图

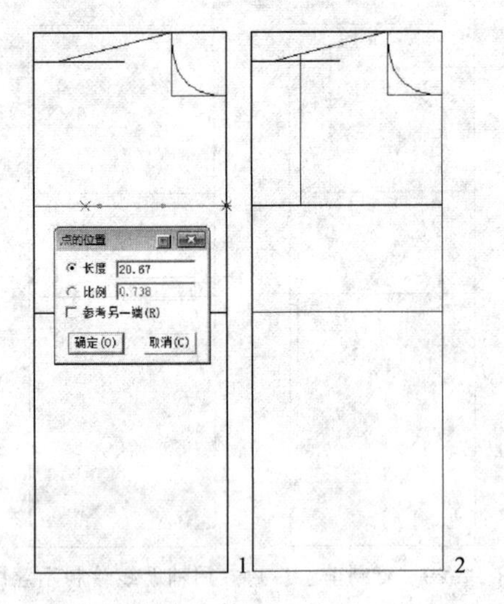

图 11-32　胸宽、背宽线绘制示意图

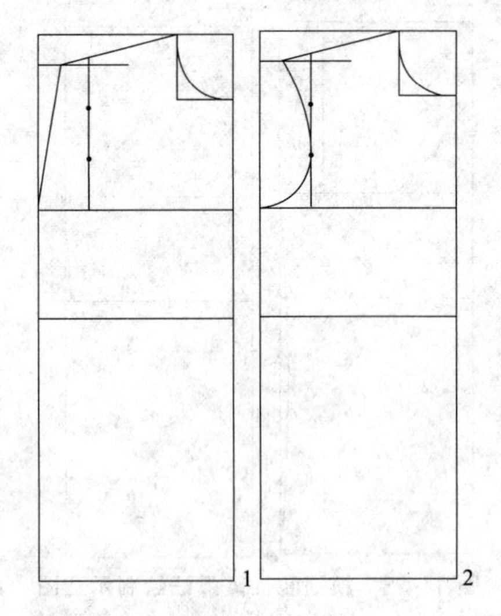

图 11-33　前片袖窿弧线绘制示意图

（15）为了保证前、后侧缝的一致性，需用移动工具复制后片侧缝到前片，如图11-34所示。

（16）在完成前、后片的基础上要检查一下前、后领和前、后袖窿是否圆顺，用合并调整工具进行调整，选中合并调整工具单击要合并的前、后袖窿，再单击肩线，然后单击右键结束，完成合并，最后调整圆顺即可，如图 11-35 所示。

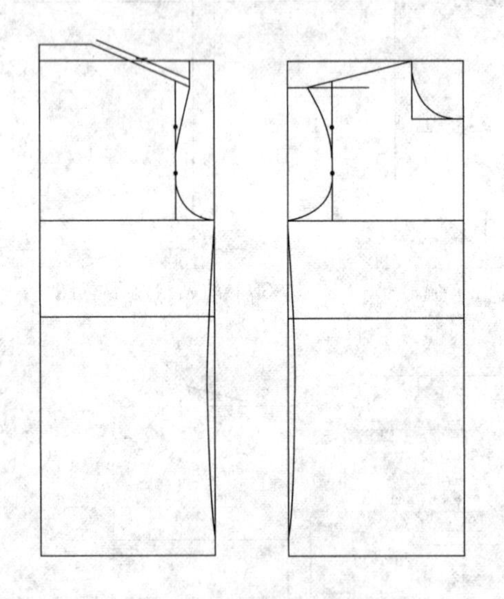

图 11-34　前片侧缝绘制示意图

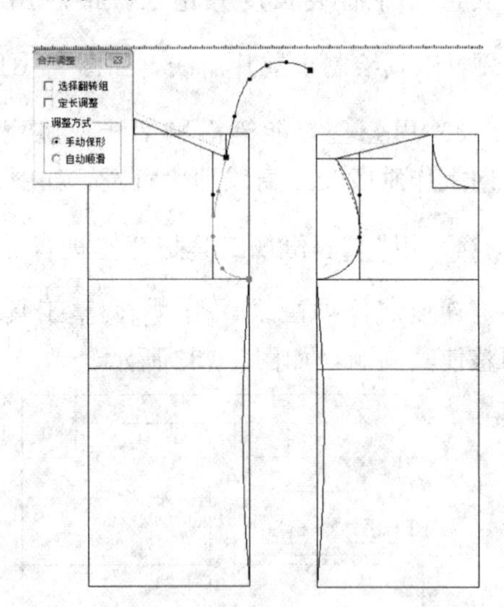

图 11-35　袖窿圆顺检测示意图

（17）为了保证后领的圆顺，用对称调整工具对称调整后领，用对称调整工具单击后领对称轴两点，再单击要对称的线，单击右键结束，如图 11-36 所示。

（18）用合并调整工具对前、后领进行合并调整圆顺。用合并调整工具单击前、后领弧线，再单击右键结束，接着用合并调整工具单击要合并的线，单击右键结束，如图 11-37 所示。

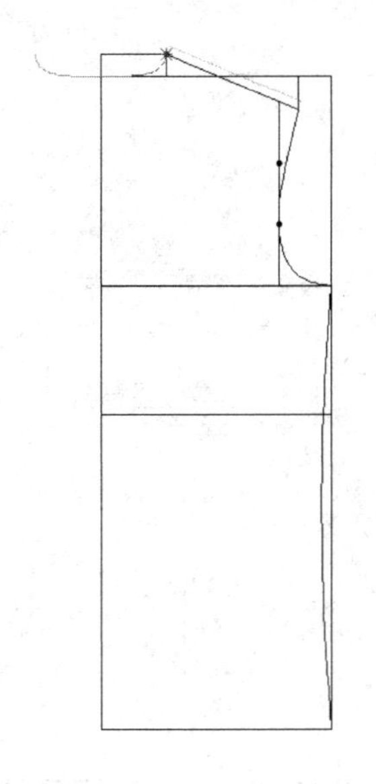

图 11-36　后领对称调整示意图

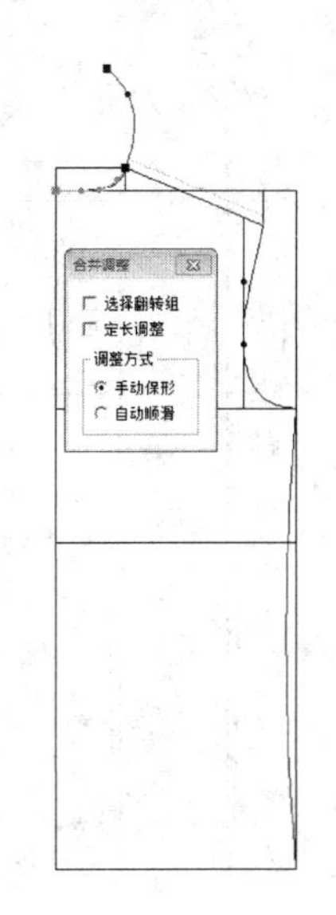

图 11-37　前、后领弧线合并调整示意图

(19) 用智能笔工具在后片绘制出男衬衫过肩，如图 11-38 所示。

(20) 用智能笔工具在前片绘制出男衬衫过肩，如图 11-39 所示。

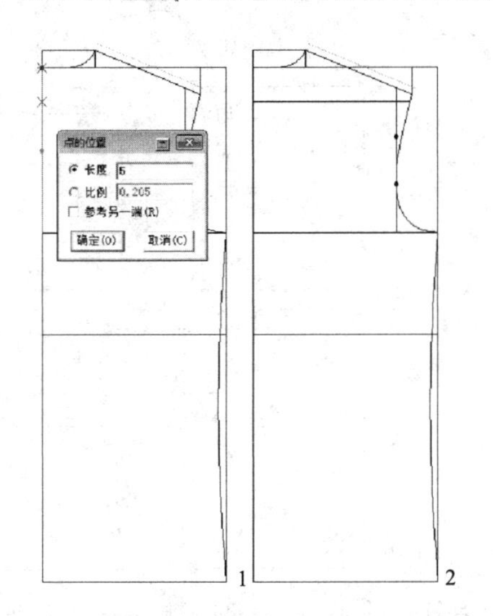

图 11-38　后片过肩绘制示意图

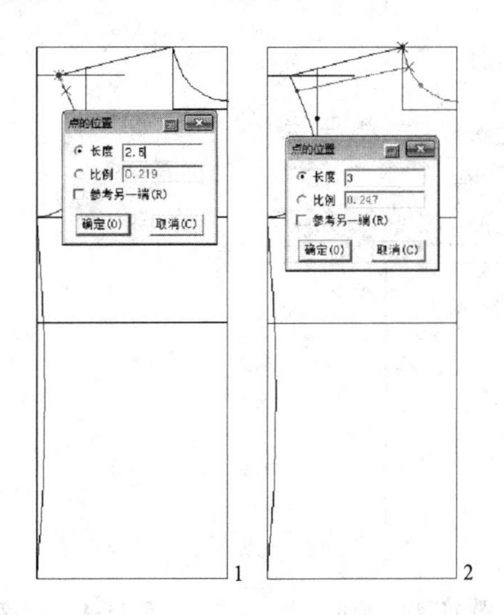

图 11-39　前片过肩绘制示意图

(21) 把前片过肩和后片过肩衔接在一起，用对接工具对接前、后片过肩，用对接工具单击前、后片需要对接的点，再单击需要对接的袖窿和领子，如图 11-40 所示。

(22) 用智能笔工具绘制出袖长，如图 11-41 所示。

(23) 用智能笔工具绘制出袖山高，如图 11-42 所示。

(24) 用智能笔工具过袖山高点绘制出袖筒深线，如图 11-43 所示。

(25) 用比较长度工具测量出前、后袖窿长度，并记录以备后用，如图 11-44 所示。

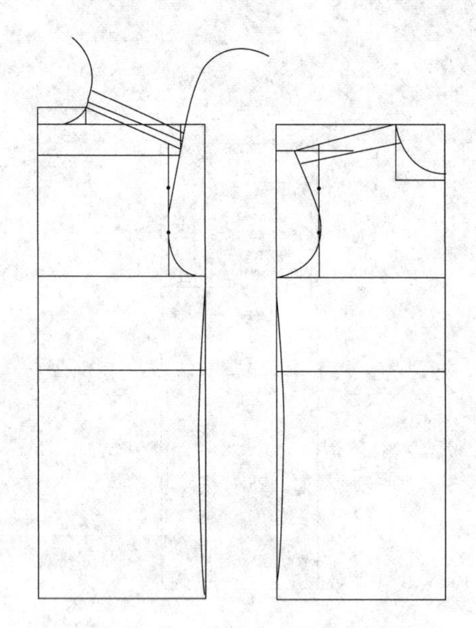

图 11-40　前、后过肩对接绘制示意图

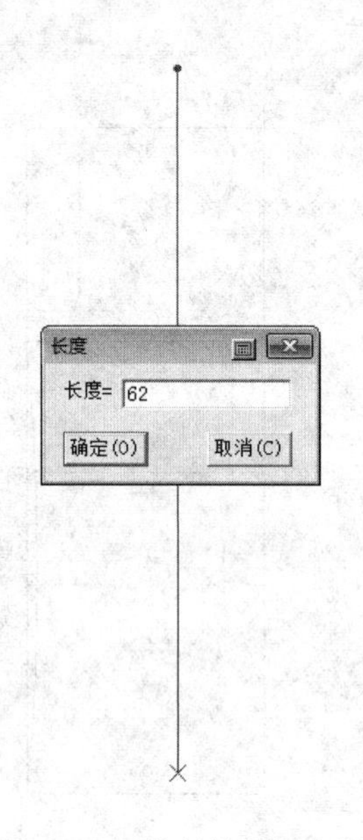

图 11-41　袖长绘制示意图

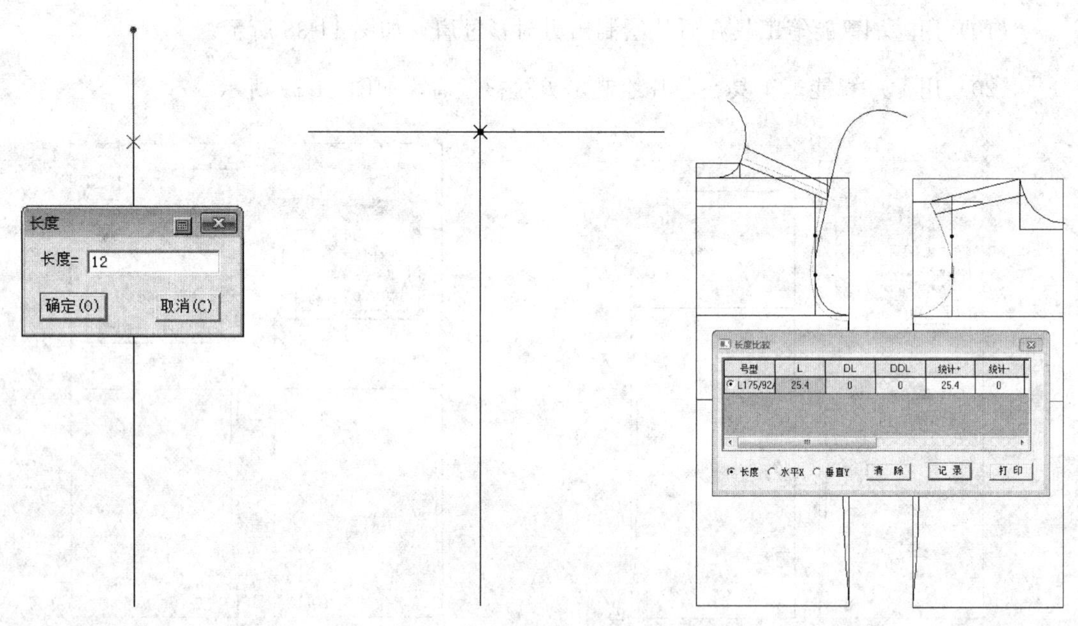

图 11-42　袖山高绘制示意图

图 11-43　袖筒深线绘制示意图

图 11-44　前、后袖窿长度测量和记录示意图

(26) 用圆规工具绘制前、后袖围长，用智能笔工具分别框选要连角的线，在连角内单击右键完成，如图 11-45 所示。

(27) 用等份规工具对袖筒深线进行二等分，用比较长度工具测量从袖筒深线到袖口长度，用智能笔工具过袖筒深线中点向袖口作垂线，长度等于从袖筒深线到袖口长度，用智能笔工具绘制袖口取长为 12.5cm，再用对称工具完成最后的制作，具体操作如图 11-46 所示。

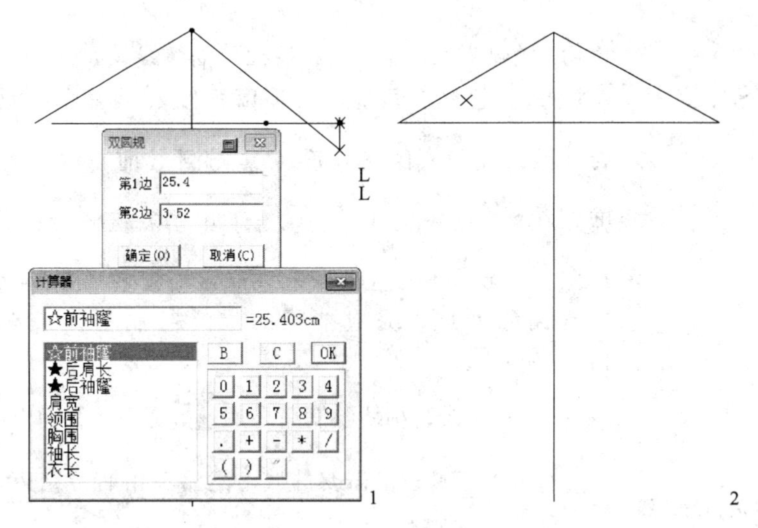

图 11-45　前、后袖围长绘制示意图

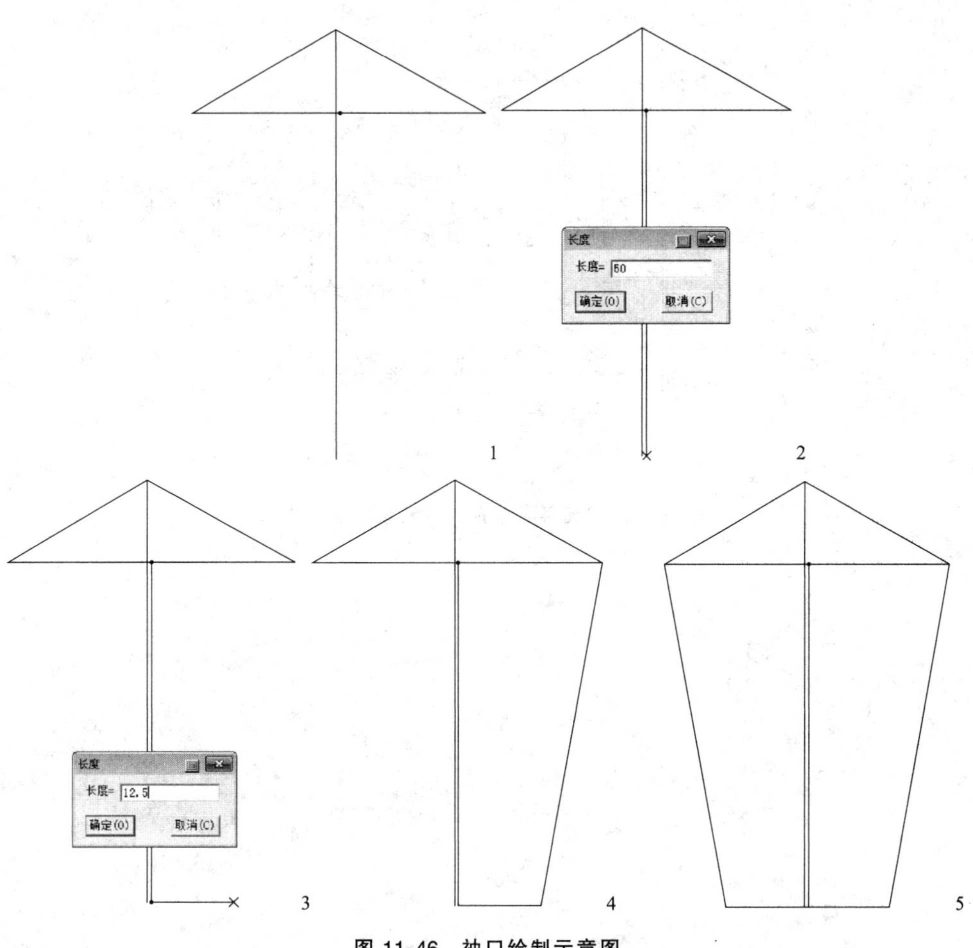

图 11-46　袖口绘制示意图

（28）用智能笔工具绘制前、后袖窿弧线，为了保证袖片前、后袖窿与衣片的一致性，用移动工具单击要移动的前、后衣片袖窿线，再用鼠标右键移动到袖片相应位置。

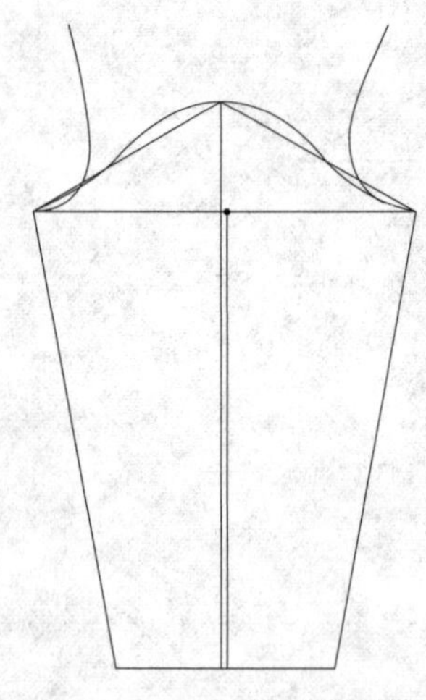

图 11-47　前、后袖窿弧线绘制示意图

再用调整工具调整前、后袖片袖窿线，如图 11-47 所示。

（29）检测衣片前、后袖窿弧线和袖片前、后袖窿弧线是否一致。用比较长度工具先测量前、后衣片袖窿弧线长度，在比较长度工具状态下单击右键测量袖片前、后弧线长度，比较后用调整工具框选需要调整的部分，单击右键进行偏移处理，完成袖子的最终绘制制作，具体操作如图 11-48所示。

（30）完成结构线绘制后，用剪刀工具剪开生成样片，选中剪刀工具单击需要的线，然后单击右键结束，敲击空格键移动样片，用布纹线调整样片布纹线，如图 11-49 所示。

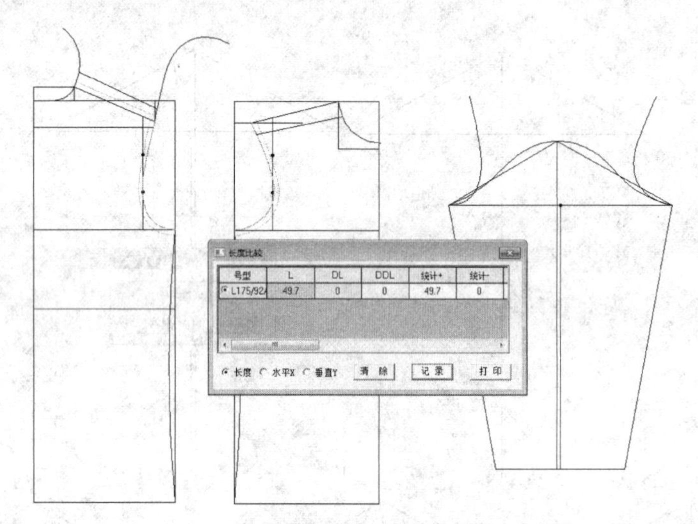

图 11-48　检测并调整前、后袖窿弧线示意图

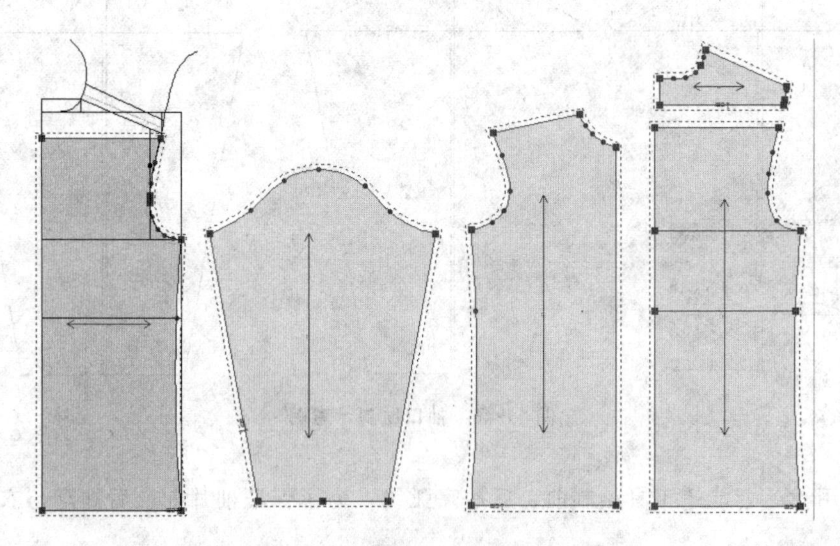

图 11-49　样片和布纹线绘制示意图

第十二章　女式服装制板

第一节　女风衣制板

一、女风衣款式图

如图 12-1 所示。

图 12-1　女风衣款式示意图

二、女风衣打板具体步骤

(1) 单击“号型”菜单—“号型编辑”，在“设置号型规格表”中输入尺寸（此操作可有可无），并指定基码使后续的步骤方便快捷，如图 12-2 所示。

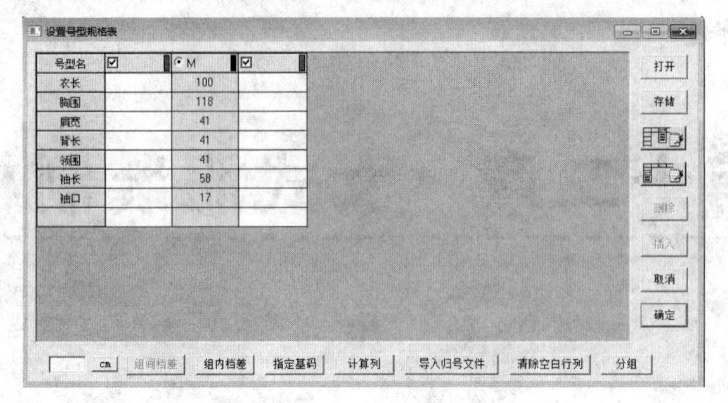

图 12-2 号型编辑示意图

(2) 单击“存储”出现对话框，将尺寸保存在桌面，文件名设置为“女风衣”，单击“确定”，如图 12-3 所示。

图 12-3 存储示意图

(3) 选择智能笔工具在空白处拖定出长方形，出现如图 12-4 所示对话框尺寸。这一步也可用矩形工具绘制。

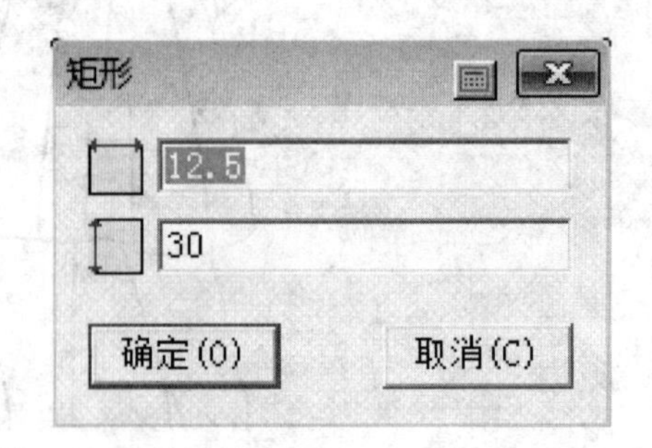

图 12-4 长方形绘制示意图

(4) 单击“矩形”右上角工具，出现“计算器”对话框，根据所需尺寸更改数据，后胸围为胸围/4＝29.5cm，单击“OK”，如图 12-5 所示。

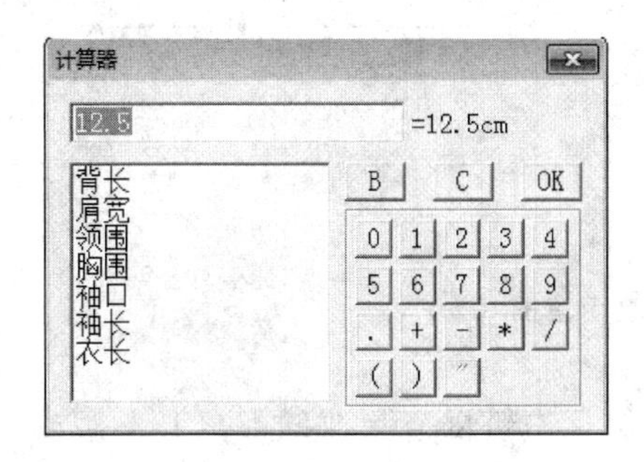

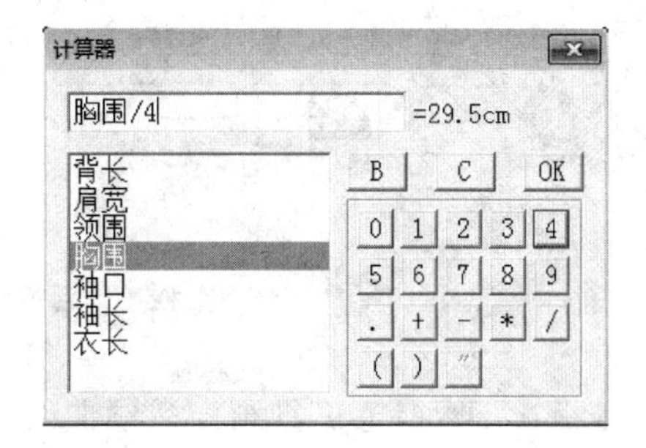

图 12-5 尺寸示意图

(5) 同样方法设置长方形的长度，即后衣长（100cm），如图 12-6 所示。

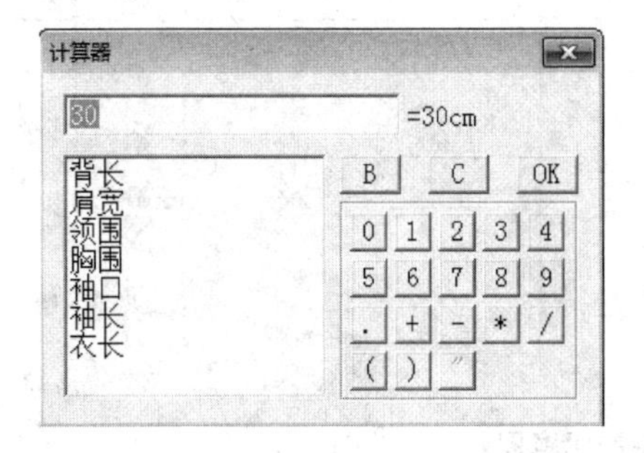

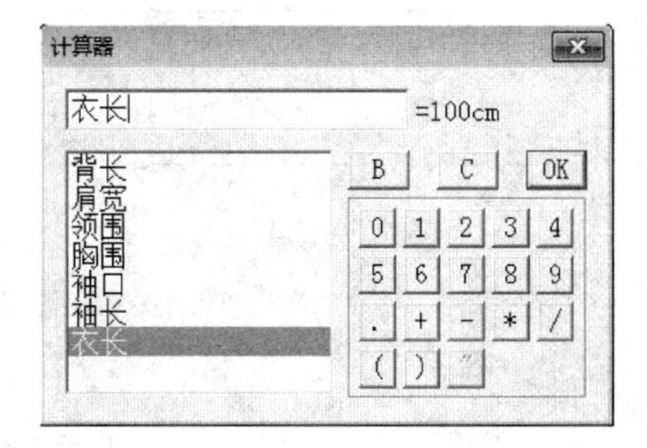

图 12-6 尺寸示意图

(6) 用矩形工具定后领宽 8.7cm（后领宽/5＋0.5cm＝8.7cm），后领深为定寸 2.5cm。光标对准左上点，按住鼠标左键向右下方拖动，出现对话框后，对应部位输入所需数值，单击“确定”，如图 12-7 所示。

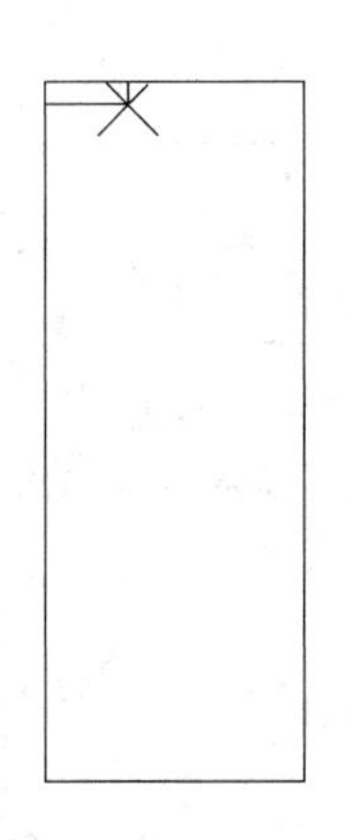
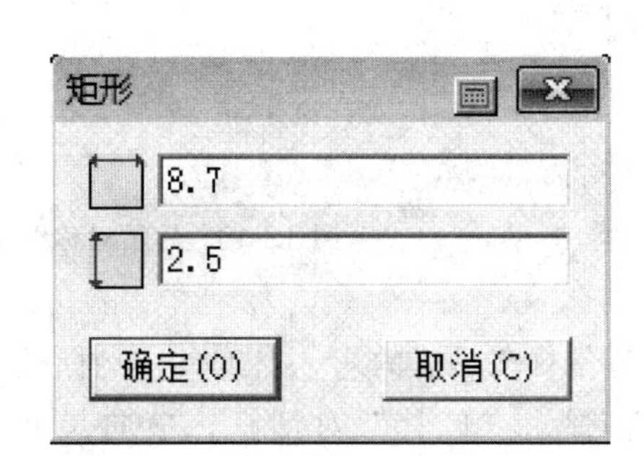

图 12-7 后领绘制示意图

(7) 按住键盘上的“空格键”可随意调整画面大小。选择等份规工具，按数字“3”可将后领宽三等分，或者在上方快捷工具栏中输入数字“3”，如图 12-8 所示。

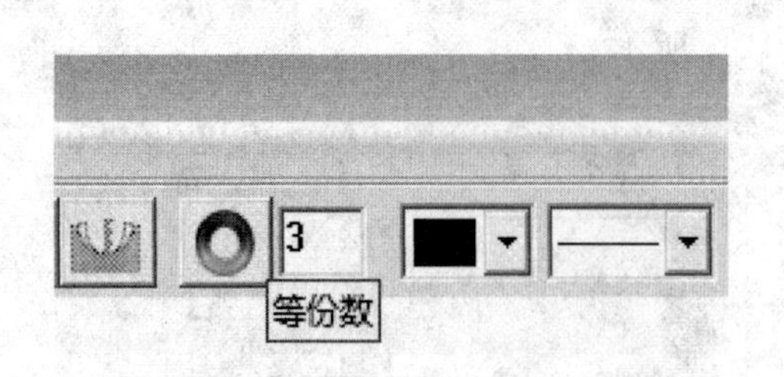

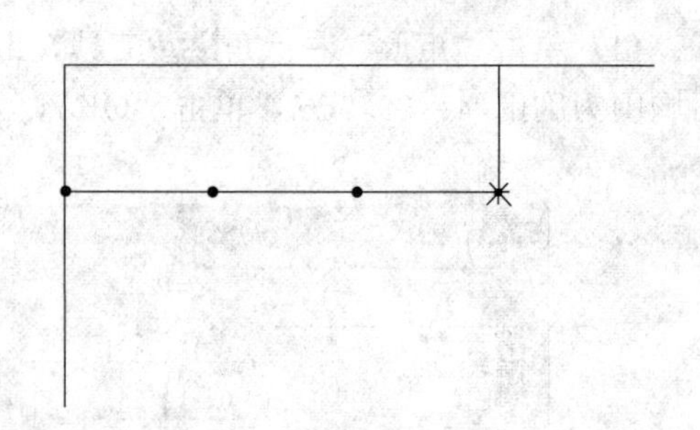

图 12-8 后领绘制示意图（一）

（8）选择智能笔工具画出后领曲线，鼠标右键随意更改线形（T 形尺或弧形尺），选择调整工具，调整后领弧线，光标对准点后，左键单击调整，保持弧线圆顺。为防止线或点的吸附，可按住“Ctrl”键同时操作，如图 12-9 所示。

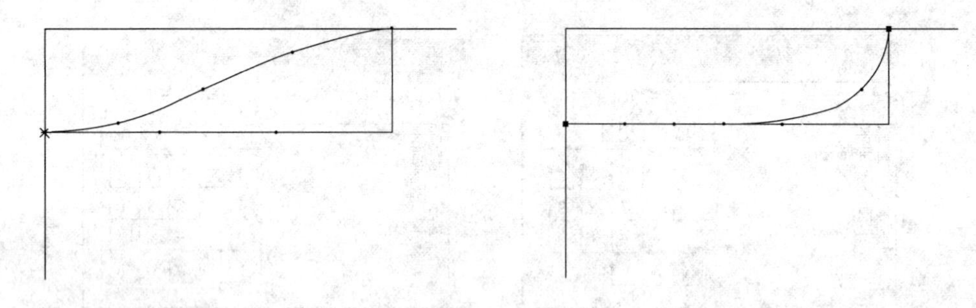

图 12-9 后领绘制示意图（二）

（9）用对称调整工具对后领曲线进行对称调整，单击对称中线，再单击需对称的线，检查左右领弧是否一致，如图 12-10 所示。

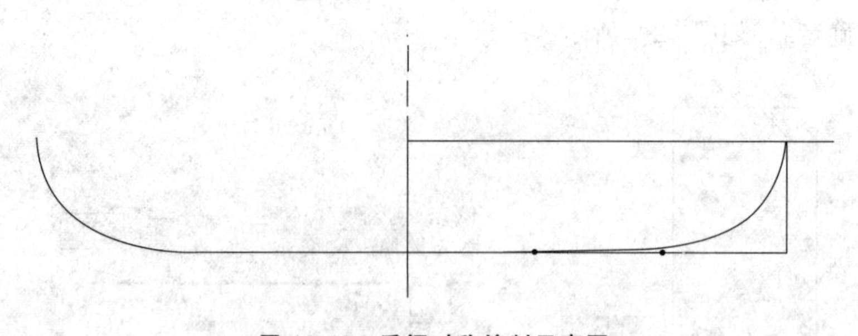

图 12-10 后领对称绘制示意图

（10）选择等份规工具里的点工具，光标放在后中线的最上端，该点变成亮星点时敲“Enter”键，弹出“偏移”对话框，横向尺寸为后肩宽 21.2cm（肩宽/2＋0.7cm＝21.2cm）。纵向为后落肩 3.1cm（肩宽/10－1cm＝3.1cm），输入值时注意坐标的正负方向。按“确定”即可找到一个坐标点，如图 12-11 所示。

（11）用智能笔工具画出肩线，用调整工具略调成弧形，中点向上约 0.3cm，如图 12-12 所示。

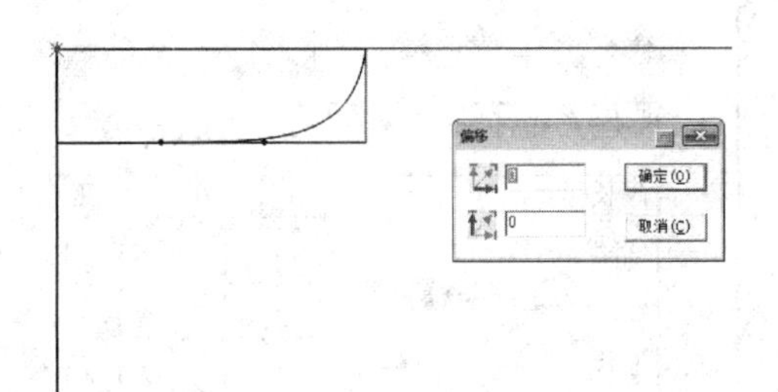

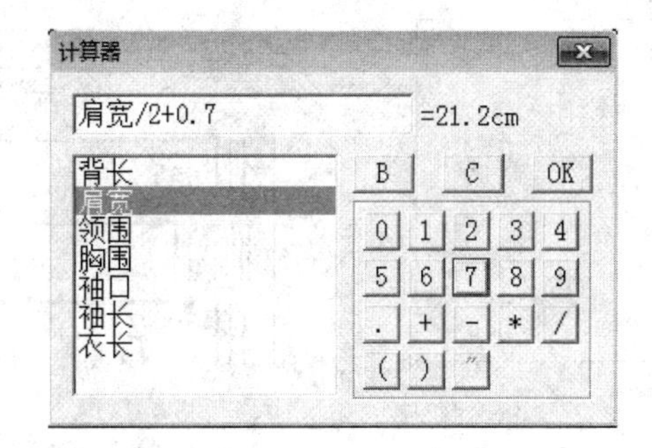

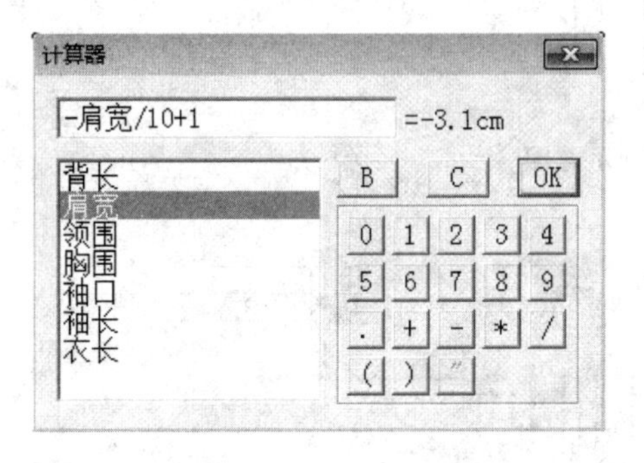

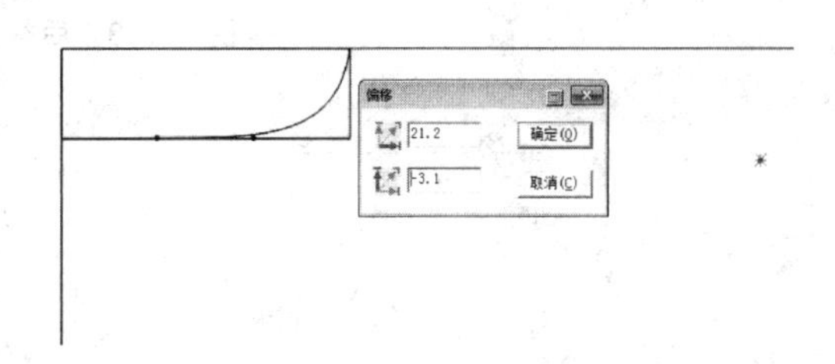

图 12-11　后肩点绘制示意图

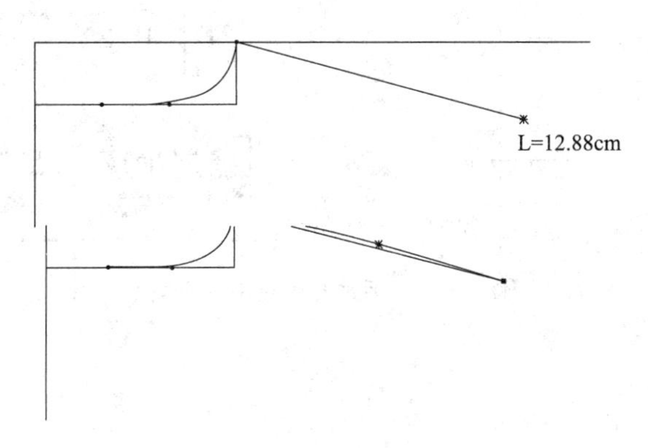

图 12-12　后肩线绘制示意图

（12）在上端工具栏中找到“选项”→“系统设置”→“工具栏配置”→“自定义工具栏 1”→“等距线”→“添加”→“确定”，桌面工具栏中就会显示该工具，方便后续使用。选择等距线工具，将鼠标放在上水平线上，单击鼠标左键，鼠标向下移动，再次单击左键，出现对话框，输入后袖窿深 28.6cm（胸围/5＋5cm＝28.6cm），单击“OK”、“确定”，此步也可用智能笔工具操作，如图 12-13 所示。

（13）继续使用等距线工具，距离上水平线画出背长线 41cm，可直接在平行线中输入数字“41”，单击“确定”，如图 12-14 所示。

（14）选择智能笔工具，按住“Shift”键，光标对准下水平线右端，单击右键，出现“调整曲线长度”对话框，在“长度增减”一栏中输入“7”，单击“确定”，确定后片下摆的外出长度，如图 12-15 所示。

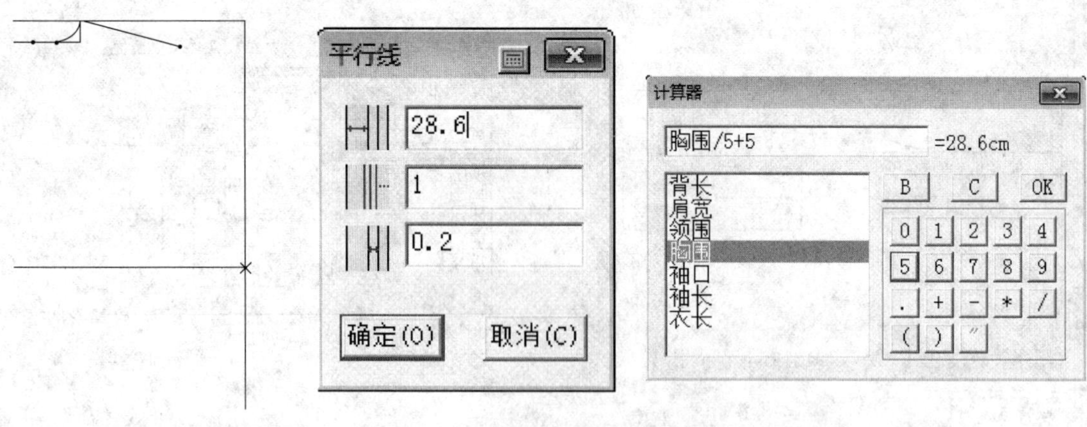

图 12-13　后袖窿深绘制示意图

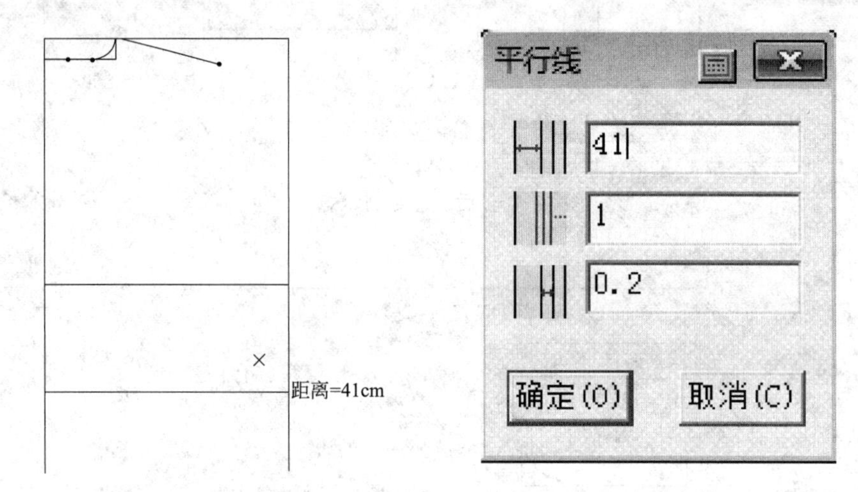

图 12-14　后袖背长绘制示意图

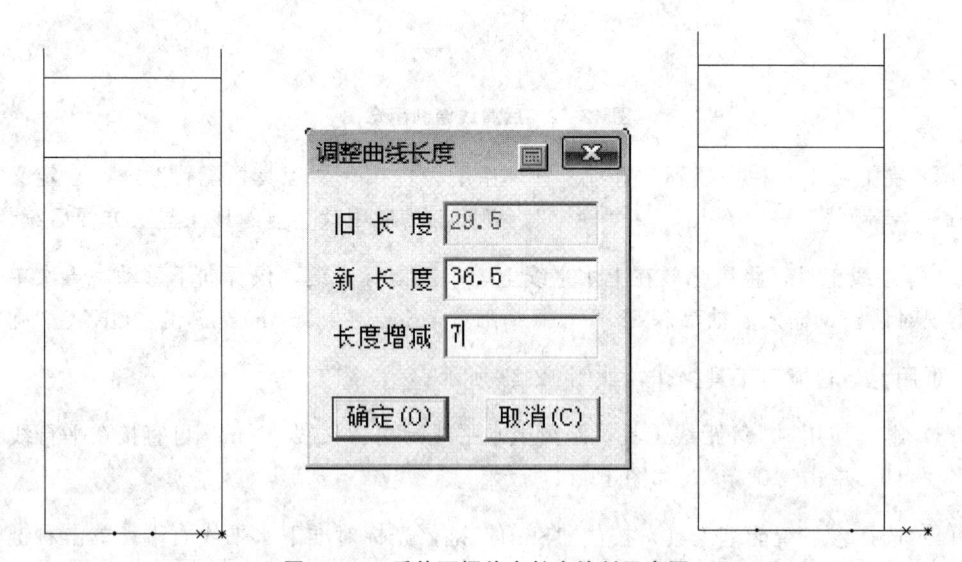

图 12-15　后片下摆外出长度绘制示意图

（15）选择智能笔工具，连接袖窿深至下摆外出线，绘制出后衣身侧缝线，如图12-16所示。

（16）选择圆规工具，在下水平线外出点单击鼠标沿斜向向上，再次单击，出现“单圆规”对话框，输入数字“1”，单击“确定”。使用点工具，在斜线上将点标识出来，如图12-17所示。

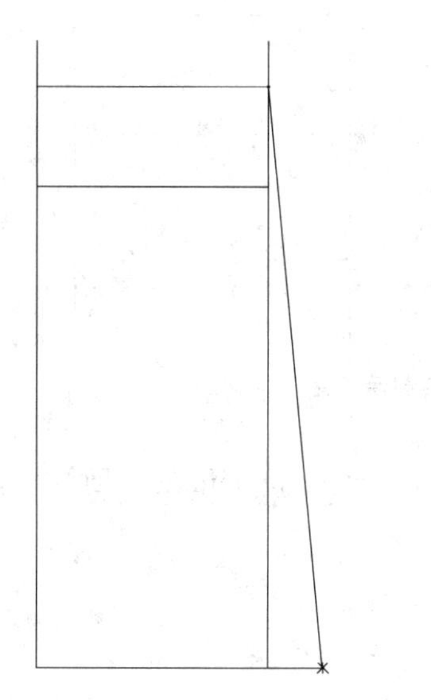

图 12-16　后侧缝线绘制示意图

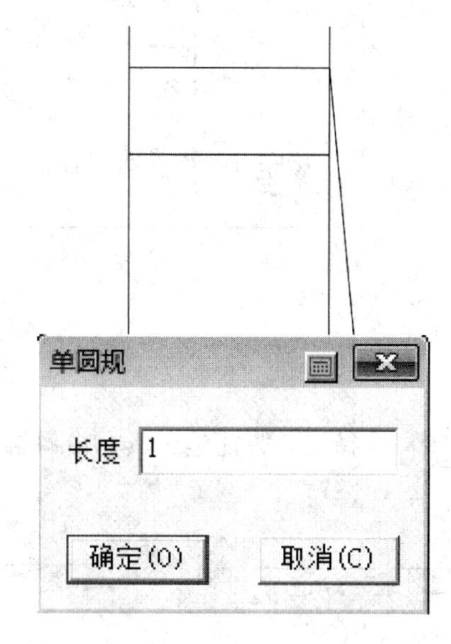

图 12-17　后下摆起翘绘制示意图

（17）选择智能笔工具，画出下摆线，用调整工具调成弧形，在空白处单击一下左键即可，如图12-18所示。

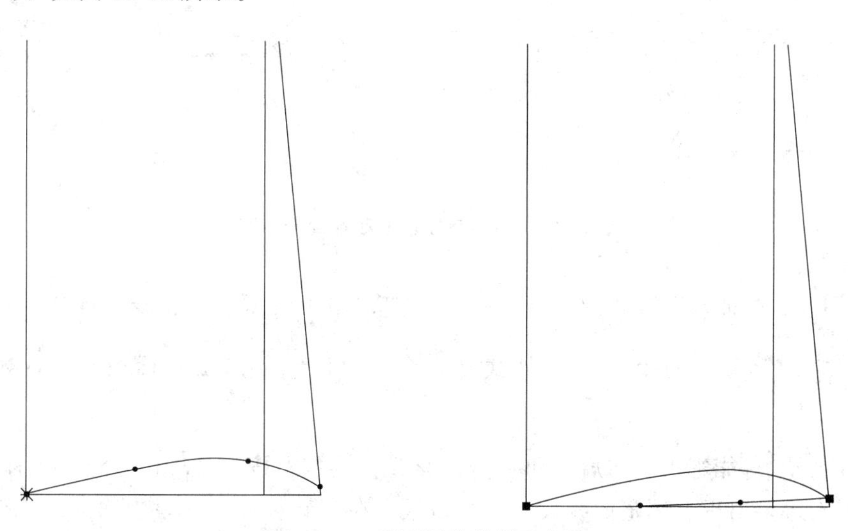

图 12-18　后下摆线绘制示意图

（18）选择智能笔工具，按住“Shift”键，光标对准肩斜线右端，单击右键，出现“调整曲线长度”对话框，在“长度增减”一栏中输入“2”，单击“确定”，重新确定小肩线长度，以便画插肩袖，如图 12-19 所示。

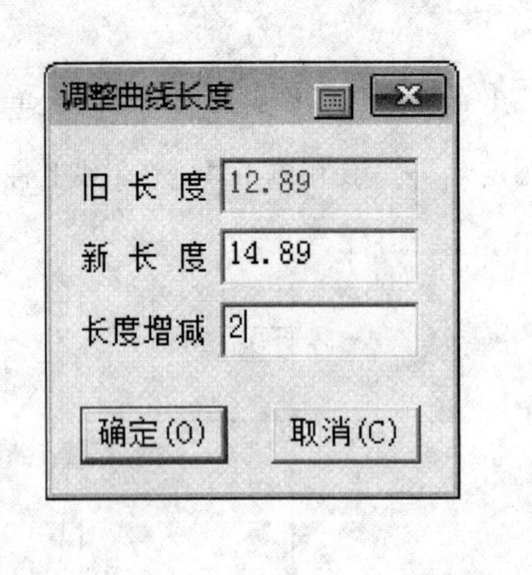

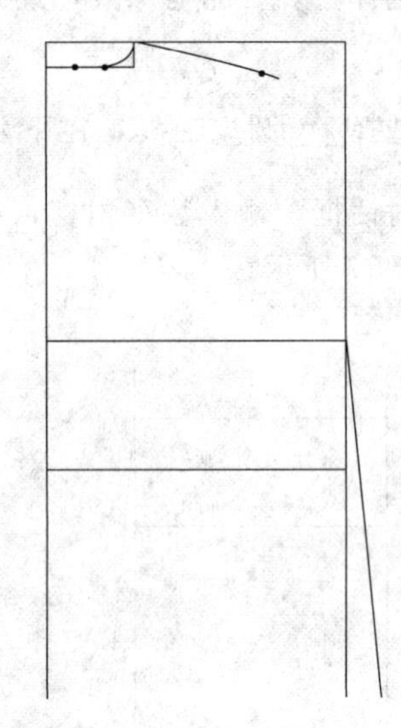

图 12-19　后小肩线调整绘制示意图

（19）选择智能笔工具，沿肩端点分别向右向下绘制出 10cm 的辅助线，如图 12-20 所示。

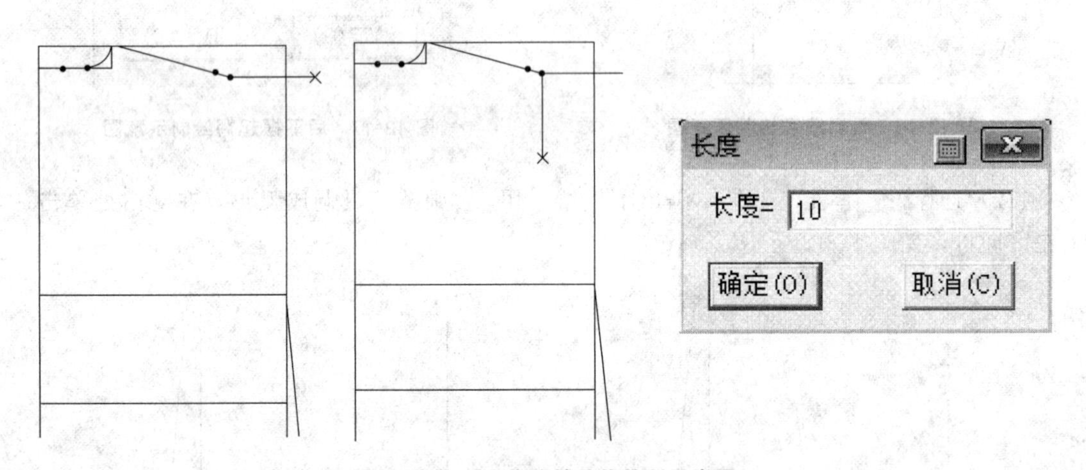

图 12-20　后小肩线辅助线绘制示意图

（20）用智能笔工具将两端点连接，用等份规工具将连接线进行二等分，用圆规工具在中点等分线向上 1.5cm 处找到一个点，用点工具标识出来，如图 12-21 所示。

（21）用智能笔工具将肩点和 1.5cm 标记点连接，按住“Shift”键，光标对准斜线右端，单击右键，出现“调整曲线长度”对话框，在“新长度”一栏中输入袖长 58cm，单击“确定”，如图 12-22 所示。

（22）用圆规工具，在袖长线上找到一个点，距离肩点 13cm，用点工具标识出来，如图 12-23 所示。

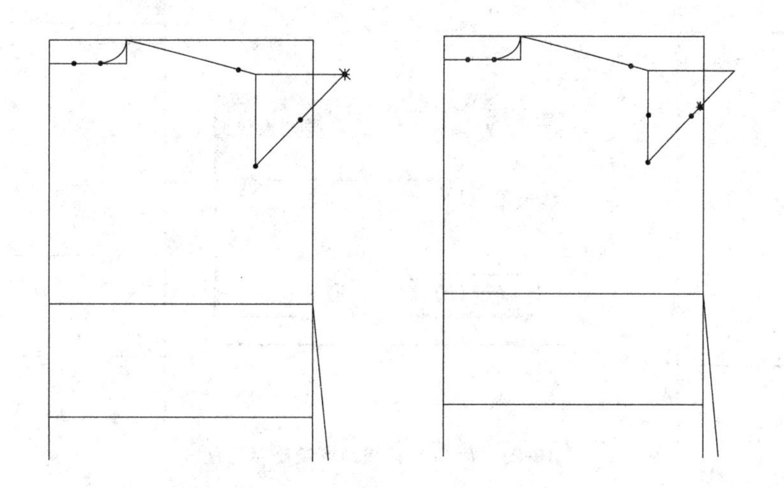

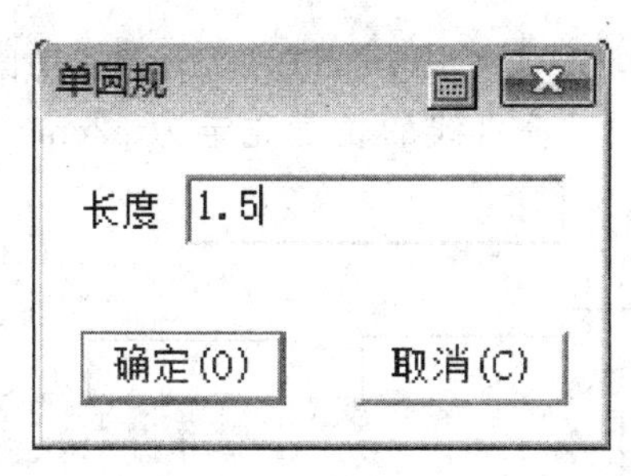

图 12-21 后袖辅助线绘制示意图

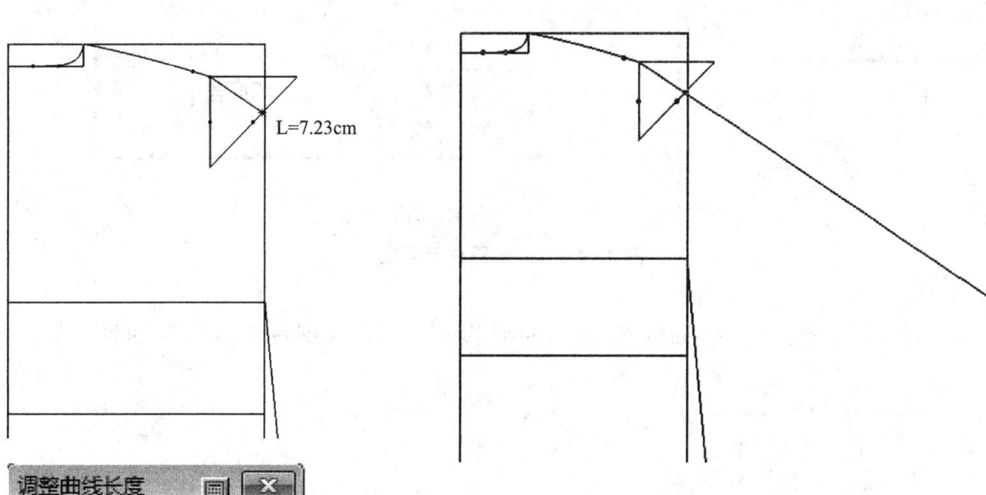

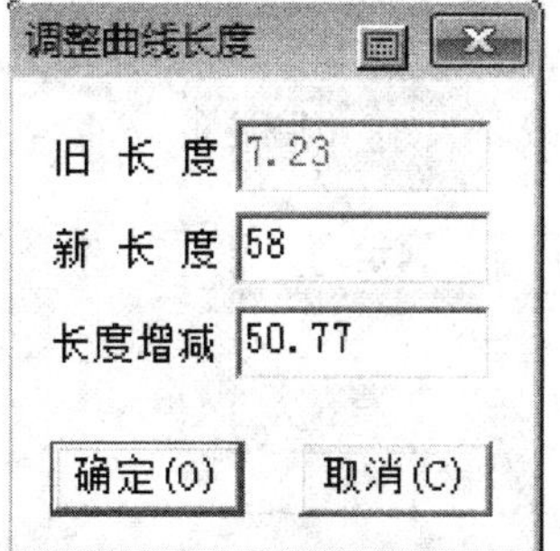

图 12-22 后袖长线绘制示意图

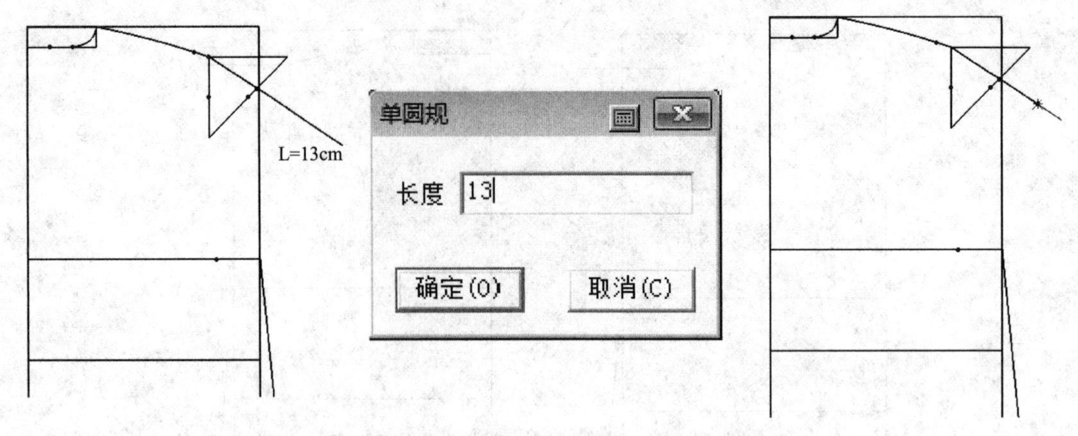

图 12-23　后袖袖肥辅助点绘制示意图

(23) 选择智能笔工具，按住“Shift”键，从肩点拖动鼠标到 1.5cm 的点，松开鼠标。再次拖动，作袖长的垂直线，垂直线的长度先定为 32cm（后续会调整），如图 12-24 所示。

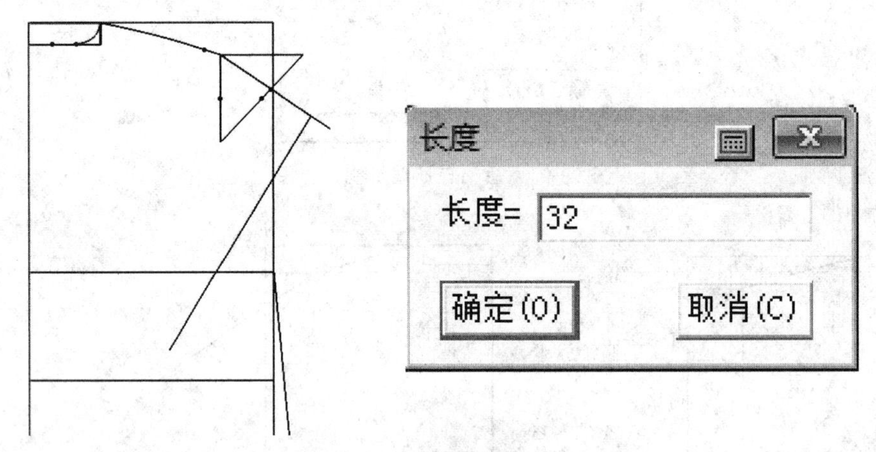

图 12-24　后袖肥线示意图

(24) 选择点工具，在袖窿深点向左偏移 5.5cm，找到一个点为后袖袖窿辅助点，如图 12-25 所示。

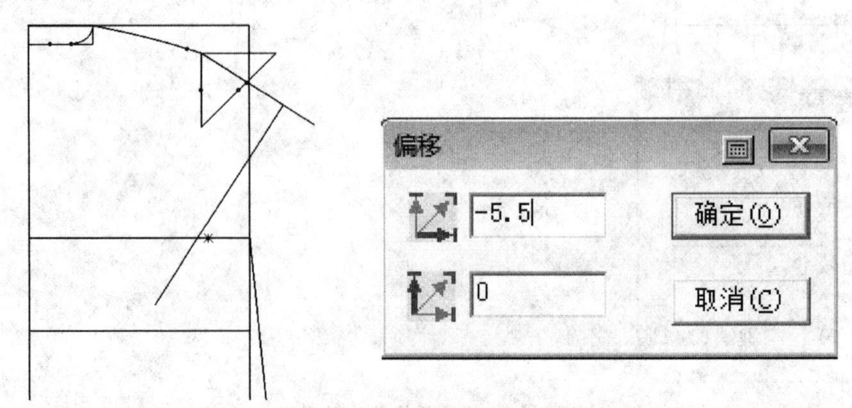

图 12-25　后袖袖窿辅助点绘制示意图

（25）用智能笔工具，连接后领辅助点与 5.5cm 的辅助点，框选线段上端，单击后领弧线，在空白处单击鼠标右键确定，将线段切齐，如图 12-26 所示。

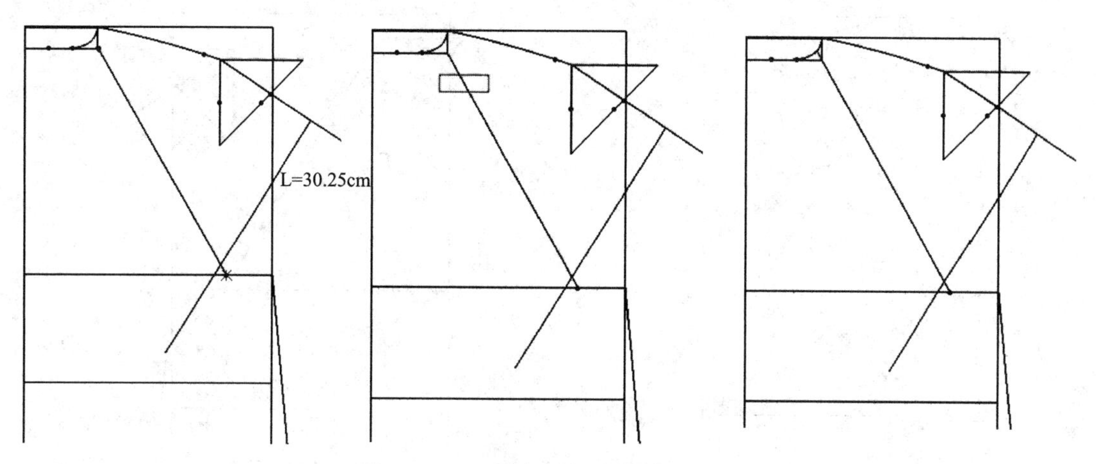

图 12-26 后袖袖窿辅助线绘制示意图

（26）选择圆角工具里的 CR 圆弧工具，按住“Shift”键，切换成圆形，以袖窿辅助线与后领弧线的交点为圆心，左键拖动出圆形，松开后再次单击左键，出现“半径”对话框，将半径设置为 1cm，单击“确定”，在后领弧线上找到一个交点后作出标识，作为后袖插肩点，如图 12-27 所示。

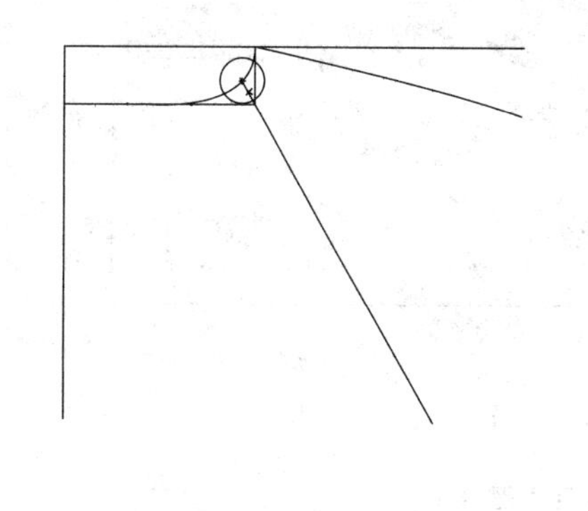

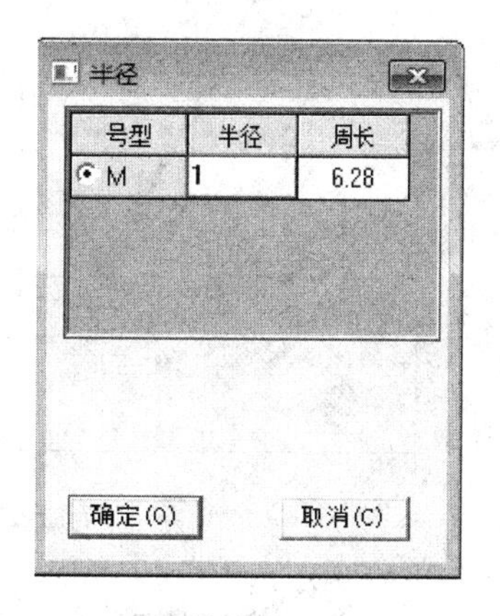

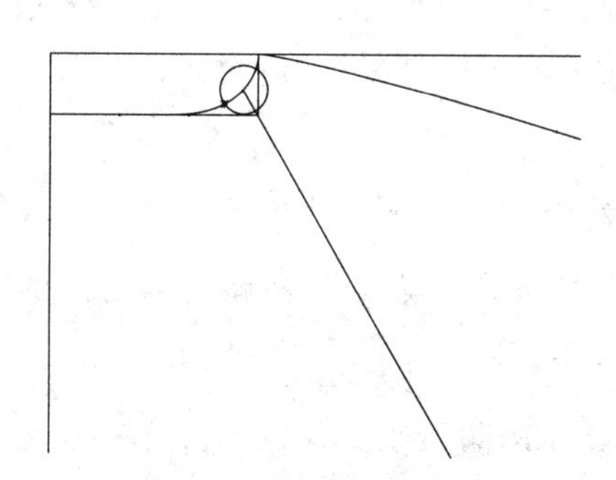

图 12-27 后袖插肩点绘制示意图

(27) 用智能笔工具，将新交点与 5.5cm 的辅助点重新作辅助线，用等份规工具将线段分成四等份，如图 12-28 所示。

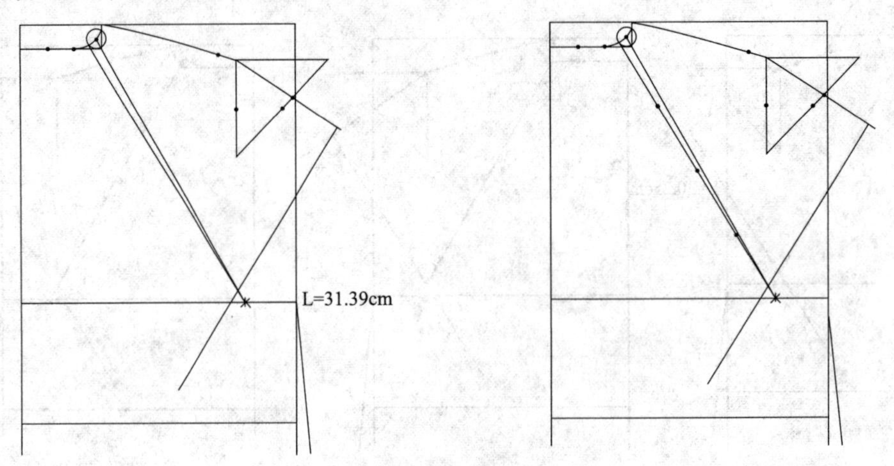

图 12-28　后袖插肩线绘制示意图（一）

(28) 选择智能笔工具，按住 "Shift" 键，从后领弧线交点拖动鼠标到两等分线处的点，松开鼠标。再次拖动，作辅助垂直线，垂直线的长度先定为 1cm，如图 12-29 所示。

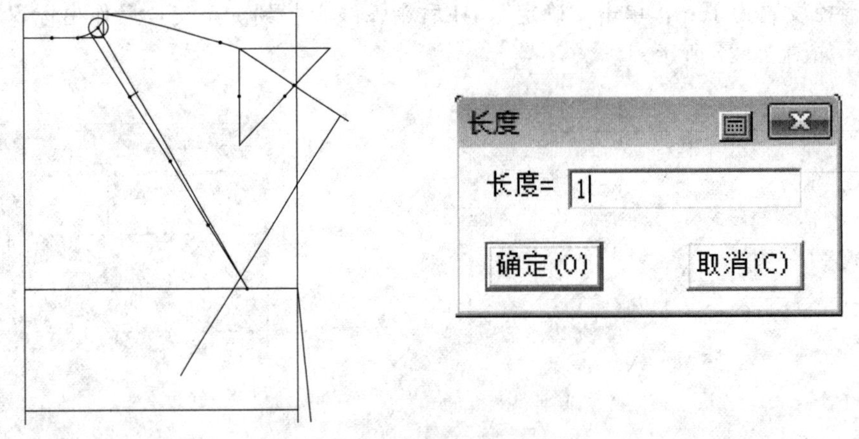

图 12-29　后袖插肩线绘制示意图（二）

(29) 选择智能笔工具，画出插肩袖袖窿弧线，用调整工具调整好弧线弧度，使弧线保持圆顺，为防止吸附，按住 "Ctrl" 键再进行调整，在空白处单击一下左键即可，如图 12-30 所示。

(30) 选择橡皮擦工具，将袖窿第一条辅助线擦掉，检查袖窿弧线是否圆顺，选择比较长度工具，测量出袖窿下部四分之一点处到袖窿底部之间的距离，出现 "比较长度" 对话框，单击 "记录" 后将对话框关闭，如图 12-31 所示。

(31) 选择圆角工具里的 CR 圆弧工具，以四分之一点为中心，半径为 5.5cm 作圆弧，与袖肥线交于一点。用智能笔工具连接四分之一点与新的交点，用调整工具将线调整成弧线并保持弧线圆顺，弧线长度与记录的长度相等，如图 12-32 所示。

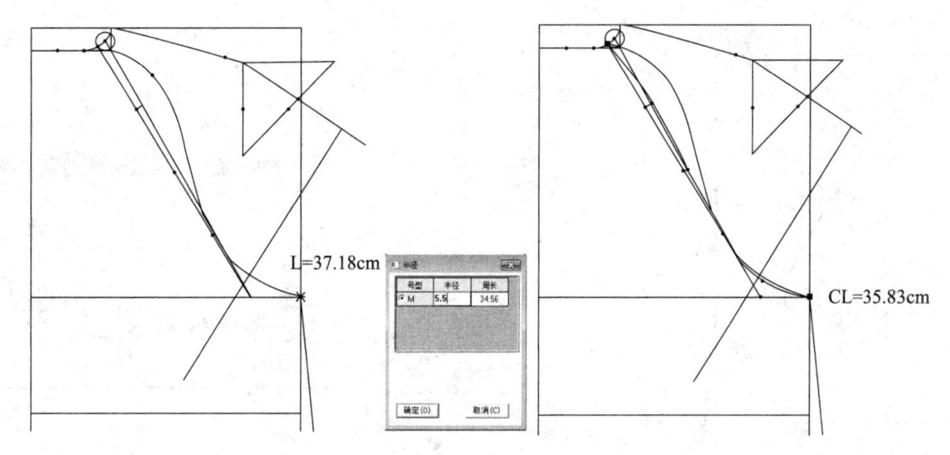

图 12-30　后袖插肩袖窿弧线绘制示意图（一）

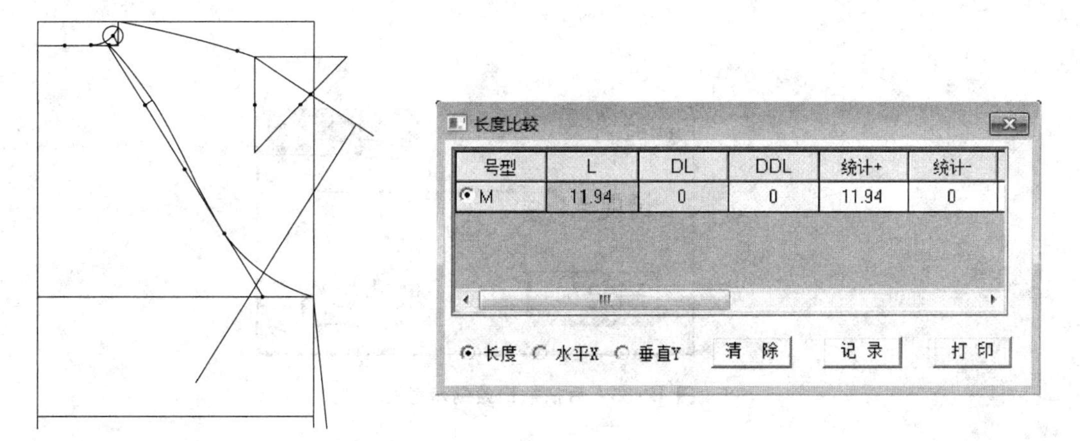

图 12-31　后袖插肩袖窿弧线绘制示意图（二）

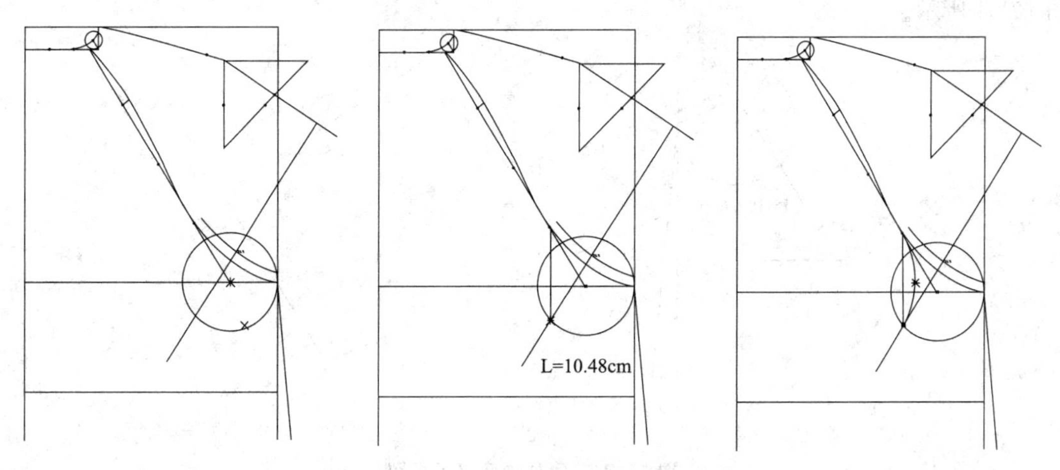

图 12-32　后袖插肩袖窿底弧绘制示意图

（32）选择智能笔工具，按住“Shift”键，从后肩点拖动鼠标到袖口点，松开鼠标。再次拖动，作袖口辅助垂直线，垂直线的长度先定为 18cm（袖口＋1cm＝18cm），如图 12-33 所示。

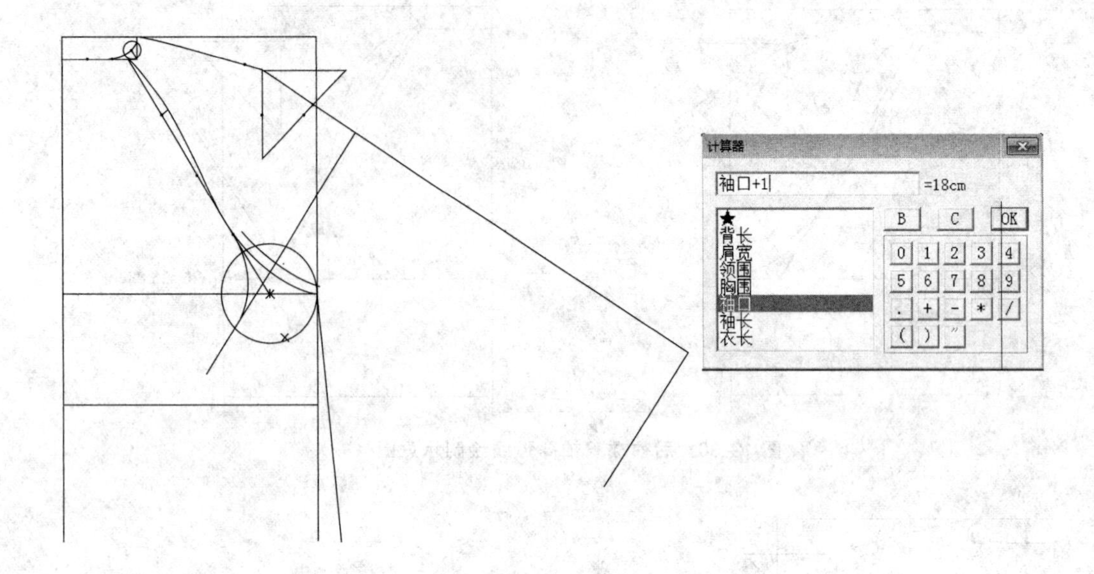

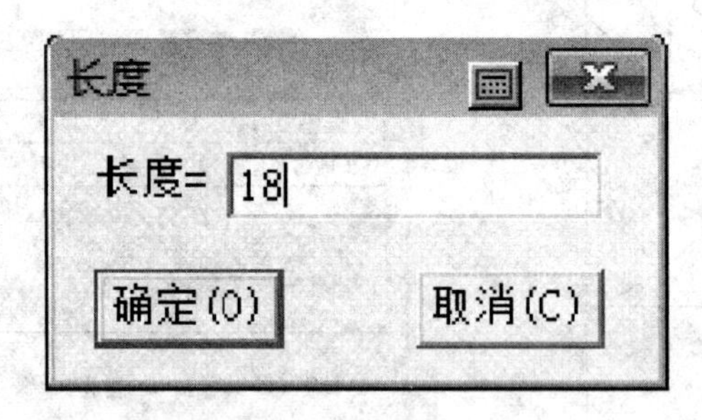

图 12-33　后袖袖口绘制示意图

（33）选择智能笔工具，将袖口与袖窿底部标记点连接，为画出袖底缝做准备，如图 12-34 所示。

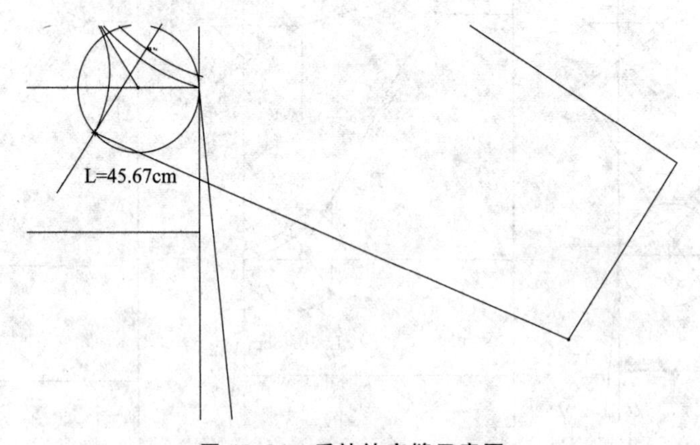

图 12-34　后袖袖底缝示意图

（34）选择等份规工具，将袖窿底部线两等分，选择智能笔工具，按住“Shift”键，从后袖窿底部点向袖底缝线二分之一点拖动，松开鼠标。再次拖动，作辅助垂直线，垂直线的长度先定为 1cm，如图 12-35 所示。

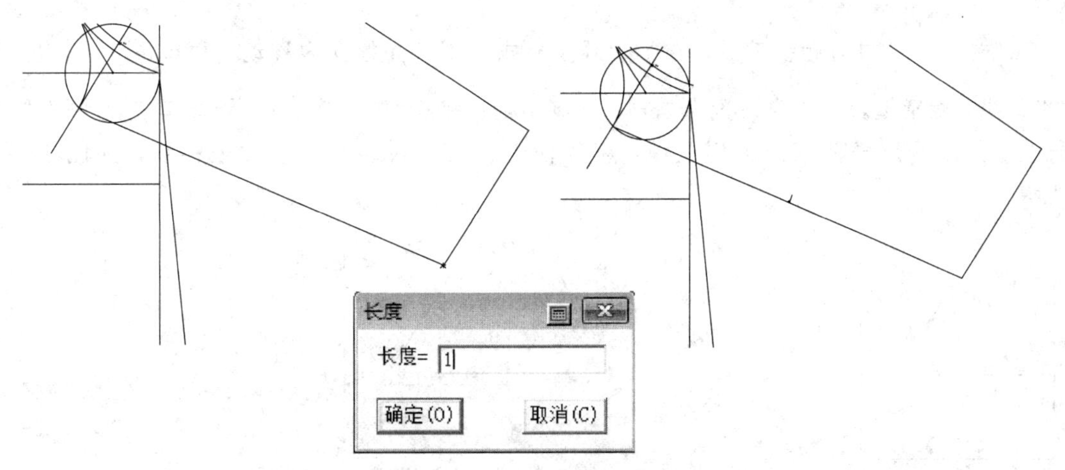

图 12-35　后袖袖底缝辅助线示意图

（35）选择智能笔工具，将袖窿底部弧线画好，用调整工具将弧线顺直，过袖中线 1cm 的辅助点，防止吸附，按住“Ctrl”键，顺便将袖口直线略向内调整 0.5cm，将袖口做成弧形，符合人体手臂形状，如图 12-36 所示。

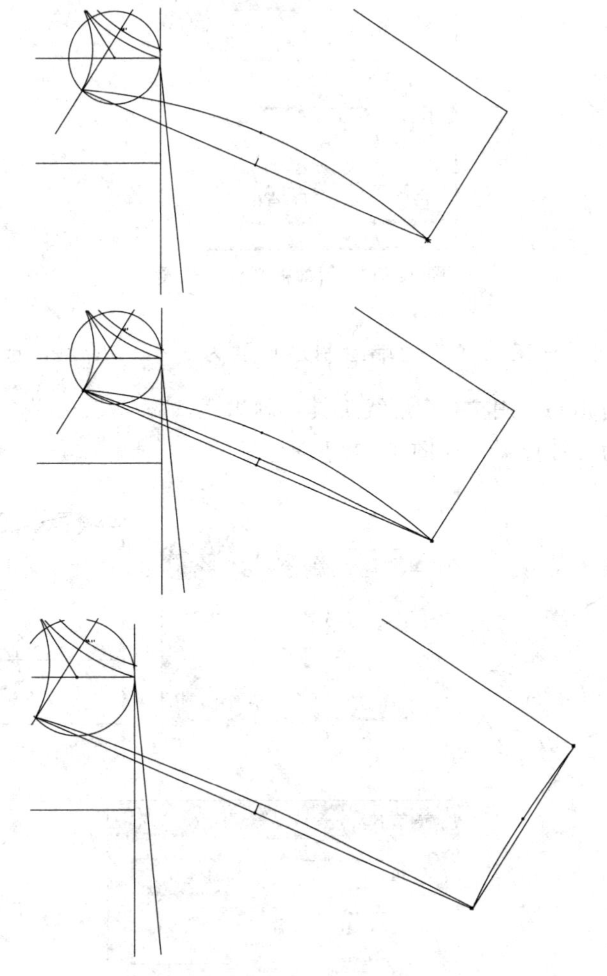

图 12-36　后袖弧线绘制示意图

（36）选择等距线工具，在袖口线上单击一下，光标向内移动，再单击一下，出现“平行线”对话框，将距离设置为7cm，绘制出袖口平行线。选择智能笔工具，框选线段上端，在袖长线上双击鼠标左键，将线段上部切齐，绘制出后袖袖衩线，如图12-37所示。

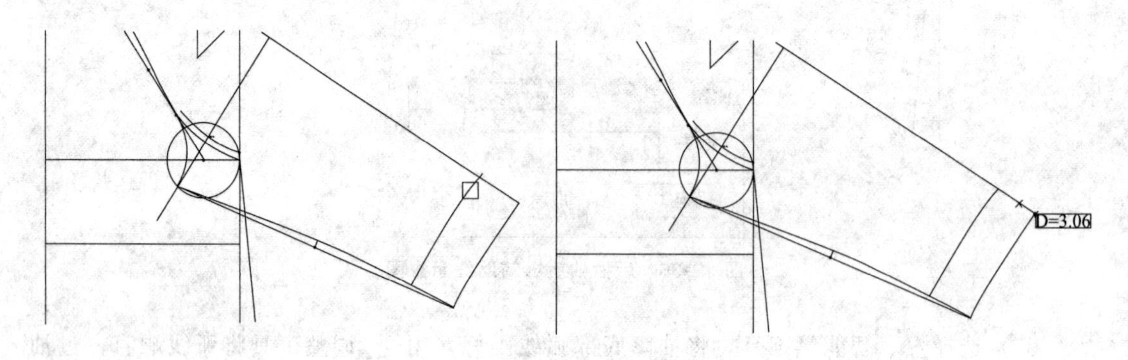

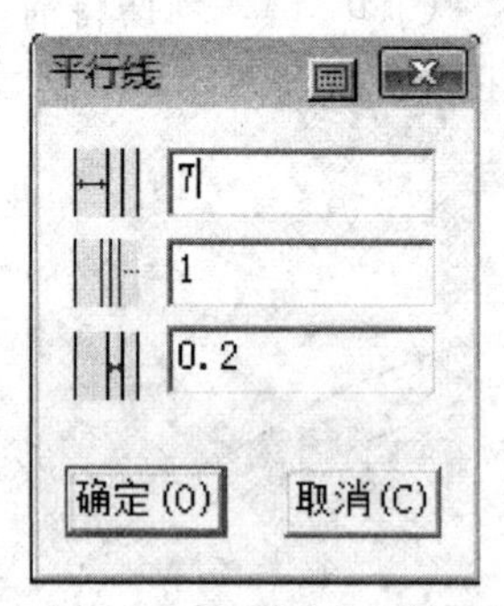

图 12-37　后袖袖衩线示意图

（37）用圆规工具在袖衩线上端绘制出长度为2.5cm的点，选择智能笔工具，确定垂直线段长度为4cm，用等距线工具，画出距离宽0.8cm，长度为4cm的平行线，将线段上端连接，为袖衩位置，如图12-38所示。

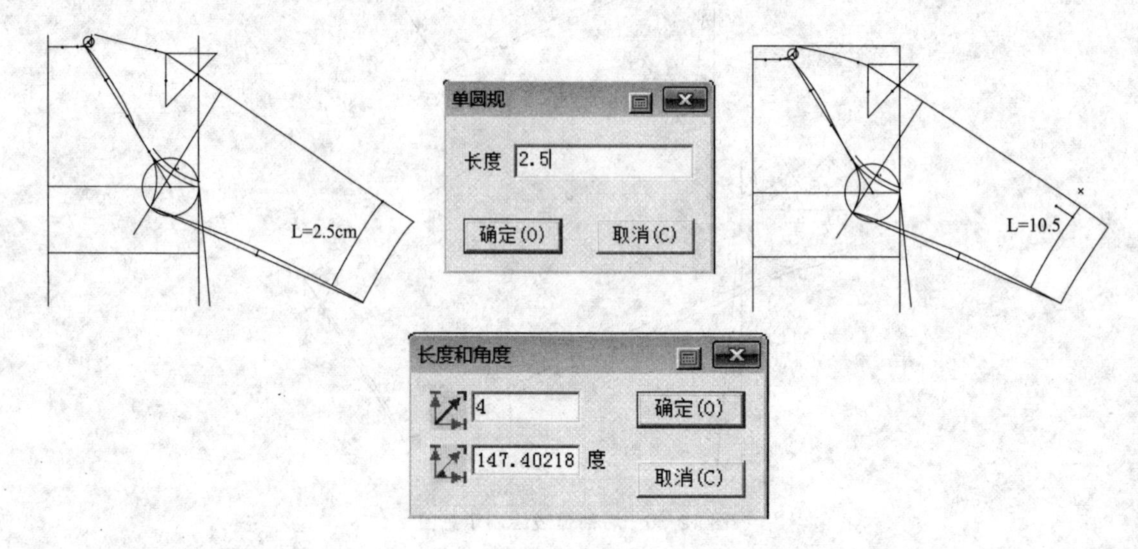

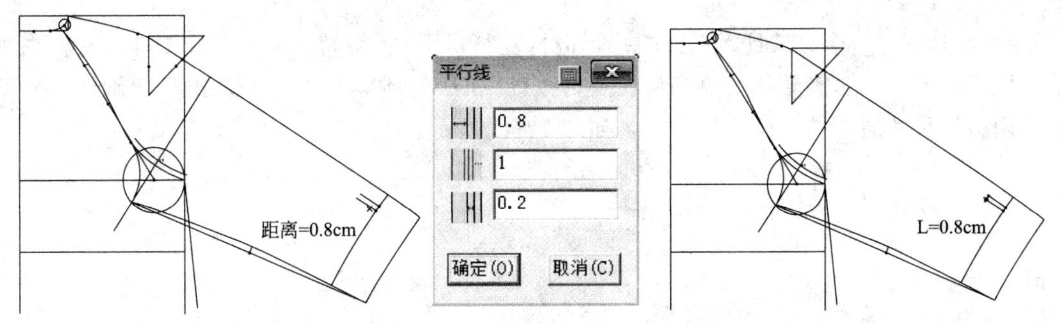

图 12-38　后袖袖衩示意图（一）

（38）在旋转工具中找到移动工具，与袖衩间隔 9cm 处，复制袖衩，如图 12-39 所示。

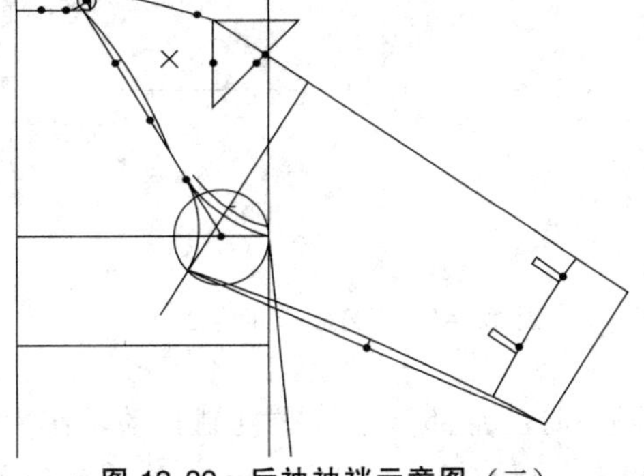

图 12-39　后袖袖衩示意图（二）

（39）选择点工具，在背长线与腰围线交点为坐标点，找到两个点，用智能笔工具将点连接，作出腰带衩位置，如图 12-40 所示。

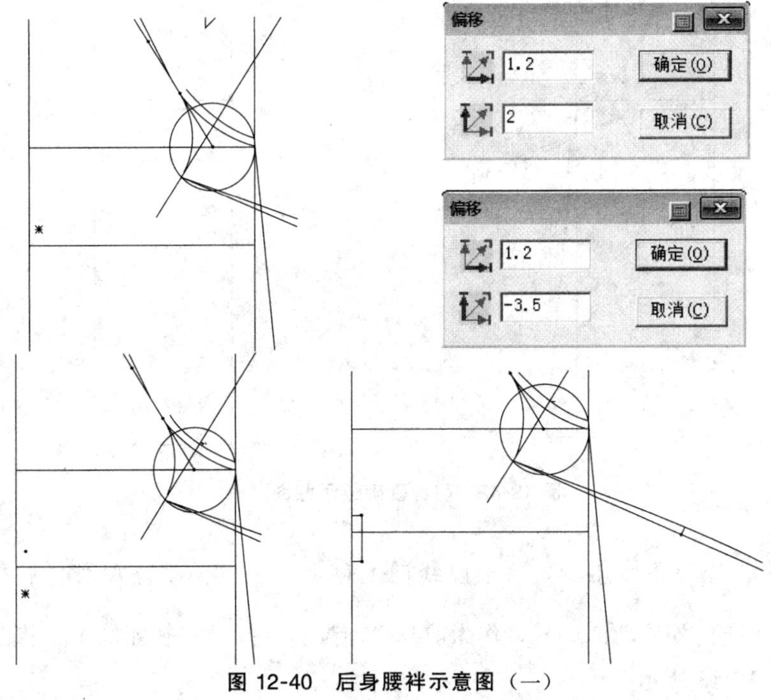

图 12-40　后身腰衩示意图（一）

(40) 选择移动工具，框选腰袢，进行复制，用旋转工具，框选腰袢，在空白处单击鼠标右键，单击旋转中心点和旋转点，按住“Ctrl”键，再次单击，出现“旋转”对话框。调整好尺寸后，按“确定”即可，如图 12-41 所示。

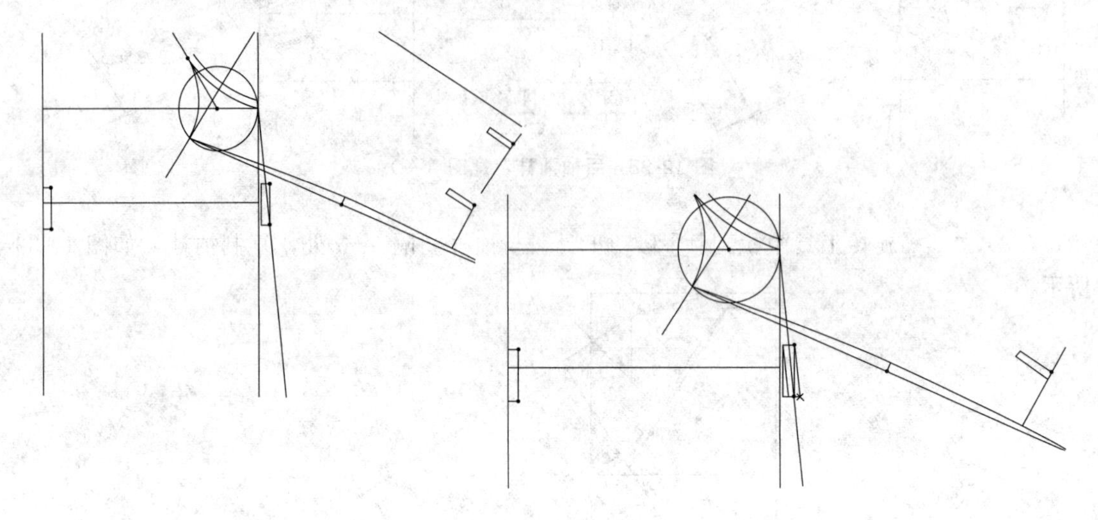

图 12-41 后身腰袢示意图（二）

(41) 选择移动工具，将后身部分结构线复制移动，作为前身基础结构线，框选所要复制的线段后在空白处单击鼠标右键，再双击左键，移动鼠标到合适位置后再单击左键确定，如图 12-42 所示。

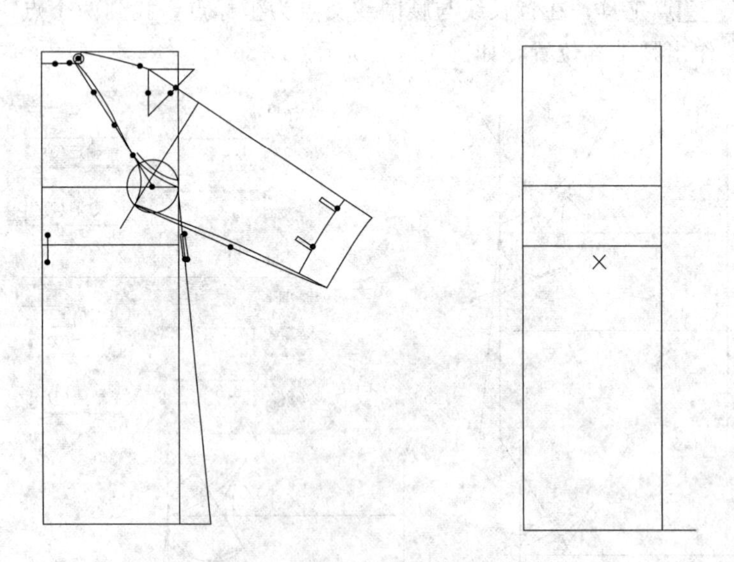

图 12-42 前身基础线示意图（一）

(42) 选择等距线工具，将袖窿线向上移动 1cm（前袖窿深线＝胸围/5＋4cm＝27.6cm)，前中线向外移动 7.5cm，作为前身搭门量。选择智能笔工具将前身搭门量下部切齐，如图 12-43 所示。

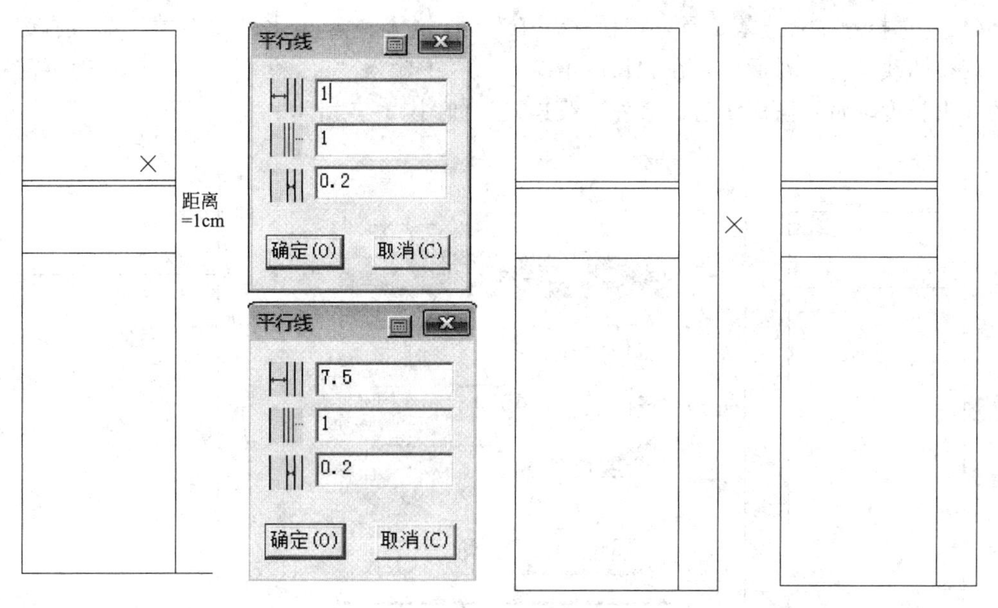

图 12-43　前身基础线示意图（二）

（43）选择点工具，在上水平线内进 1cm，以此点为坐标点，向左偏移 20.5cm 为前肩宽（肩宽/2＝20.5cm），再向下偏移 3.6cm 为落肩点（肩宽/10－0.5cm＝3.6cm），如图 12-44 所示。

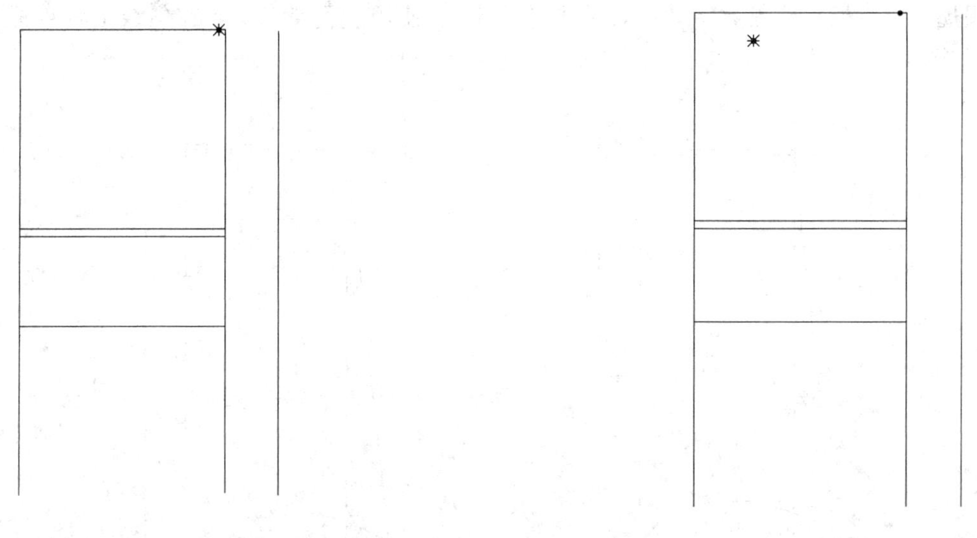

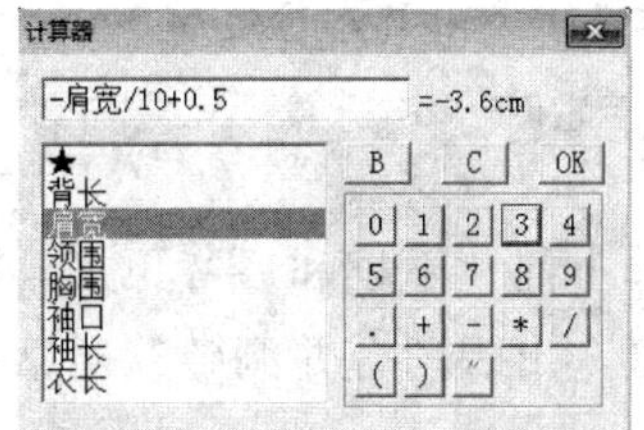

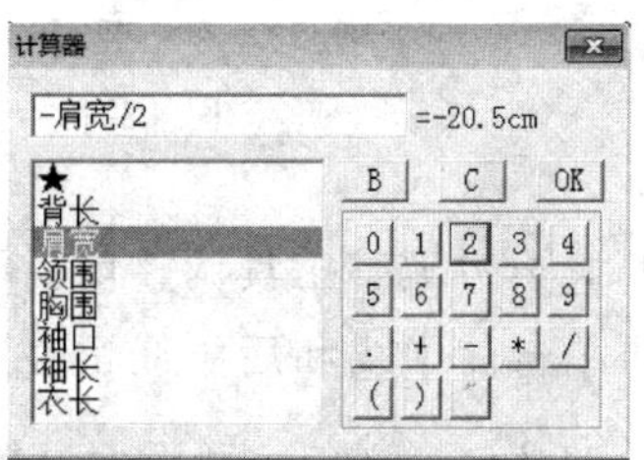

图 12-44　前身落肩点示意图

（44）选择智能笔工具，按住“Shift”键，光标对准下水平线右端，单击右键，出现“调整曲线长度”对话框，在“长度增减”一栏中输入“8”，单击“确定”，确定前片下摆的外出长度，将袖窿深线与下摆外出线连接，如图 12-45 所示。

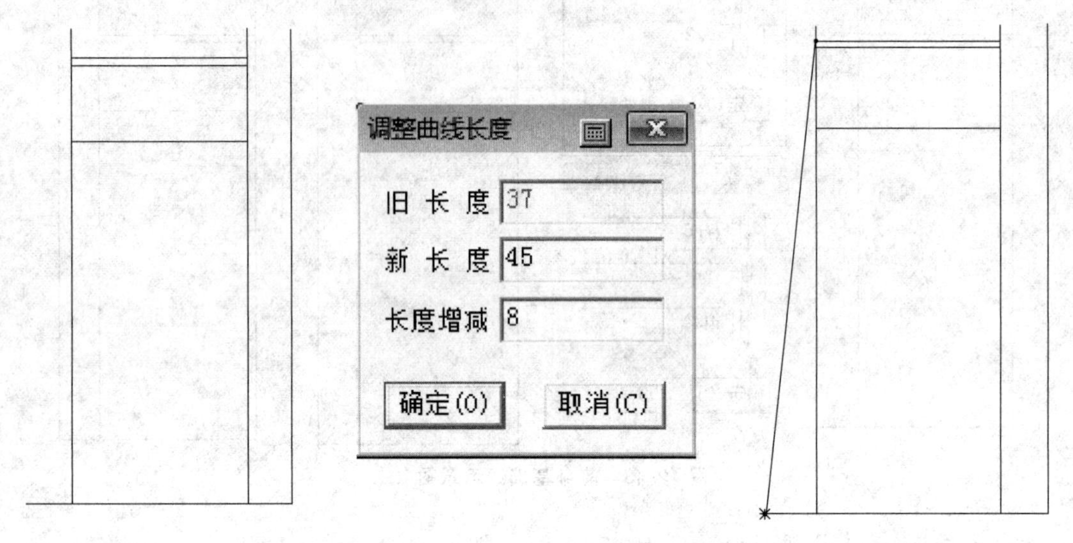

图 12-45　前身下摆外出线示意图

（45）选择圆规工具，在下水平线外出点单击，鼠标沿斜向向上，再次单击，出现“单圆规”对话框，输入数字“2”，单击“确定”。使用点工具，在斜线上将点标识出来，如图 12-46 所示。

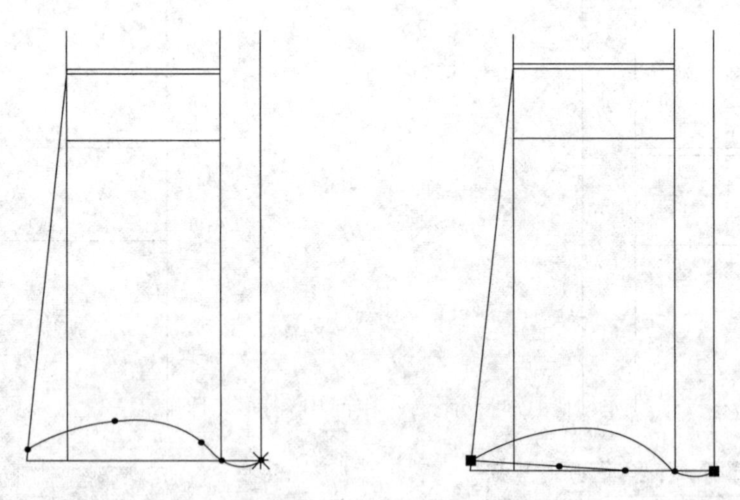

图 12-46　前身下摆外线绘制示意图

（46）用合并调整工具调整前后下摆的弧度，单击前片下摆和后片下摆，在空白处单击右键，再单击前中线和后中线，在空白处单击右键，出现“合并调整”对话框，选择“手动保形”，调整好弧度后，单击右键确定。用比较长度工具，确认前后侧缝长度是否一致（误差在控制范围内即可），如图 12-47 所示。

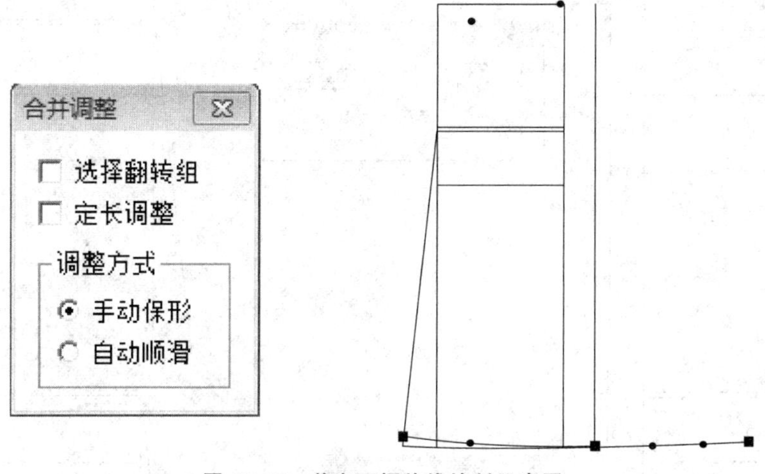

图 12-47　前身下摆外线绘制示意图

(47) 用等份规工具将前身胸围进行两等分，用点工具在中点向下 9cm 找到一个点，确定斜插袋上部位置，再向下 17cm，找到一个点，确定斜插袋下部位置，如图 12-48 所示。

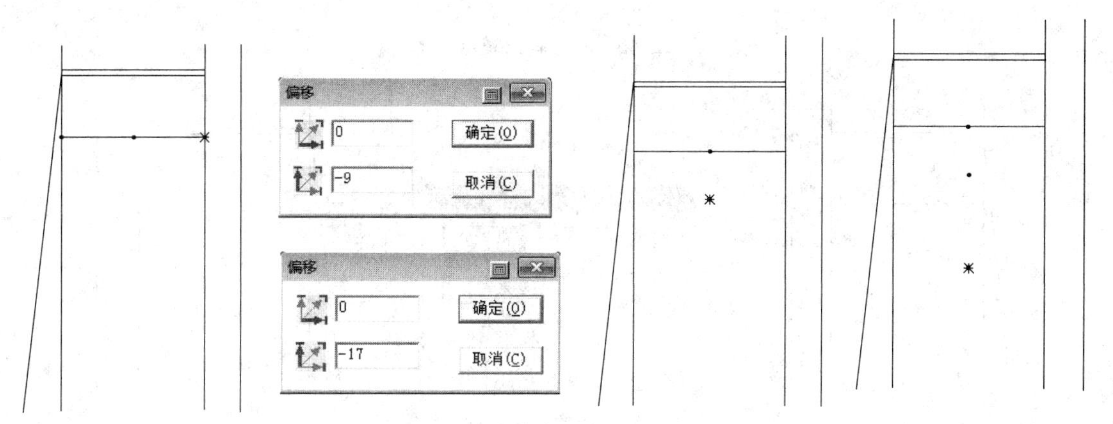

图 12-48　前身斜插袋绘制示意图

(48) 用点工具在 17cm 下端向左 3cm 找到一个点，作为斜插袋前端点，再向左 4cm，向上 1cm 确定一个点作为斜插袋的后端点，17cm 上端向左 4cm，向上 1cm 确定一个点，选择智能笔工具，将上述点位连接，如图 12-49 所示。

(49) 用点工具在袖窿线向下 7cm，在前中辅助线上确定一个点，画出直线，如图 12-50 所示。

(50) 使用点工具在上水平线内进 1cm 点，按“Enter”键出现“偏移”对话框，设置横向偏移的量，确定前领宽 8.7cm（领围/5＋0.5cm＝8.7cm），以该点为基准点，再向外偏移 2cm 找到一个点，如图 12-51 所示。

(51) 选择智能笔工具，连接前中辅助点与领宽辅助点，按住“Shift”键，光标对准线段上方，单击右键，出现“调整曲线长度”对话框，在“长度增减”一栏中输入“15”(暂定)，单击“确定”，画出驳口线，如图 12-52 所示。

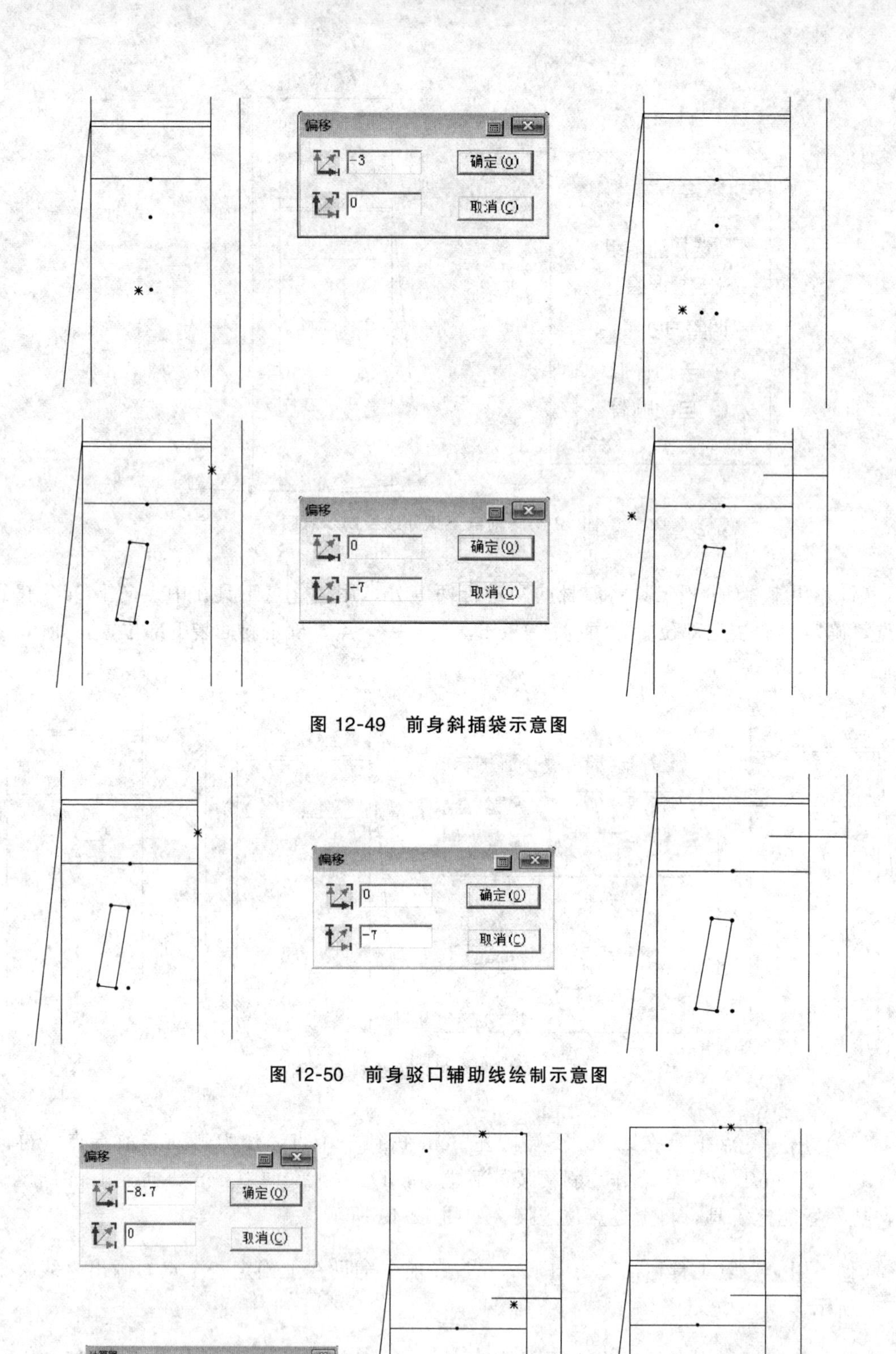

图 12-49 前身斜插袋示意图

图 12-50 前身驳口辅助线绘制示意图

图 12-51 前身领宽绘制示意图

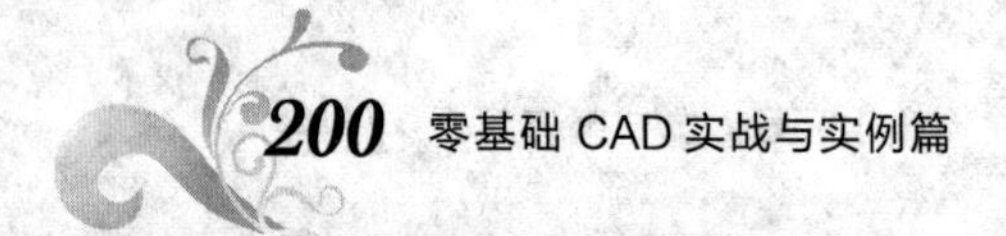

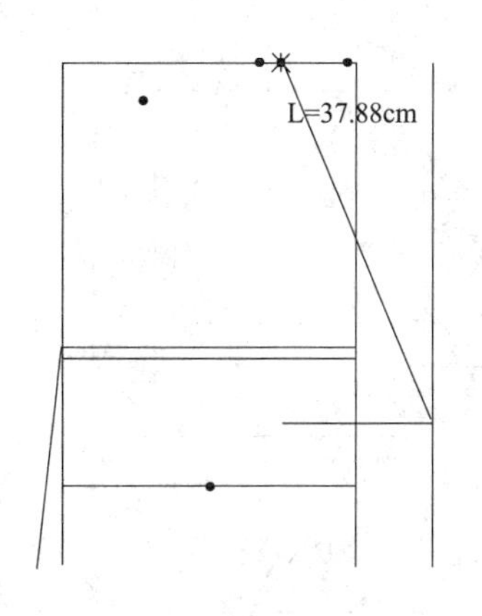

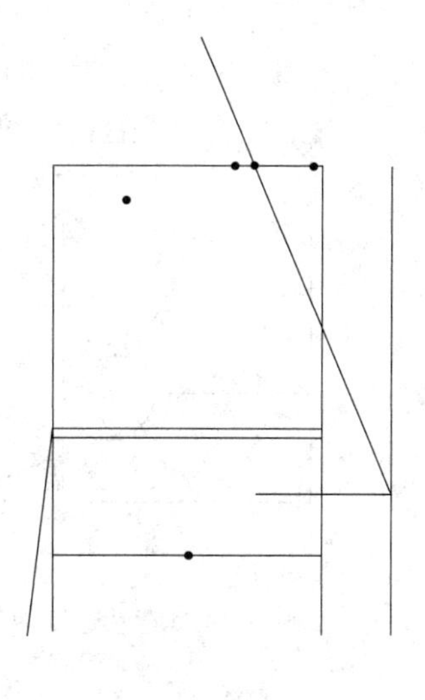

图 12-52 前身驳口线绘制示图

(52) 选择等距线工具，画出距离驳口线 2cm 的平行线，用角度线工具，单击需要作角度的两个点，在作角度侧单击，出现“角度线”对话框，设置角度为 14°，如图 12-53所示。

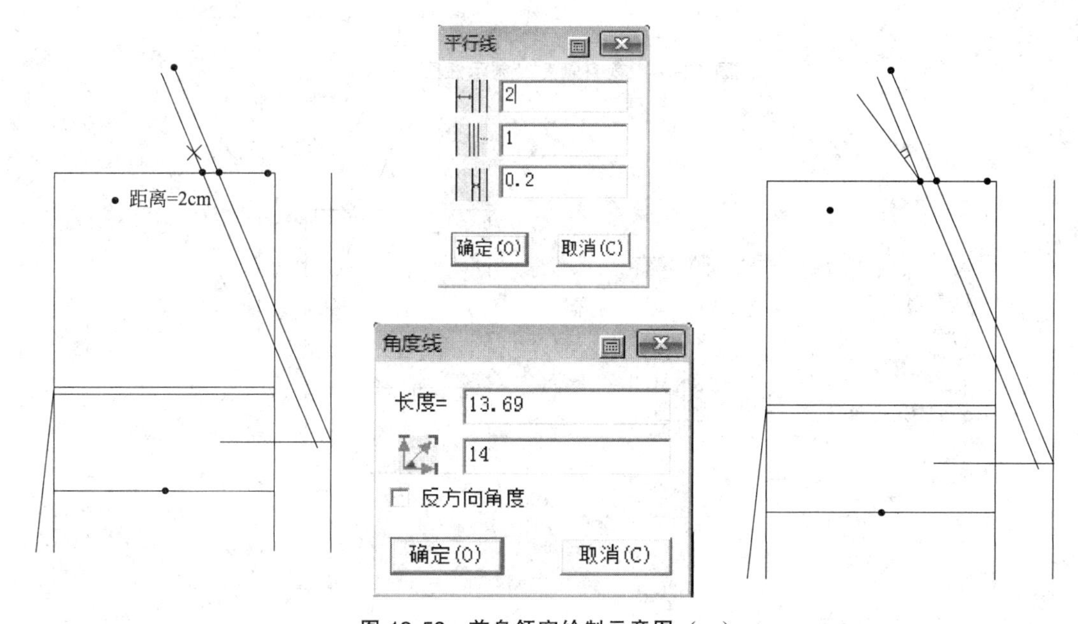

图 12-53 前身领宽绘制示意图（一）

(53) 使用比较长度工具，将后领弧长度记录下来，使用圆规工具以后领弧长度为准确定领子大小。选择智能笔工具，作该线的垂直线长度为 7.5cm，为领宽线，领座 3cm，领面 4.5cm，如图 12-54 所示。

(54) 选择点工具，在水平线内进 1cm 点向下 8.2cm 为前领深（领围/5＝8.2cm），使用智能笔工具，水平延伸到前中线和驳口线，按住“Shift”键，将线内侧延长 2.6cm，如图 12-55 所示。

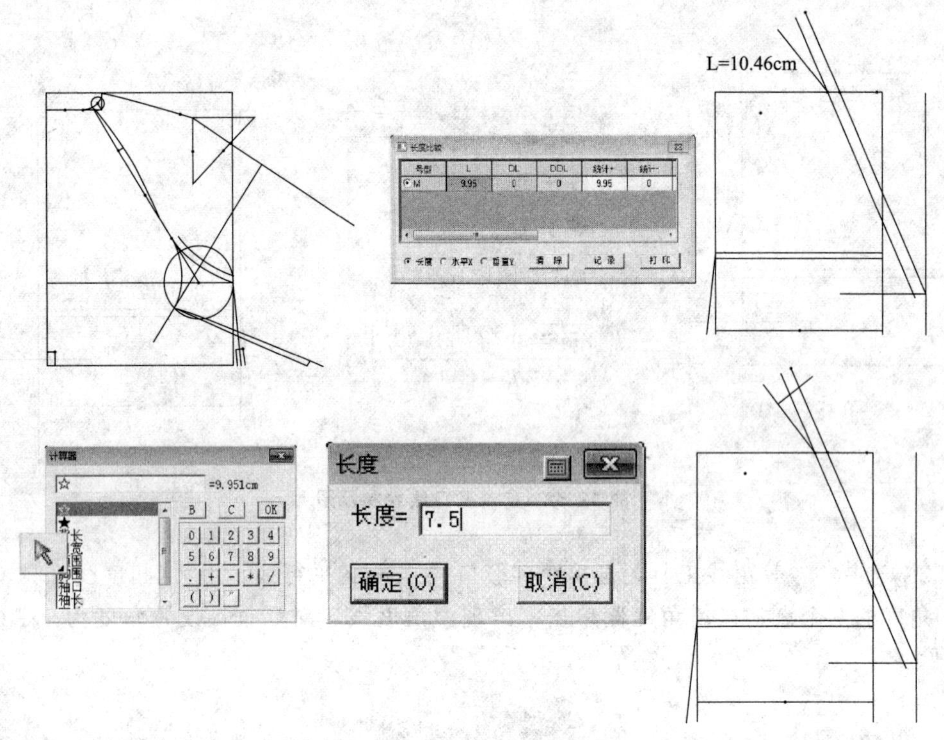

图 12-54　前身领宽绘制示意图（二）

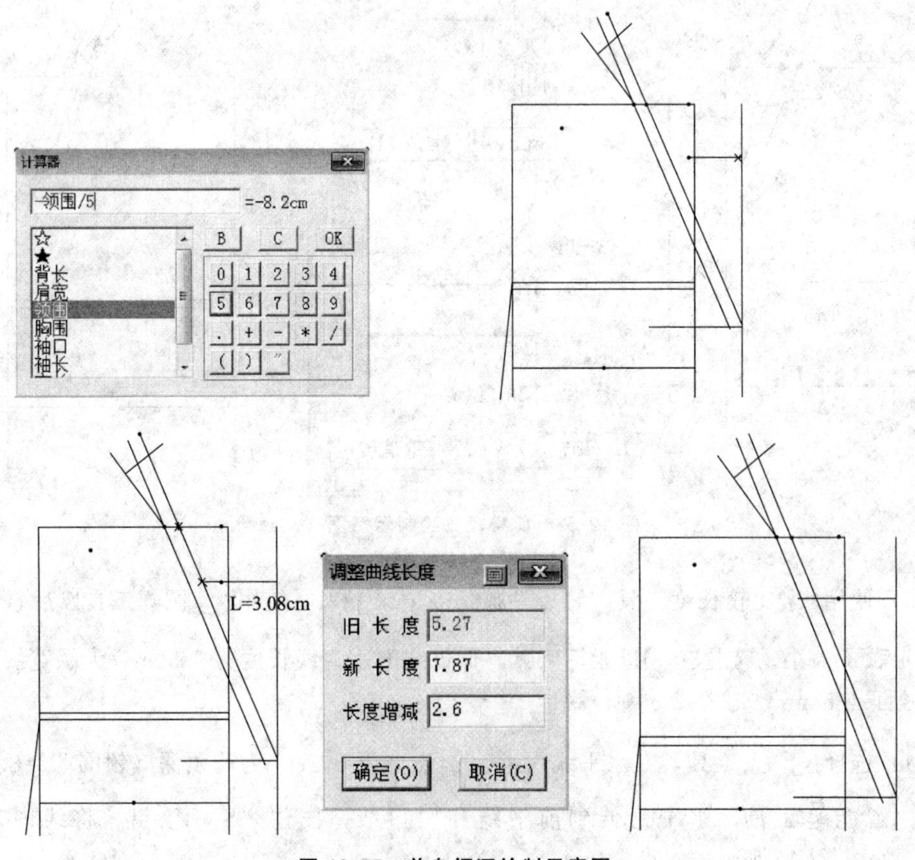

图 12-55　前身领深绘制示意图

（55）用点工具，在前中线向左 1.5cm，向上 0.5cm，找到一个点，作为领角点，使用智能笔工具，作领宽线的垂直线，作为领外口线的辅助线，将领子大致弧线画出，使用调整工具将弧线调好，最后用圆角工具将领角调整圆顺，如图 12-56 所示。

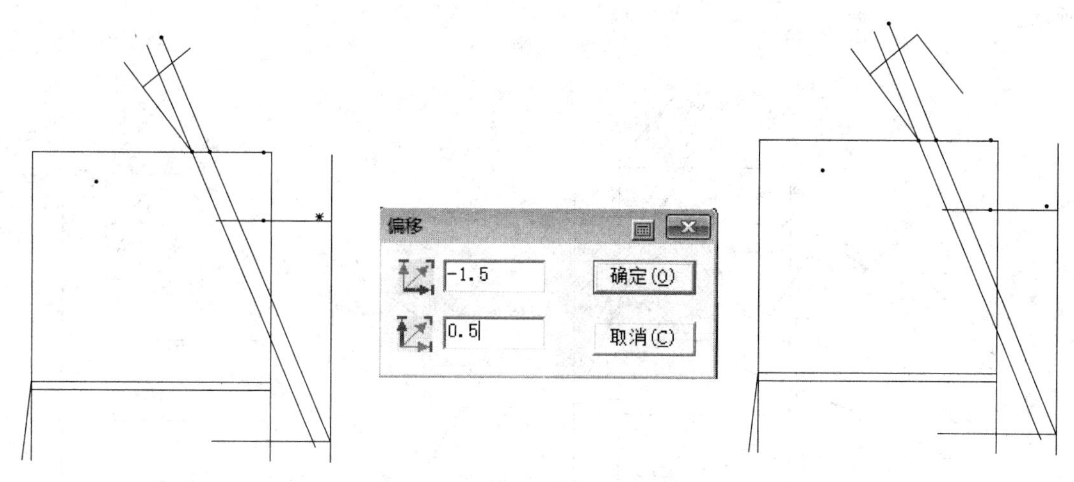

图 12-56　领子绘制示意图

（56）使用智能笔工具画出肩线，延长 2cm 的冲肩量，上弧约 0.3cm，如图 12-57 所示。

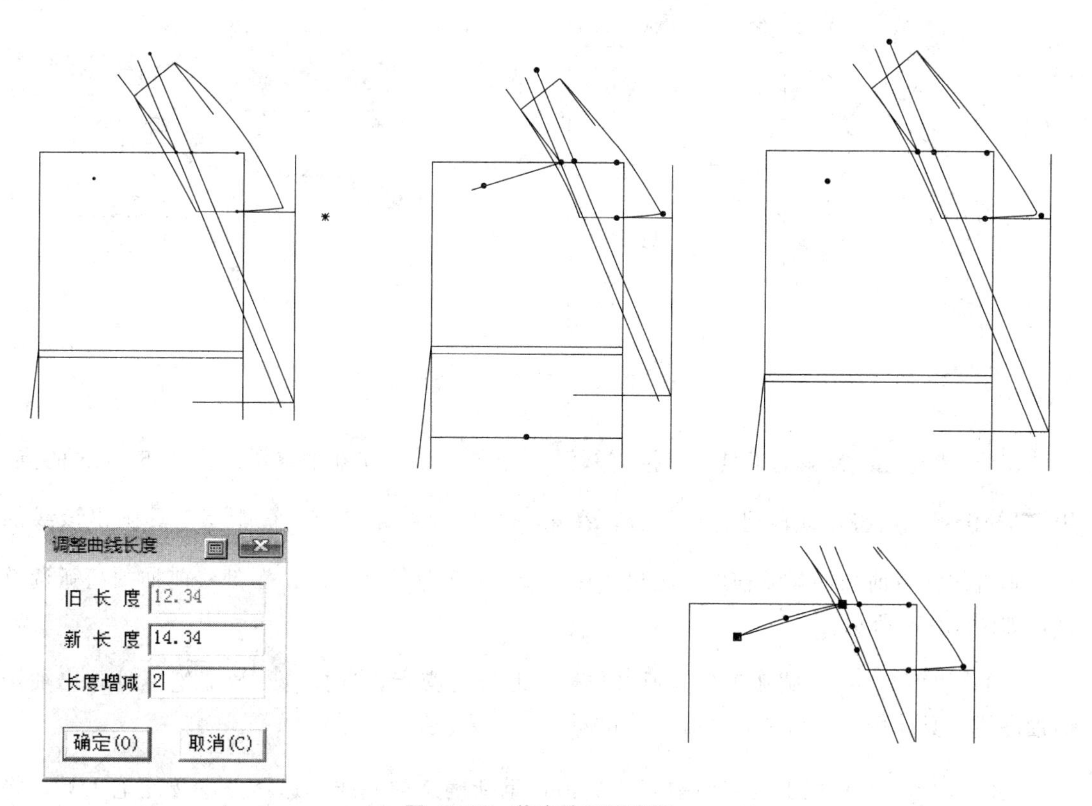

图 12-57　前肩绘制示意图

(57) 选择移动工具，将后身的袖子复制移动，单击右键切换方向，调整好位置后确定。用橡皮擦工具将袖子的袖窿弧线删掉，重新确立。选择等份规工具，将前领深进行三等分，使用点工具，前袖窿深线内进 5.5cm 确定一个点，如图 12-58 所示。

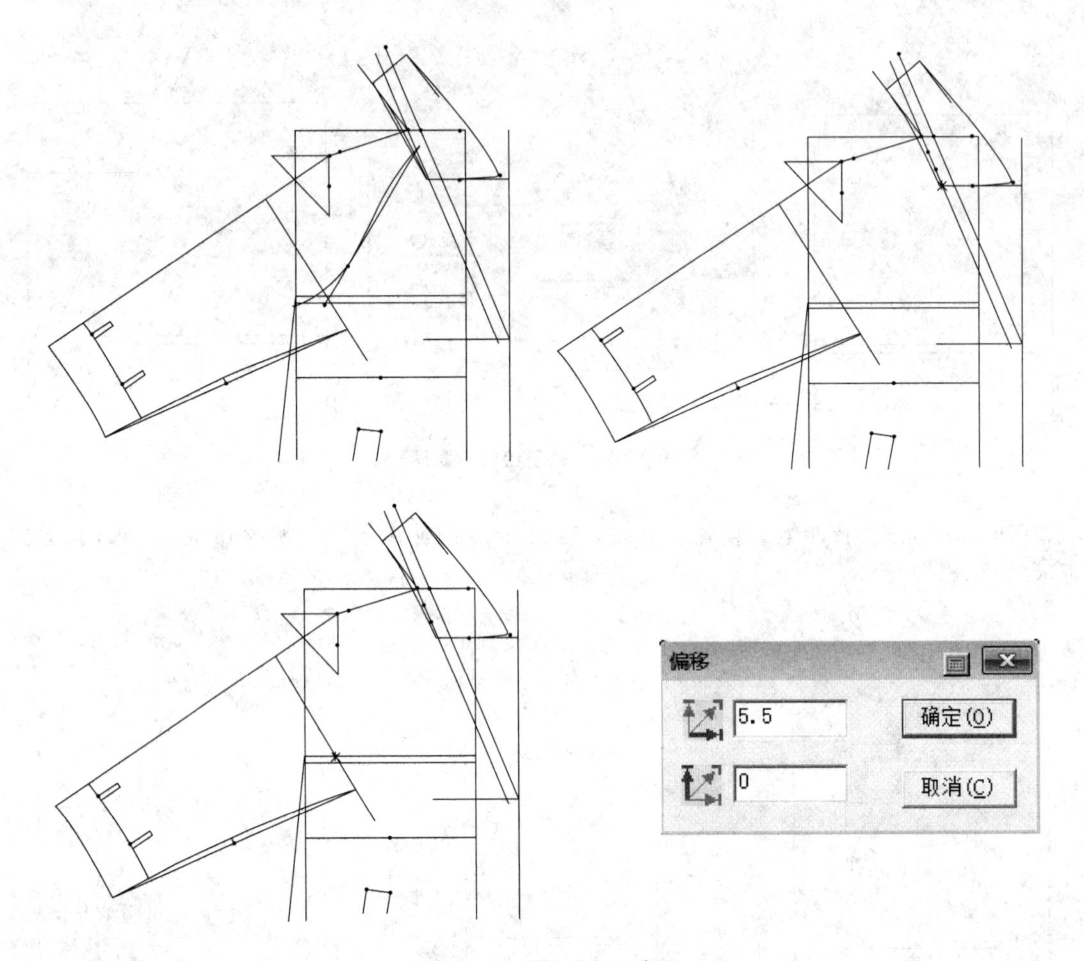

图 12-58 前袖绘制示意图

(58) 选择智能笔工具，连接前领深三分之一点与前袖袖窿深线内进 5.5cm 的点，用等份规工具将该线段进行三等分，在第一个等分点处用智能笔工具画出该线的 1cm 垂直线，将前袖袖窿弧辅助线画出，用调整工具按住“Shift”键将前袖袖窿弧调整好，如图 12-59 所示。

(59) 使用 CR 圆弧工具，画出与袖山肥线的交点，选择智能笔工具画出袖子前袖窿线（具体做法同后片），如图 12-60 所示。

(60) 用橡皮擦工具将前袖底线删掉，重新确定袖底线，选择智能笔工具，将圆弧交点与袖口内进 2cm 连接，确定袖口线大小（袖口－1cm＝16cm），如图 12-61 所示。

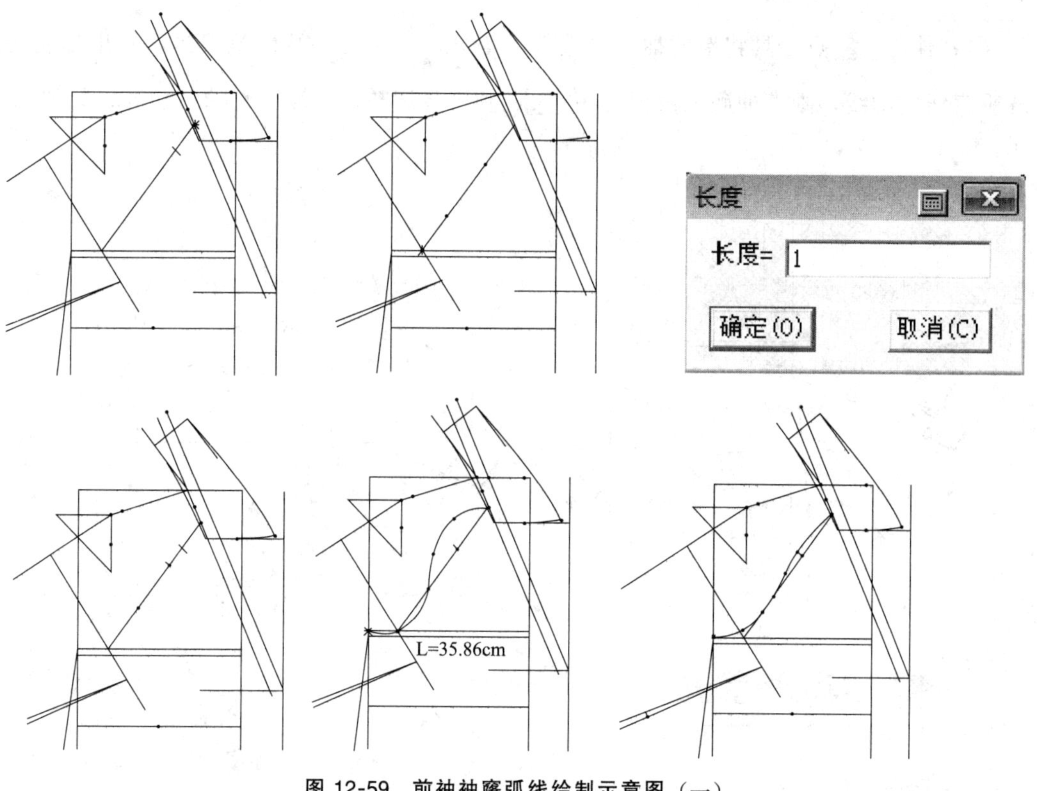

图 12-59 前袖袖窿弧线绘制示意图（一）

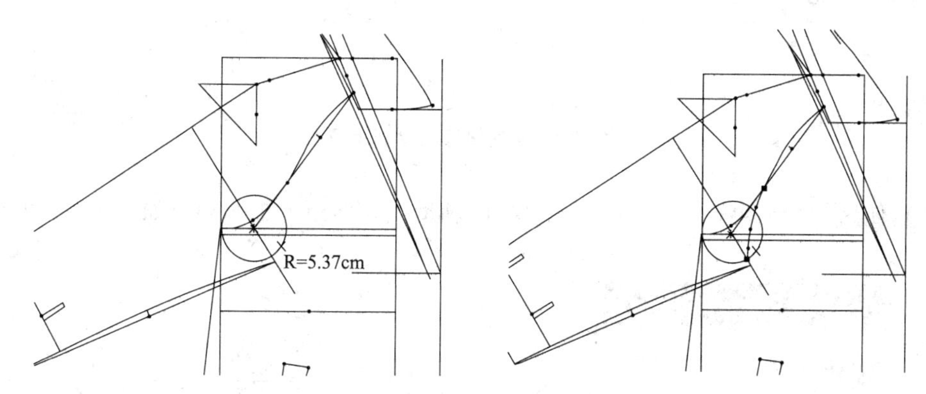

图 12-60 前袖袖窿弧线绘制示意图（二）

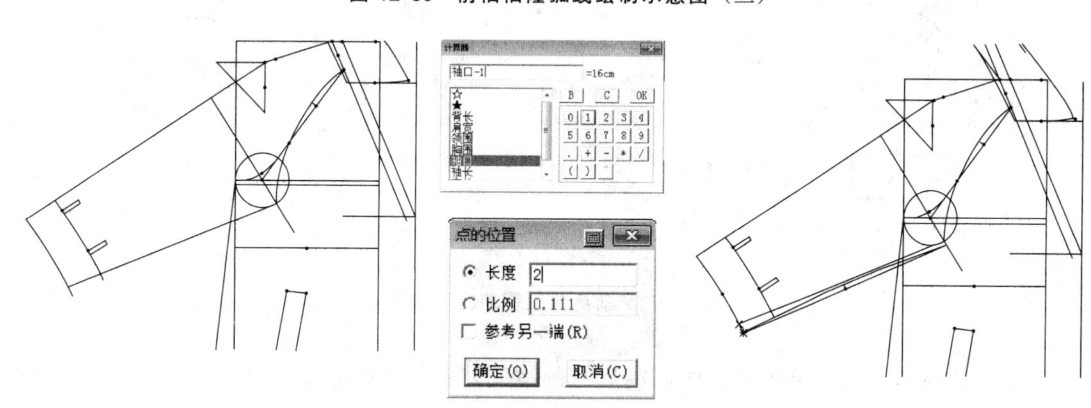

图 12-61 前袖袖底辅助线绘制示意图

(61) 使用点工具将新的袖底线进行两等分，使用智能笔工具，画出袖底线的1cm垂直线辅助线，画出袖底弧线，并用调整工具调整好，顺便将袖口切齐，如图12-62所示。

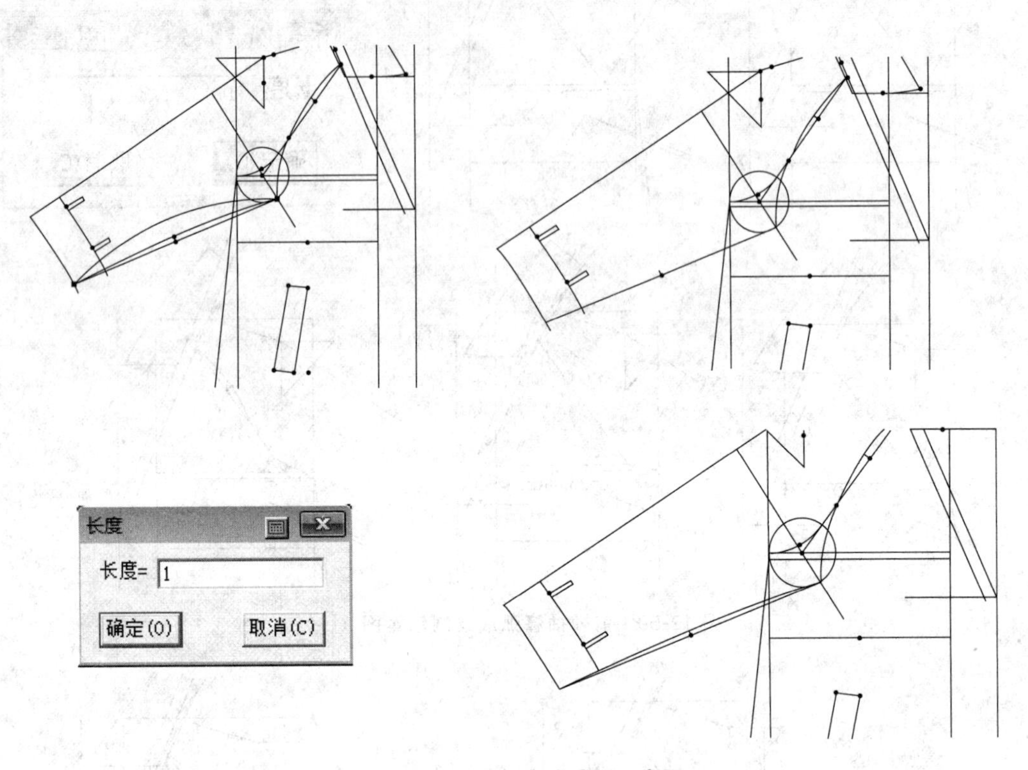

图 12-62 前袖袖底线绘制示意图

(62) 使用等距线工具，画出前身扣眼辅助线，间距为 1.2cm，如图 12-63 所示。

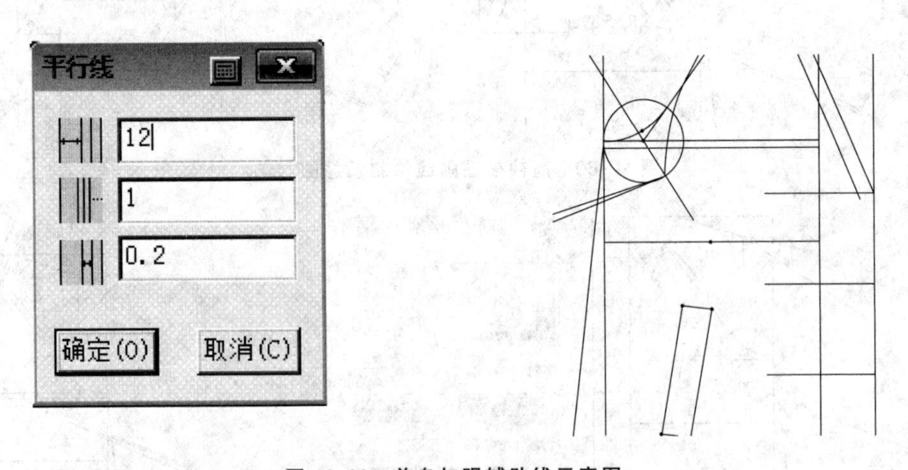

图 12-63 前身扣眼辅助线示意图

(63) 选择智能笔工具，画出前后身的披风，并调整好弧度，如图 12-64 所示。

(64) 用矩形工具画出腰带长度，设定为 120cm，如图 12-65 所示。

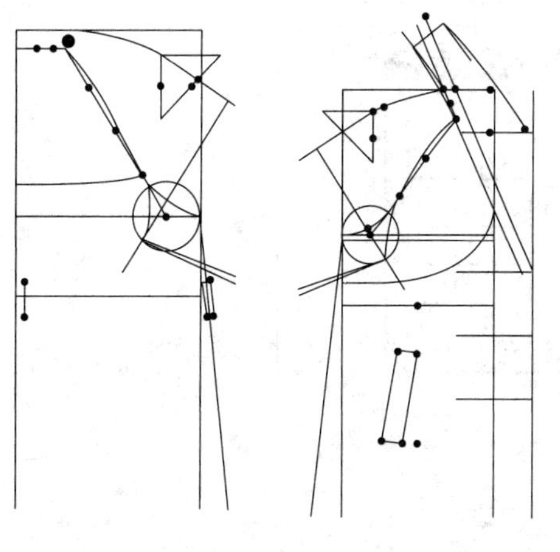

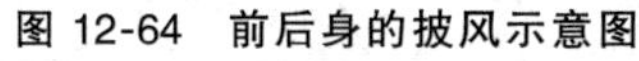

图 12-64 前后身的披风示意图

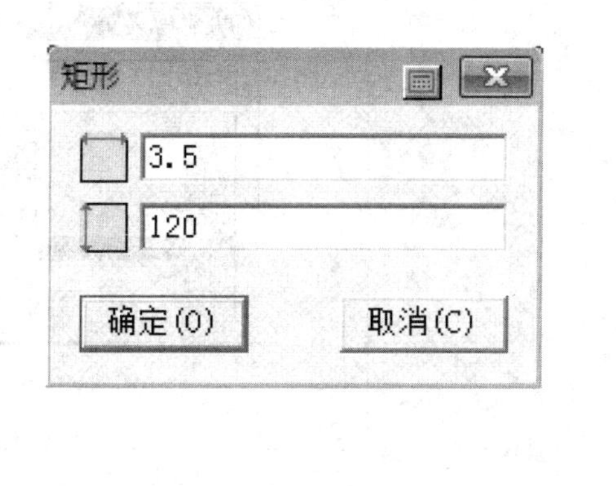

图 12-65 腰带绘制示意图

第二节 连下摆女式服装

一、连下摆女式服装款式图

连下摆女式服装款式如图 12-66 所示。

图 12-66 连下摆女式服装款式示意图

二、连下摆女式服装 CAD 绘制具体步骤

(1) 用智能笔或矩形工具绘制连下摆女式服装基础线即完成长方形绘制，长方形宽为胸围/2，长为衣长，如图 12-67 所示。

(2) 用等份规工具将长方形上辅助线进行两等分，过等分点向下摆作垂线，如图 12-68 所示。

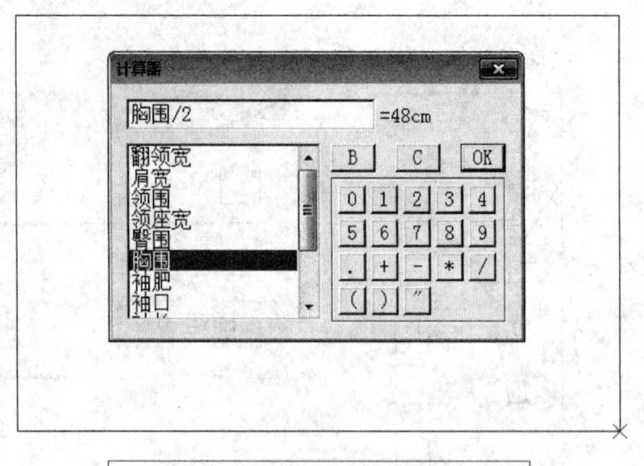

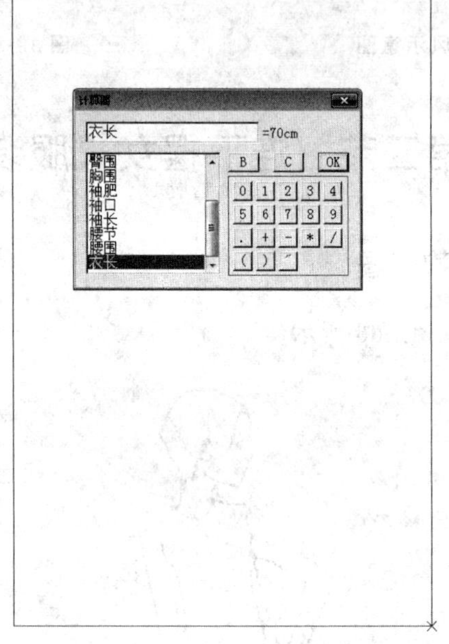

图 12-67　长方形绘制示意图

（3）用智能笔选中长方形上辅助线按住鼠标左键拖动出现平行线，按下左键在弹出的对话框中输入“0.5”，如图 12-69 所示。

图 12-68　垂线绘制示意图

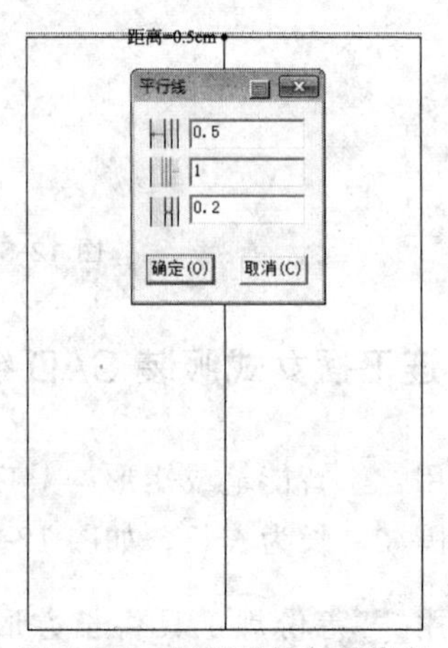

图 12-69　平行线绘制示意图

（4）用智能笔工具绘制后片胸围线，先用智能笔工具选中前中线顶点，向下在任意前中线上单击左键，在弹出的对话框中输入“胸围＊0.26”确定即可，再过确定点向后中线作垂线，如图12-70所示。

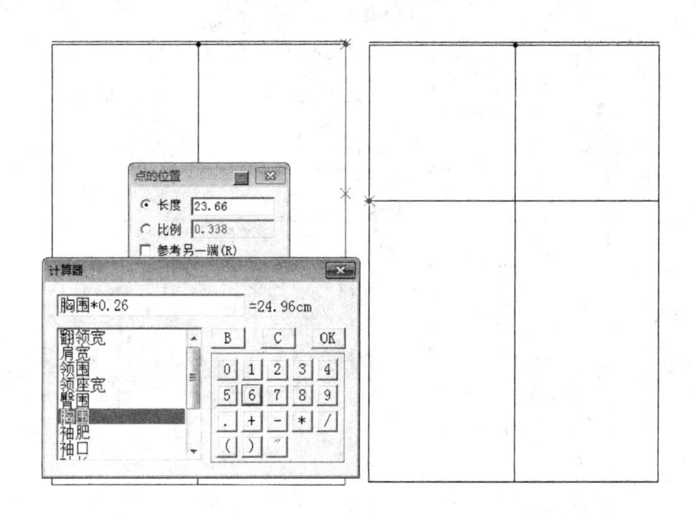

图 12-70　后片胸围线绘制示意图

（5）用智能笔工具绘制前片胸围线，先用智能笔工具选中前中线顶点，向下在任意前中线上单击左键，在弹出的对话框中输入“胸围＊0.26－3”确定即可，再过确定点向后中线作垂线，如图12-71所示。

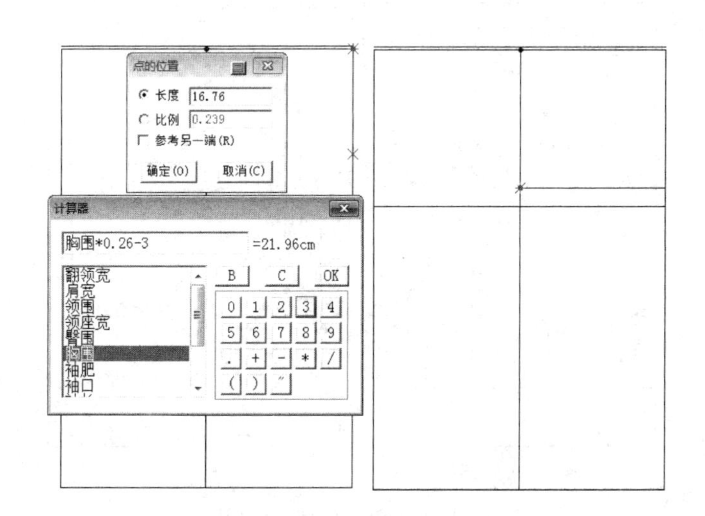

图 12-71　前胸围线绘制示意图

（6）用智能笔工具绘制前领口，以前中线顶点为基点，分别向下和后中线方向取颈深和领宽，以确定前领口的深度和宽度，同时确定了前颈点和前侧颈点，再用调整工具完成前领口曲线的绘制，如图12-72所示。

（7）以前中线顶点为基点，用智能笔工具绘制BP点，如图12-73所示。

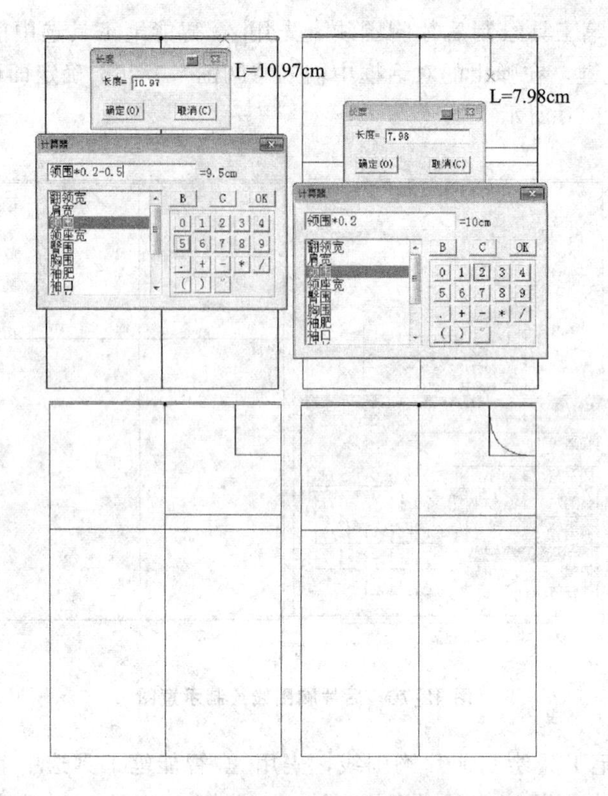

图 12-72　前领口曲线的绘制示意图

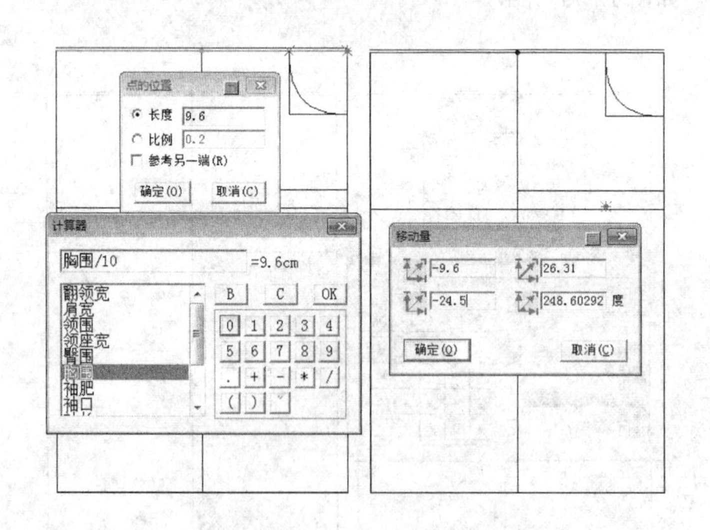

图 12-73　BP 点绘制示意图

（8）用智能笔工具绘制前领口，以前中线顶点为基点，向下确定腰节点的位置，按下鼠标左键，在弹出的对话框中单击计算器，在弹出的窗口中选择“腰节”确定，再过该点向后中线作垂线即可，如图 12-74 所示。

（9）用智能笔工具绘制前肩线，以前中线顶点为基点，敲击“回车键”，在弹出的偏移量内输入相应数值，连接肩宽点到颈宽点，如图 12-75 所示。

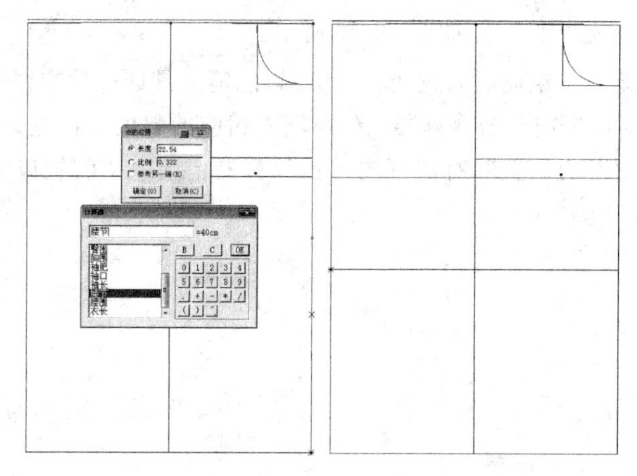

图 12-74　腰线绘制示意图

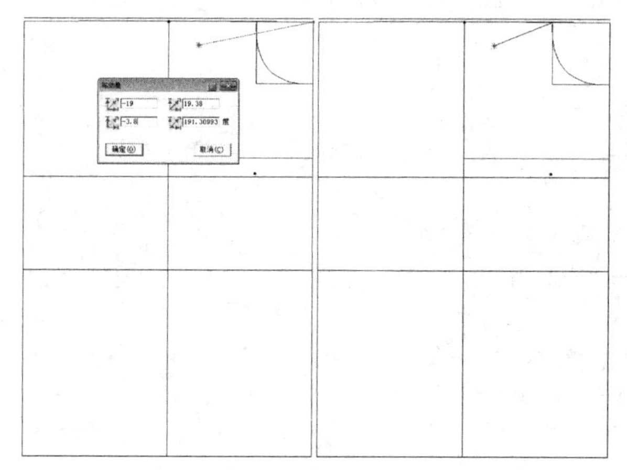

图 12-75　肩线绘制示意图

（10）用智能笔工具绘制前胸宽线，在胸围线上取“肩宽/2－2”为前胸宽点，过该点向肩线作垂线即得到前胸宽线，如图 12-76 所示。

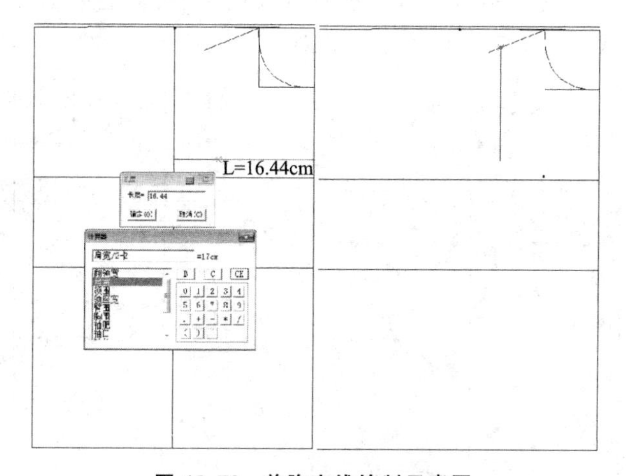

图 12-76　前胸宽线绘制示意图

（11）用比较长度工具测量前领口宽并记录，再选择“号型”—“尺寸变量”，在弹出的对话框中填入前领口宽并保存，如图 12-77 所示。

（12）用智能笔工具绘制后肩宽线，用智能笔工具选中后中线顶点，敲“回车键”，在弹出的“移动量”对话框内单击计算器，分别填入相应的数值，再过该点连接到辅助线上，单击左键，在弹出的“点的位置”对话框内单击计算器，选中“前领口宽”单击“确定”即可，如图 12-78 所示。

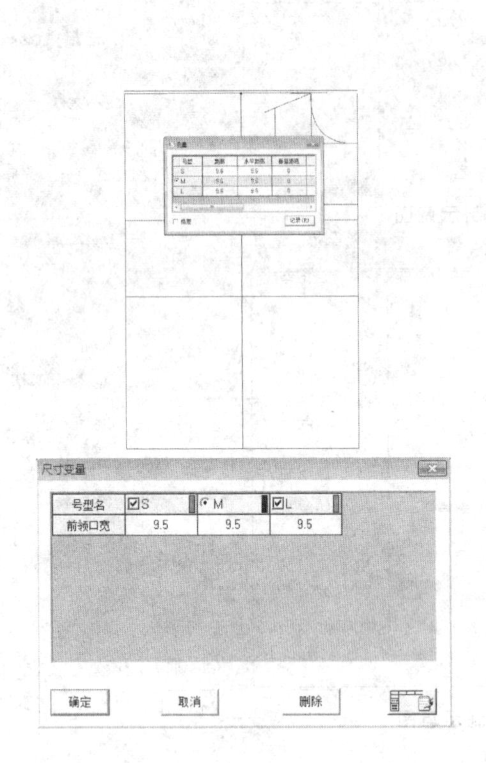

图 12-77　前领口宽测量示意图

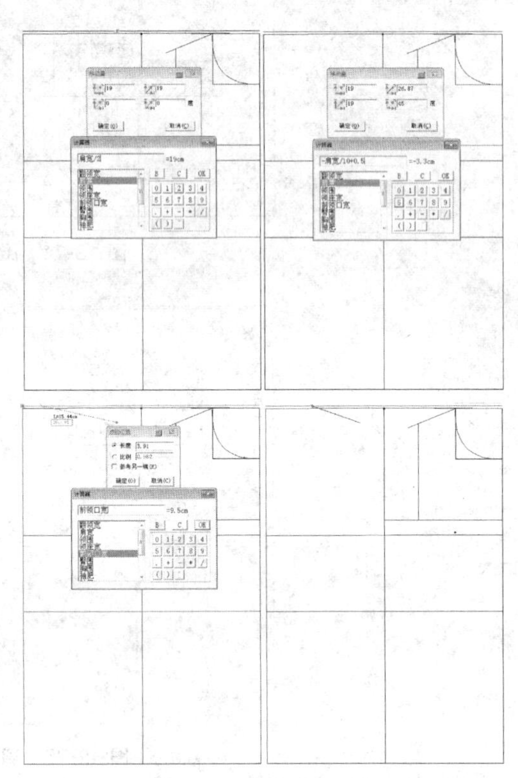

图 12-78　后肩宽线绘制示意图

（13）用智能笔工具绘制后领口，过后侧颈点用智能笔工具向下作垂线 2.2cm，过该点向后中线作垂线，完成后领口绘制，如图 12-79 所示。

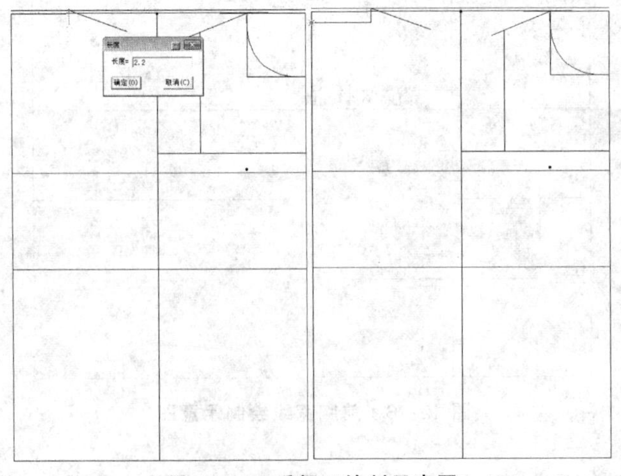

图 12-79　后领口绘制示意图

（14）用智能笔工具绘制后背宽，用智能笔工具选中后中线与胸围线交点，单击左键，在弹出的“点的位置”中输入“肩宽/2－1.5”，过该点向肩线作垂线，完成背宽线绘制，如图12-80所示。

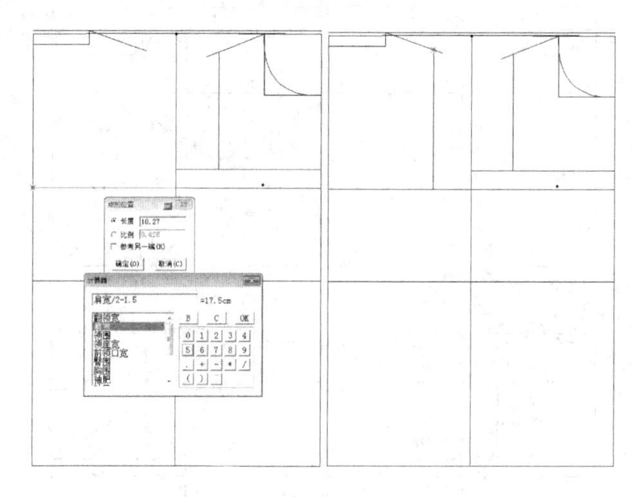

图12-80　背宽线绘制示意图

（15）用智能笔工具连接后颈点和后侧颈点，并用调整工具对后领口曲线进行调整，使其保持圆顺，如图12-81所示。

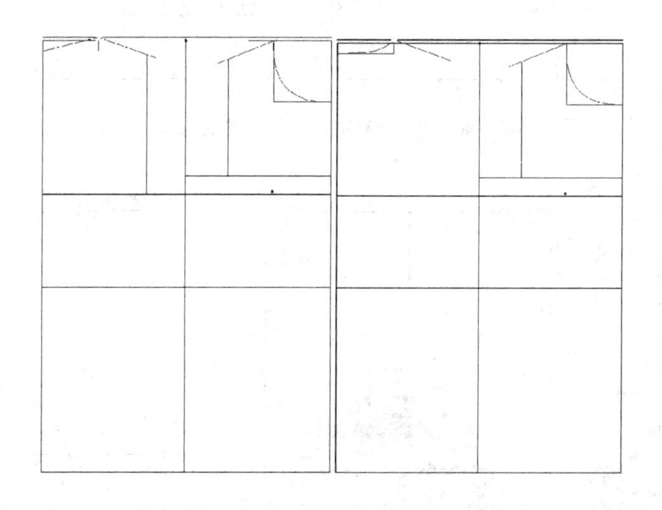

图12-81　后领口调整绘制示意图

（16）用等份规工具把背宽线进行两等分，把胸宽线三等分，用智能笔工具完成前、后袖窿线的连接，并用调整工具完成前、后袖窿曲线的绘制，最后用智能笔工具向下19cm绘制出腰线的平行线即为臀围线，如图12-82所示。

（17）用智能笔工具绘制前片侧缝线，在腰围线上取点的位置为“腰围/4＋2.5”，在臀围线上取“臀围/4－0.6”，再连接到下摆，最后用调整工具调整圆顺即可，如图12-83所示。

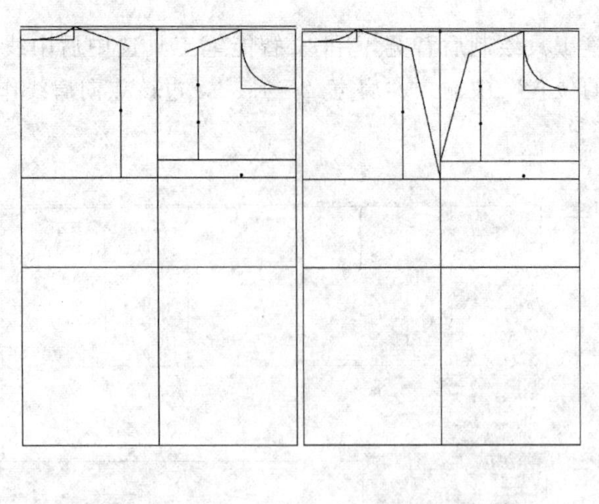

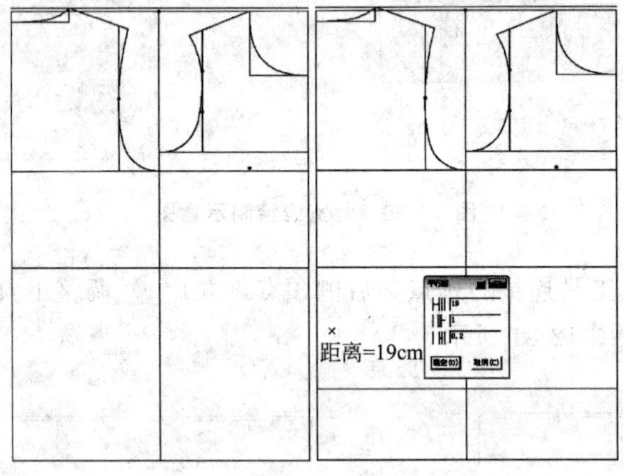

图 12-82　前、后袖窿弧线及臀围线的绘制示意图

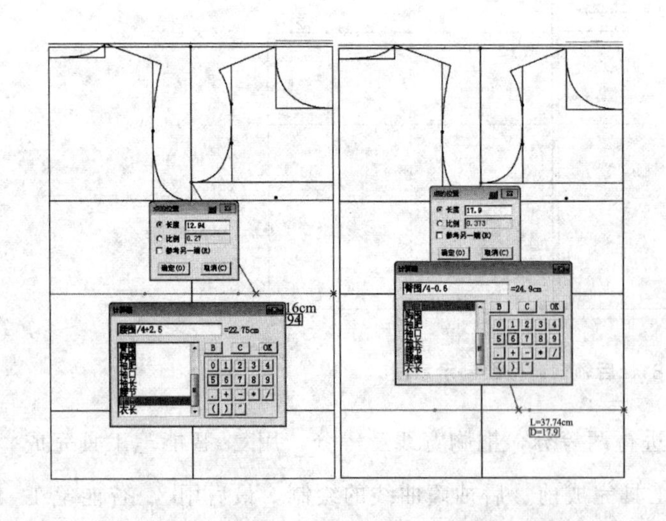

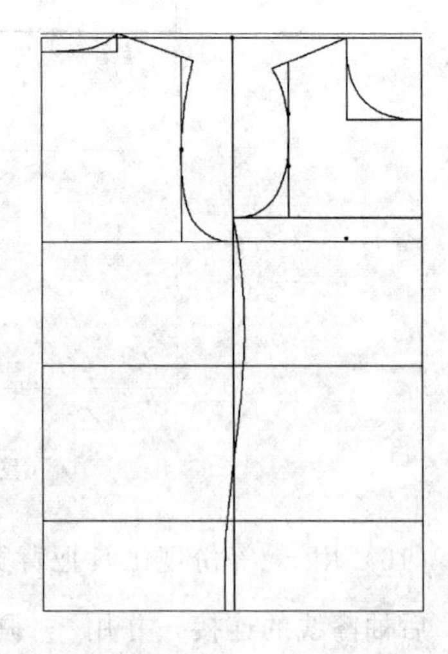

图 12-83　前片侧缝线绘制示意图

（18）用等份规工具把前侧缝线与腰围交点到前中线两等分，过该点用智能笔工具分别向胸围线和下摆线作垂线，再用等份规工具在腰围线中点取省量 2.5cm，臀围线取省量 0.3cm，如图 12-84 所示。

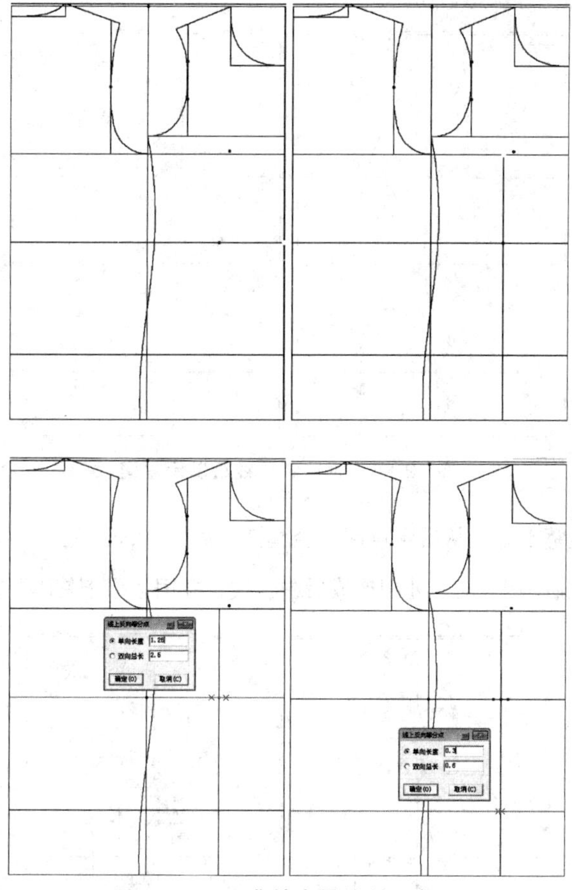

图 12-84　刀背缝省量绘制示意图

（19）用智能笔工具在前袖窿曲线上选取一点，过该点连接腰省、臀省直至下摆，再用调整工具调整圆顺，选择对称工具复制之前绘制好的刀背缝，再用智能笔工具描顺，最后用调整工具修整圆顺，如图 12-85 所示。

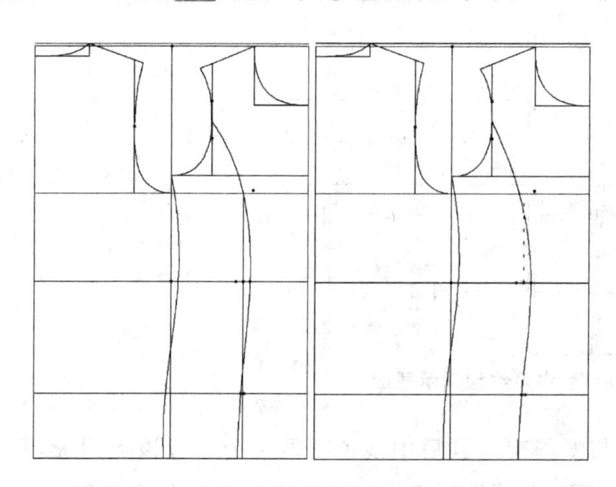

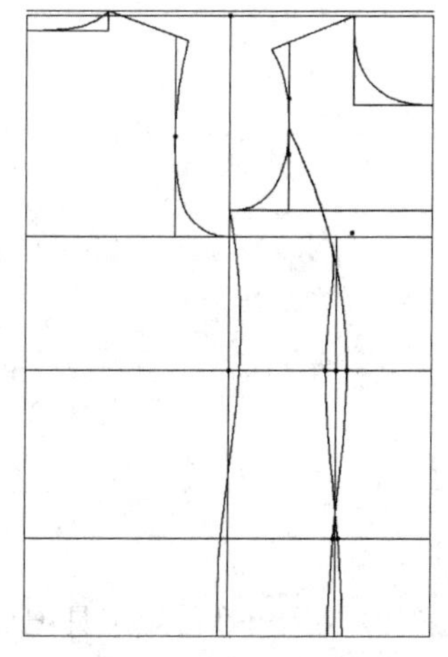

图 12-85　前片刀背缝绘制示意图

（20）利用对称工具复制前片侧缝线到后片侧缝线，再用智能笔工具描顺，用调整工具修整圆顺，如图 12-86 所示。

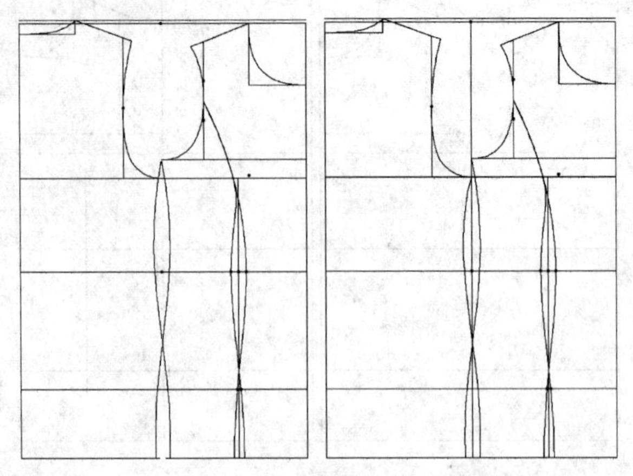

图 12-86　后片侧缝线绘制示意图

（21）选择智能笔工具，从后中点起，经胸围线后中 0.6cm 处、经腰围线 1.25cm 处、臀围线 1.25cm 处直至下摆线后中 1.25cm 处相连成后中弧线，并用调整工具修整，如图 12-87 所示。

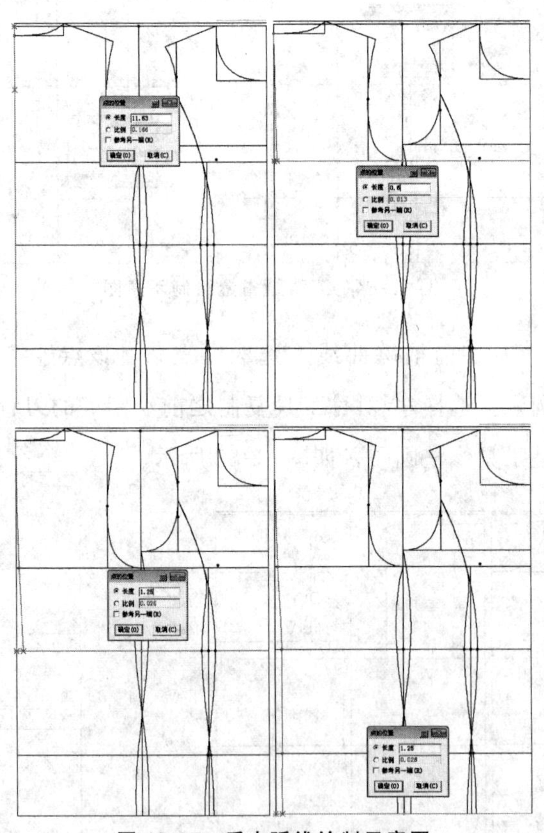

图 12-87　后中弧线绘制示意图

（22）用等份规工具把后侧缝线与腰围交点到后中线进行两等分，过该点用智能笔工具分别向胸围线和下摆线作垂线，再用等份规工具在腰围线中点取省量 1.25cm，臀围线取省量 1cm，如图 12-88 所示。

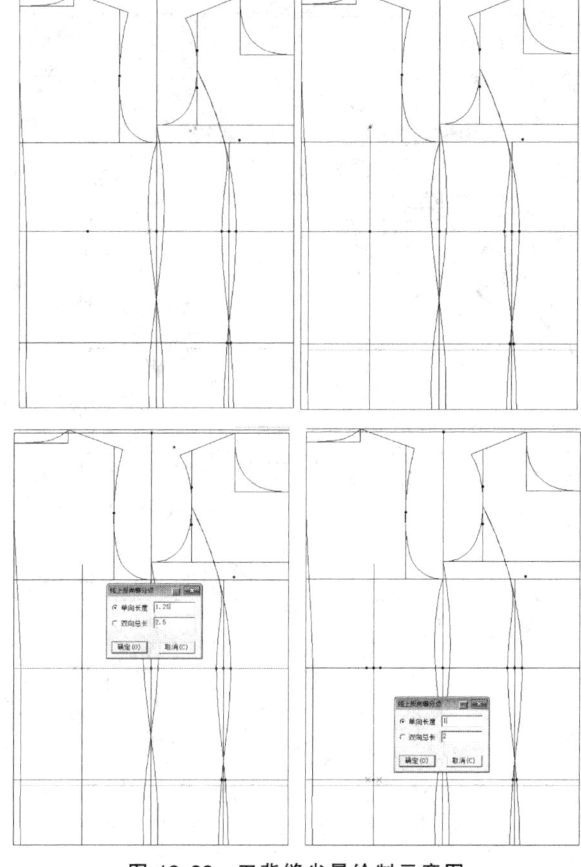

图 12-88　刀背缝省量绘制示意图

(23) 用比较长度工具测量前片刀背缝与袖窿曲线交点的长度，用智能笔工具在后袖窿曲线上量取一点，和前片袖窿曲线与刀背缝交点长度相同，过该点连接腰省、臀省直至下摆，再用调整工具修整圆顺，选择对称工具复制之前绘制好的刀背缝，再用智能笔工具描顺，最后用调整工具修整圆顺，如图 12-89 所示。

(24) 用智能笔工具绘制前中线平行线，取量 2cm 为搭门，如图 12-90 所示。

(25) 用比较长度工具分别测量前、后袖窿长度并记录，在尺寸变量一栏中添加前、后袖窿名称，如图 12-91 所示。

(26) 如图 12-92 所示，袖子的制作过程，用智能笔工具绘制制作袖子的矩形，用等份规工具把矩形上边线进行两等分，过该点向下边线作垂线，用智能笔工具选中该点向前袖缝线截取袖山高，过该点向后袖缝线作垂线即为落山线，用单圆规工具分别绘制前、后袖窿曲线辅助线，分别取 20.58cm（前袖窿－1.8cm＝20.58cm），24.593cm（后袖窿－1.2cm＝24.593cm），用等份规工具把前、后袖窿辅助线之间的距离进行两等分，得到的中心点即袖顶点（肩点），再用双圆规工具单击后袖缝线和前袖缝线与落山线交点，拖动到袖顶点得到前、后袖窿曲线辅助线，过袖顶点用智能笔工具向落山线作垂线，得到最终袖山高线，用橡皮工具擦掉多余线段，用等份规工具把前、后落山线分别进行

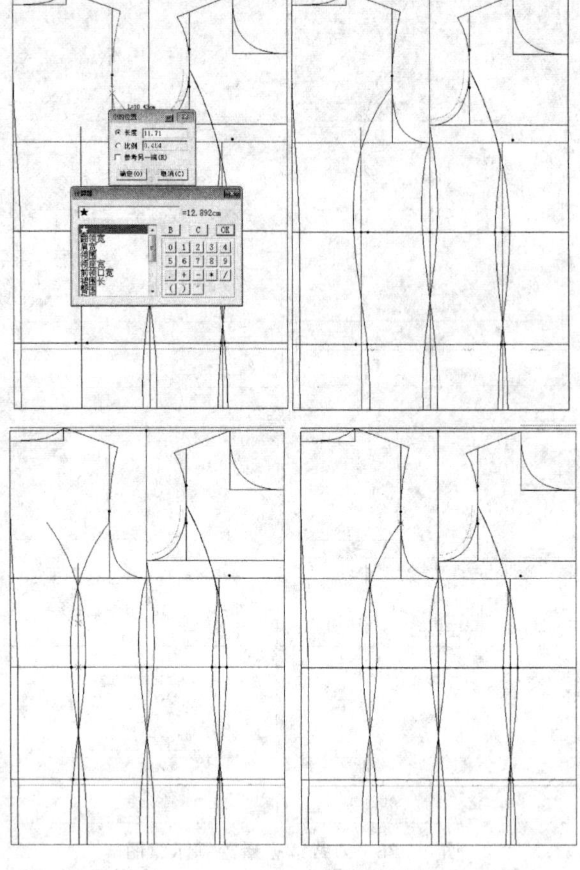

图 12-89　后片刀背缝绘制示意图

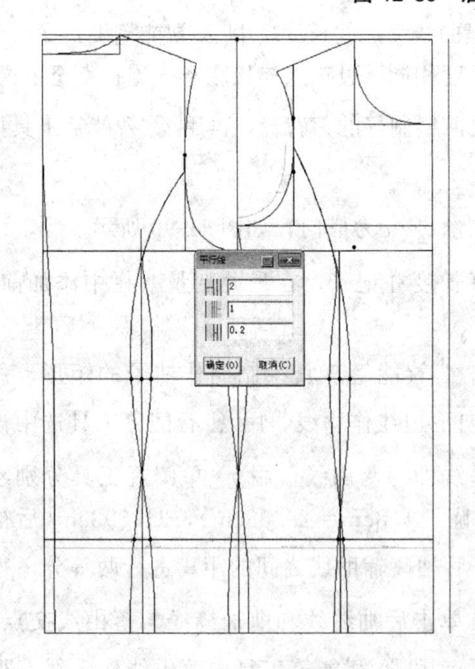

图 12-90　搭门绘制示意图

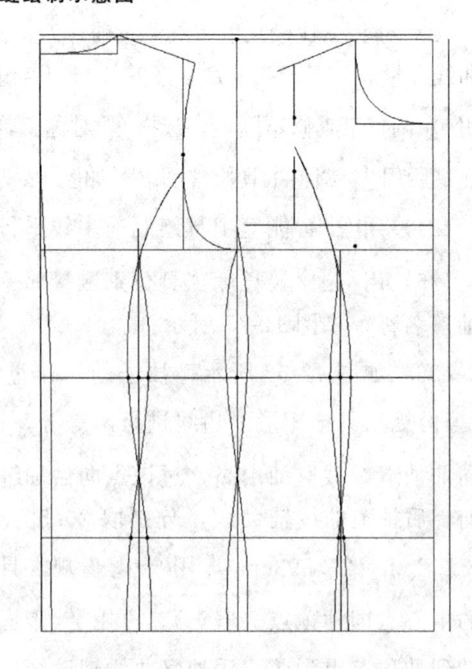

图 12-91　测量前、后袖窿长度示意图

四等分，再用智能笔工具通过上述 7 点向矩形上边线作垂线。用等份规工具把落山线进行三等分，用等份规工具把从落山线 1/3 处到矩形下边线中心点距离进行两等分，过该点用智能笔工具分别向前袖缝线和后袖缝线作垂线，用移动工具把前、后袖窿曲线复制并移动到袖片对应位置。用等份规工具分别在袖山服装线上绘制出辅助袖山曲线点位，用智能笔工具绘制出袖山曲线，用调整工具调整圆顺。调整完袖山曲线后，

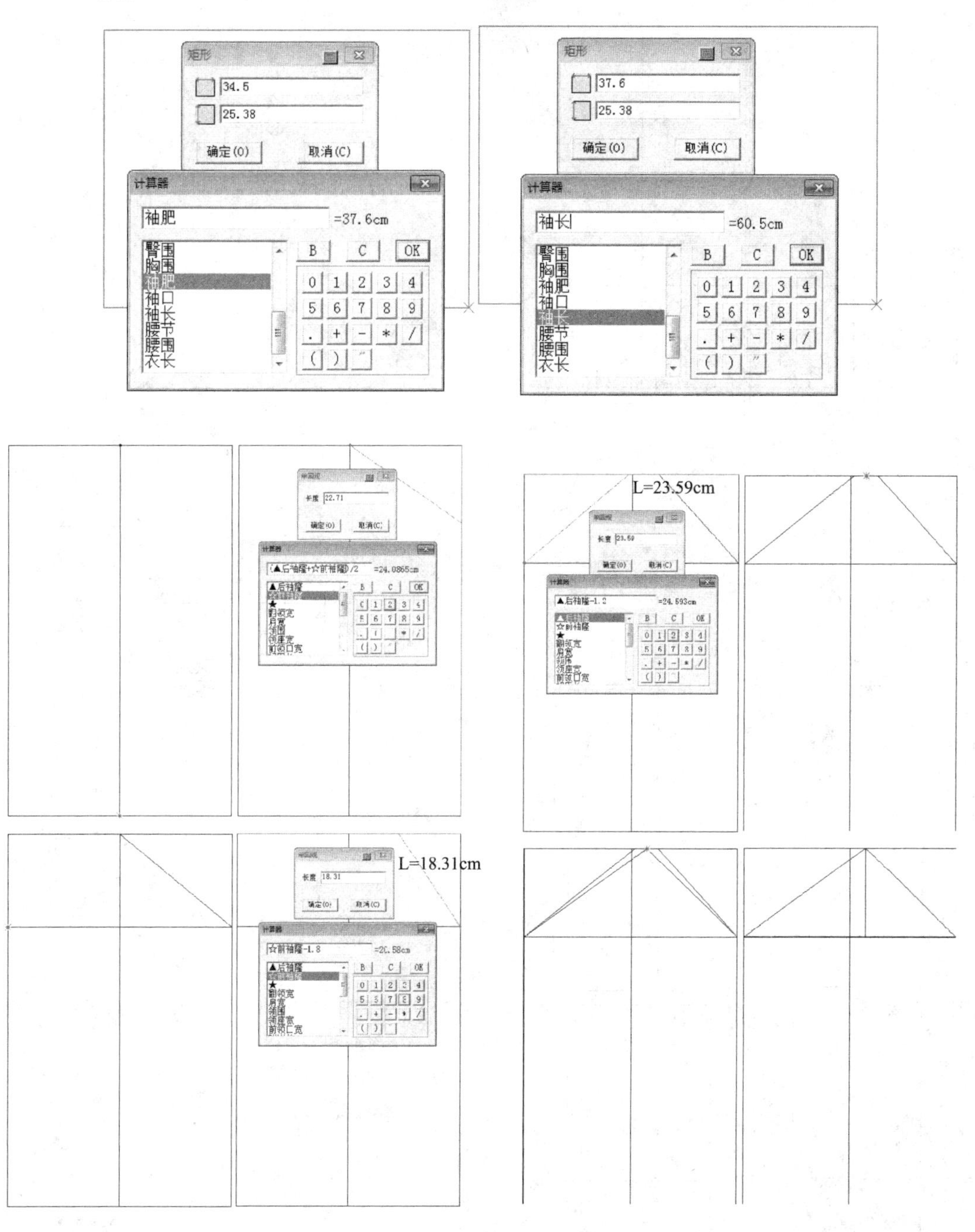

图 12-92

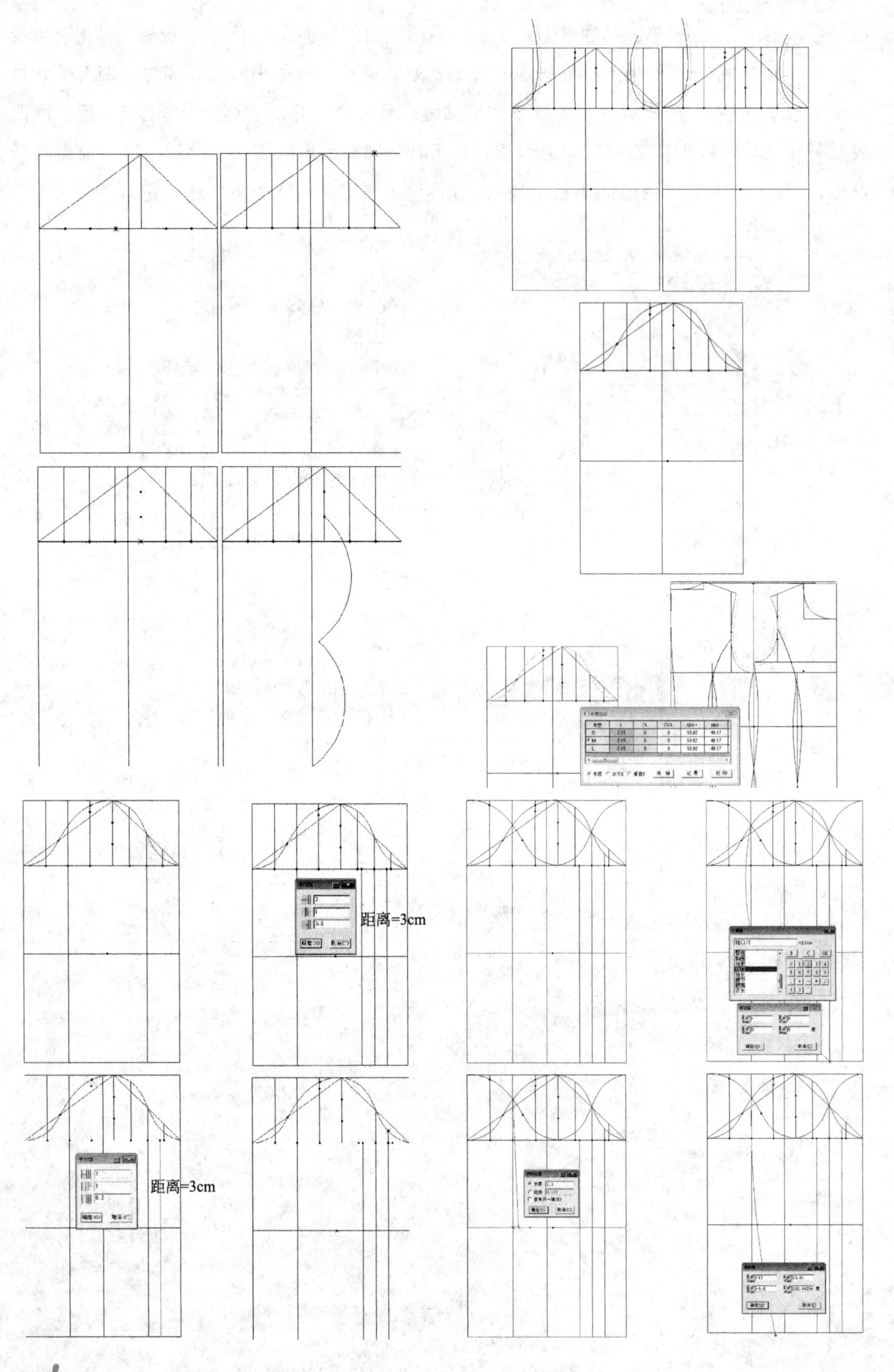
距离=3cm
距离=3cm

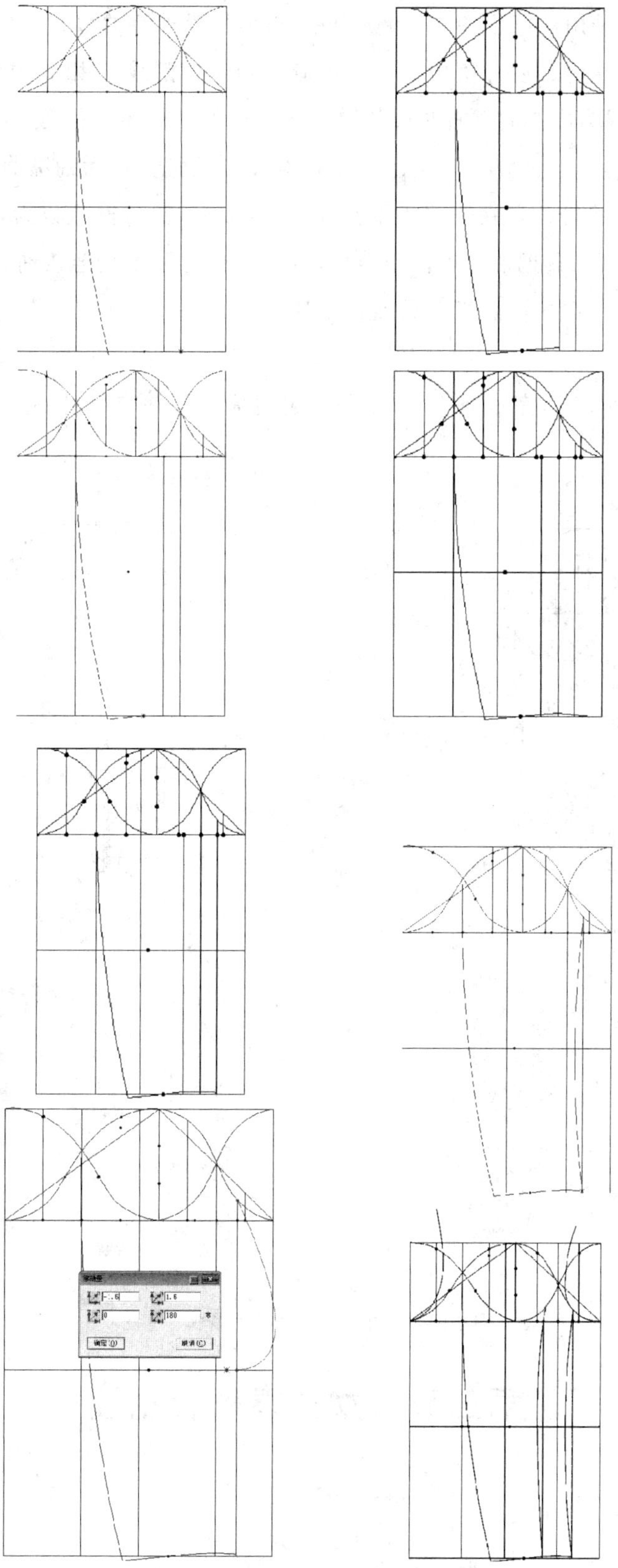

图 12-92　袖片制板示意图

比较长度工具在袖山曲线上单击右键，再单击前、后袖窿曲线，表中“L”为容量。用智能笔工具分别从前、后片落山线向下绘制出袖子分割线，用智能笔工具的平行线功能，以前袖分割线为中心向左右两边各作一条3cm的平行线，利用智能笔作垂线功能把其中一条平行线延长至前袖窿曲线上。用移动工具把前、后袖窿曲线相反复制，利用智能笔绘制后袖缝份线，在肘线上取点位为1.3cm，袖口取点位为袖口/2并向下延长0.6cm。用等份规工具把袖口进行两等分，用智能笔工具连接袖口，再用移动工具复制该连线2次，用智能笔工具连接上述三段辅助线，用智能笔工具完成袖片的绘制。

(27) 用剪刀工具完成袖片、衣片样板的提取，并自动生成布纹线，如图12-93所示。

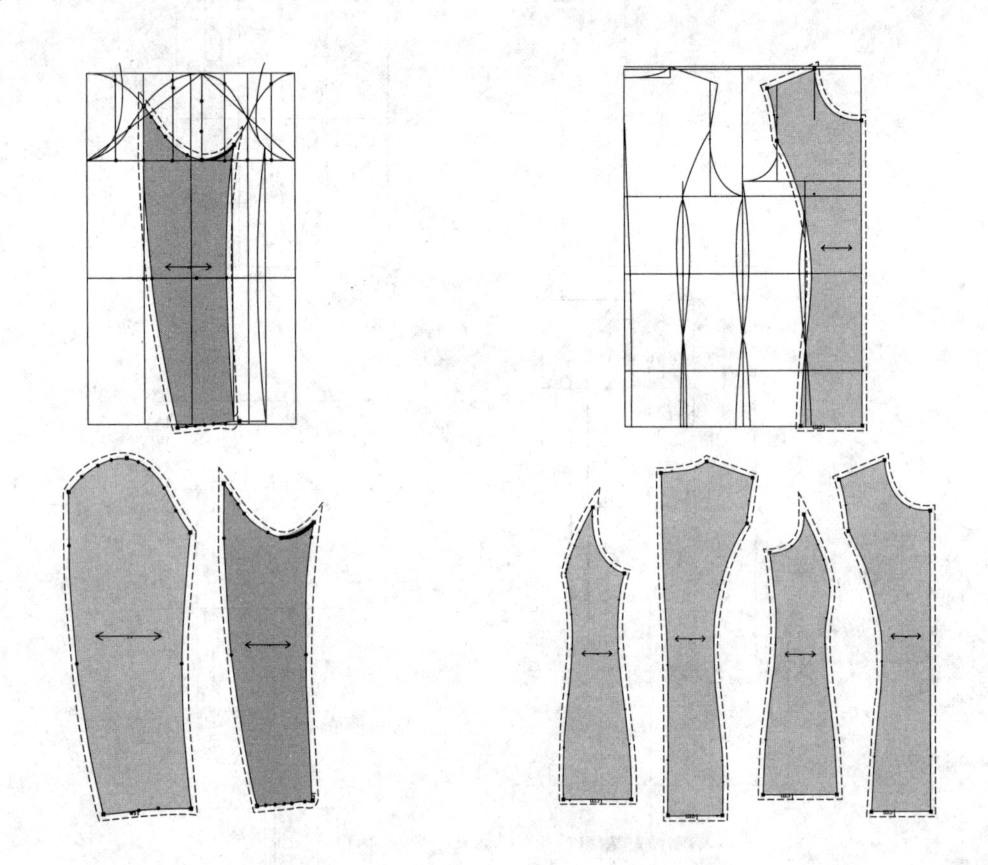

图12-93 袖片、衣片样板提取示意图

第三节 女式春秋装制板

一、规格表制定

160/84A规格表如表12-1所示。

表 12-1　160/84A 规格表　　　　单位：cm

部位	衣长	胸围	肩宽	背长	领围	袖长	袖口
长度	63	100	40.4	38	36	54	26

二、款式图绘制

女式春秋装款式如图 12-94 所示。

三、打板步骤

1. 后片制板步骤

（1）衣长及后胸围　用矩形工具定出衣长及后胸围（胸围/4），如图 12-95 所示。

图 12-94　女式春秋装款式示意图

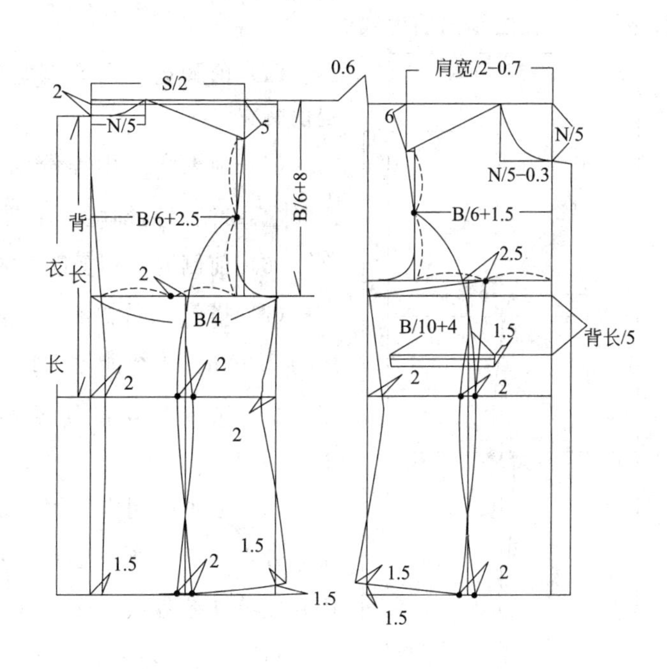

图 12-95　前、后衣片制板示意图

（2）后领宽、后领深　用智能笔工具将上水平线平移 0.6cm。矩形工具定后领宽（领围/5）、后领深（2cm）。智能笔绘制出后领弧线。用调整工具调整圆顺。

（3）肩宽、肩斜　用智能笔定肩宽（肩宽/2）、肩斜（5cm），并与后侧颈点连接绘制出后肩线。

（4）胸围线、腰围线　用智能笔分别取胸围/6＋8cm、背长，定胸围线、腰围线。

（5）后背宽　用智能笔取胸围/6＋2.5cm 的长度定背宽。

（6）后袖窿　用等份规将背宽等分，智能笔绘制出后袖窿。用调整工具调整圆顺。

（7）后侧缝、后中线　智能笔制作后侧缝及后中线。

（8）下摆线　智能笔制作下摆，用调整工具调整。

(9) 公主缝制作　用等份规工具将后中线与背宽线等分，用智能笔过等分点画垂直线。线上用等份规工具进行两等分，再用智能笔连接各点，用调整工具调整圆顺。

2. 前片制板步骤

(1) 前胸围线　用对称粘贴工具复制各辅助线、胸围线及腰围线。用智能笔工具向上2.5cm定新胸围线。

(2) 前领宽、前领深　矩形工具定前领宽（领围/5－0.3cm）、前领深（领围/5）。用智能笔工具制作出前领弧线，用调整工具调整圆顺。

(3) 肩宽、肩斜　用智能笔工具定前肩宽（肩宽/2－0.7cm），肩斜（5cm）。并与前侧颈点连接绘制出前肩线。

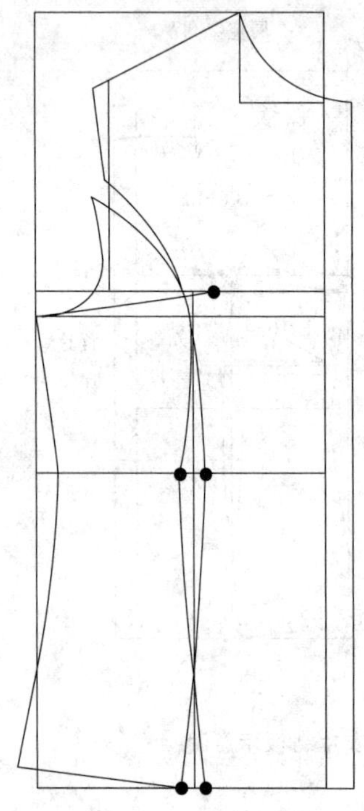

图 12-96　省道转移示意图

(4) 前胸宽　用智能笔工具取胸围/6＋1.5cm的长度定前胸宽。

(5) 前袖窿　用等份规工具将前胸宽等分。用智能笔工具绘制出前袖窿，用调整工具调整圆顺。

(6) 前侧缝　用智能笔制作前侧缝。

(7) 搭门　用智能笔工具绘制出前中线的平行线，宽度为2.5cm。用智能笔工具连接前领口、下摆。

(8) 下摆　用翻转粘贴工具复制后下摆将其作为前下摆。

(9) 公主缝制作　用等份规工具将前中、前胸宽等分，距等分点2.5cm画垂直线。线上用等份规工具进行两等分。用智能笔连接各点，用调整工具调整圆顺。

(10) 用移动旋转调整工具调整下脚及袖窿。

(11) 用转移工具（也可以用旋转工具）转省，用调整工具调整圆顺，如图12-96所示。

3. 口袋制板步骤

口袋制板如图12-97所示。

(1) 用矩形工具画长为胸围/10＋4cm，宽为1.5cm的口袋。

(2) 用智能笔工具偏移点取背长/5、7.6cm的尺寸定点袋位点，用加点工具距此点（胸围/10＋4cm）的距离加点。

(3) 移动旋转工具将口袋放到衣身的部位。

4. 袖子制板步骤

(1) 用皮尺量取前、后袖窿并做记录。

(2) 袖长：用智能笔定出袖长。

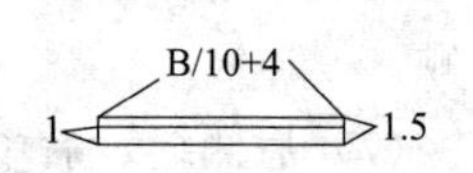

图 12-97　口袋制板示意图

(3) 袖山高：用智能笔取胸围/10＋2cm 的长度定出袖山高，并用智能笔画水平线。

(4) 用圆规工具自袖山高点到水平线分别取后袖窿＋1cm、前袖窿的尺寸。用智能笔画出袖山弧线。

(5) 用水平、垂直线工具连接袖肥端点、袖长下端点。用等份规工具取袖口/2 的尺寸。智能笔制作袖缝线、袖摆线。

(6) 用比较长度工具比较袖窿弧线与袖山弧线是否匹配，如图 12-98 所示。

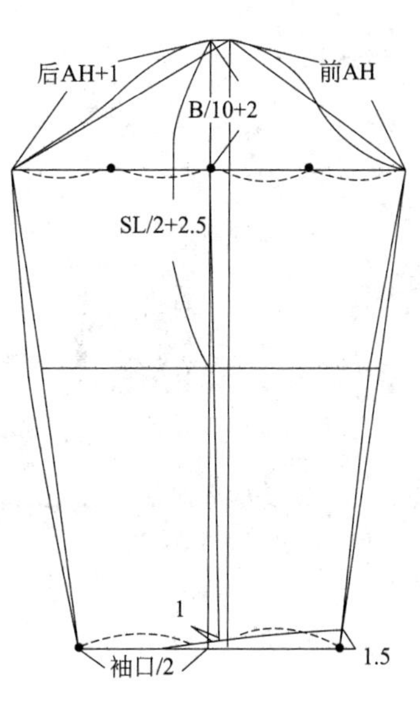

图 12-98 袖子制板示意图

5. 领子制板步骤

(1) 用皮尺测量前、后领围。

(2) 用智能笔画水平、垂直线，长度为（前领＋后领）/2，宽度为 10.5cm。

(3) 用智能笔分别绘制平行线，长度为 2.5 cm、3.5 cm、4.5 cm，再用智能笔连接各线，如图 12-99 所示。

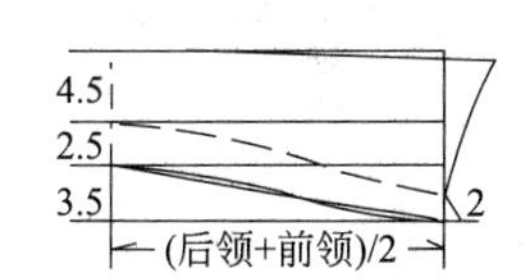

图 12-99 领子制板示意图

6. 拾取裁片步骤

用剪刀工具顺次点击裁片，闭合后用衣片辅助线工具拾取内部辅助线。

第十三章 服装CAD加缝份与打剪口

第一节 女衬衫的加缝份与打剪口

一、加缝份步骤

（1）用剪刀工具拾取纸样的外轮廓线，及对应纸样的省中线，如图13-1所示。

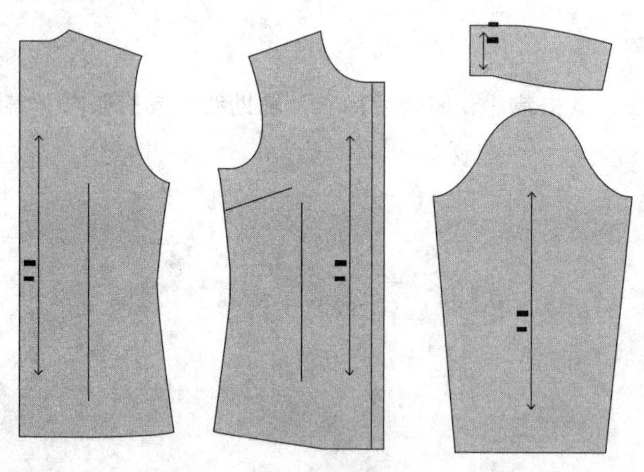

图13-1 拾取纸样轮廓示意图

（2）用布纹线工具调整好各纸样的布纹线方向，用V形省工具在前幅加入腋下省，用锥形省工具在前、后幅加入腰省，用钻孔工具在前幅打上扣位，用加缝份工具对各纸样加上合适的缝份，如图13-2所示。

二、打剪口步骤

用剪口工具在腰节处打上剪口，用袖对刀工具在前后袖窿及袖山曲线上打剪口，如图 13-3 所示。

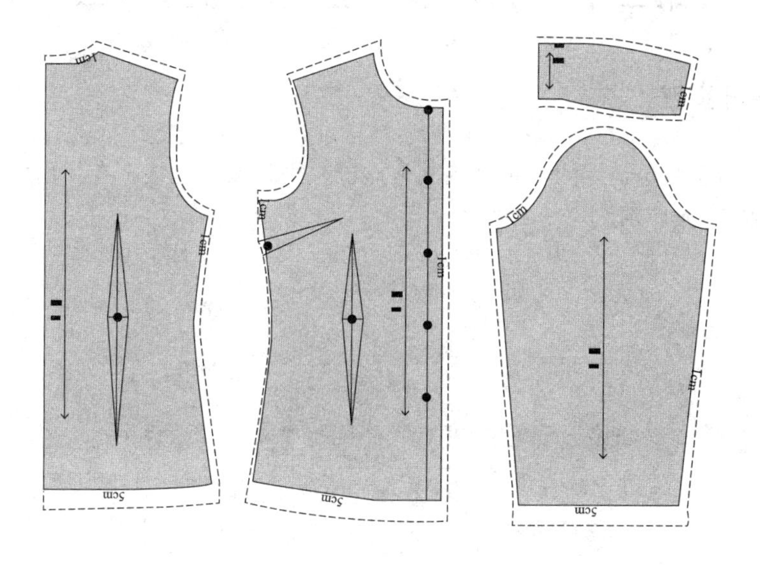

图 13-2　布纹线方向、腋下省、腰省、扣位、缝份绘制示意图

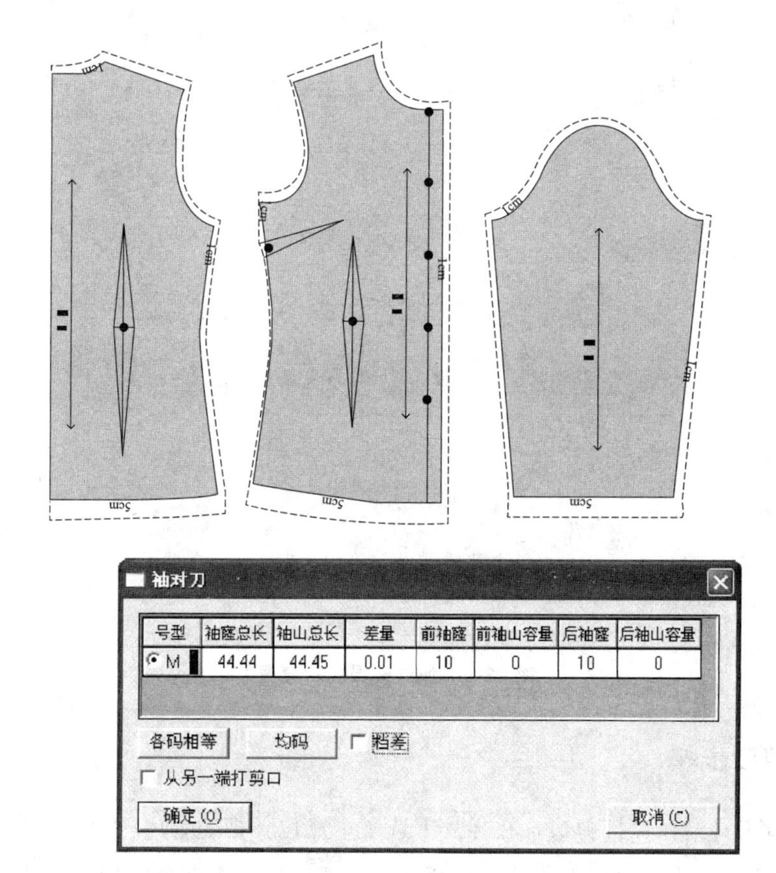

图 13-3　打剪口绘制示意图

第二节　男衬衫的加缝份与打剪口

一、加缝份步骤

用加缝份工具单击一点后拖动到其他点位，松开鼠标左键，在弹出的对话框中修改相关数据，如图 13-4 所示。

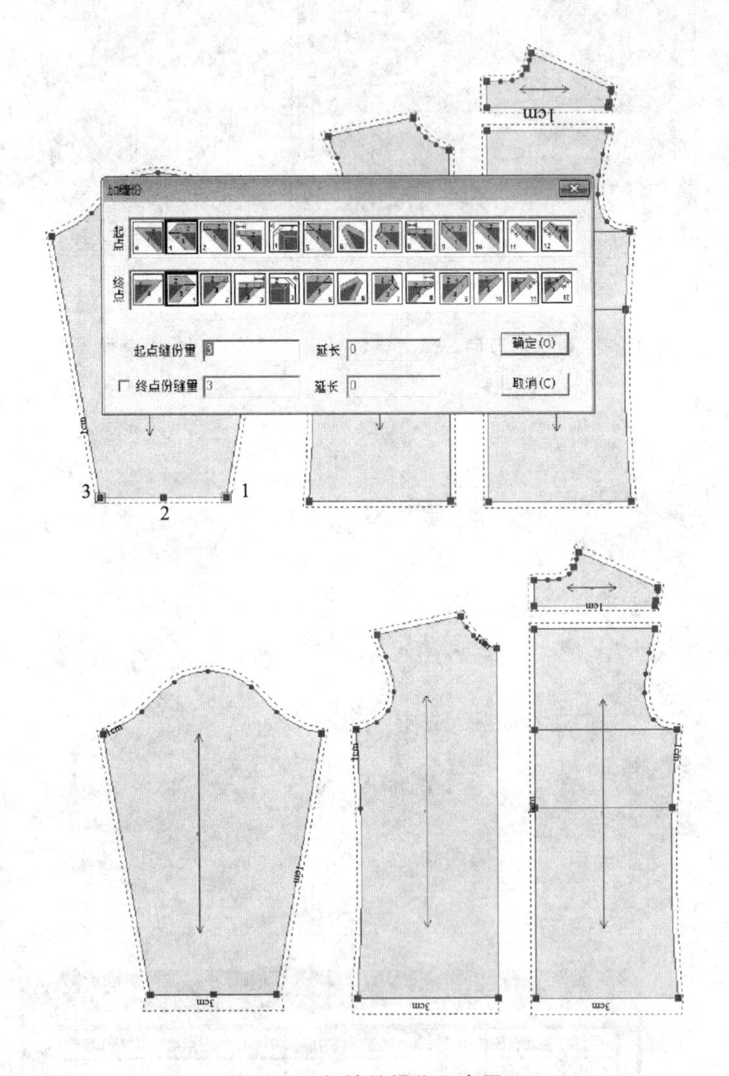

图 13-4　加缝份操作示意图

二、打剪口步骤

用剪口工具给样片打剪口，在样片上选一个点位，把剪口工具的“+”字对准线上，单击线段，在弹出的对话框内修改所要数据，要保留一个剪口需用剪口工具的“+”字对准其中要删除的剪口标准，单击右键，在弹出的对话框中点掉“多剪口”即可，最后用纸样对称工具把过肩展开，如图 13-5 所示。

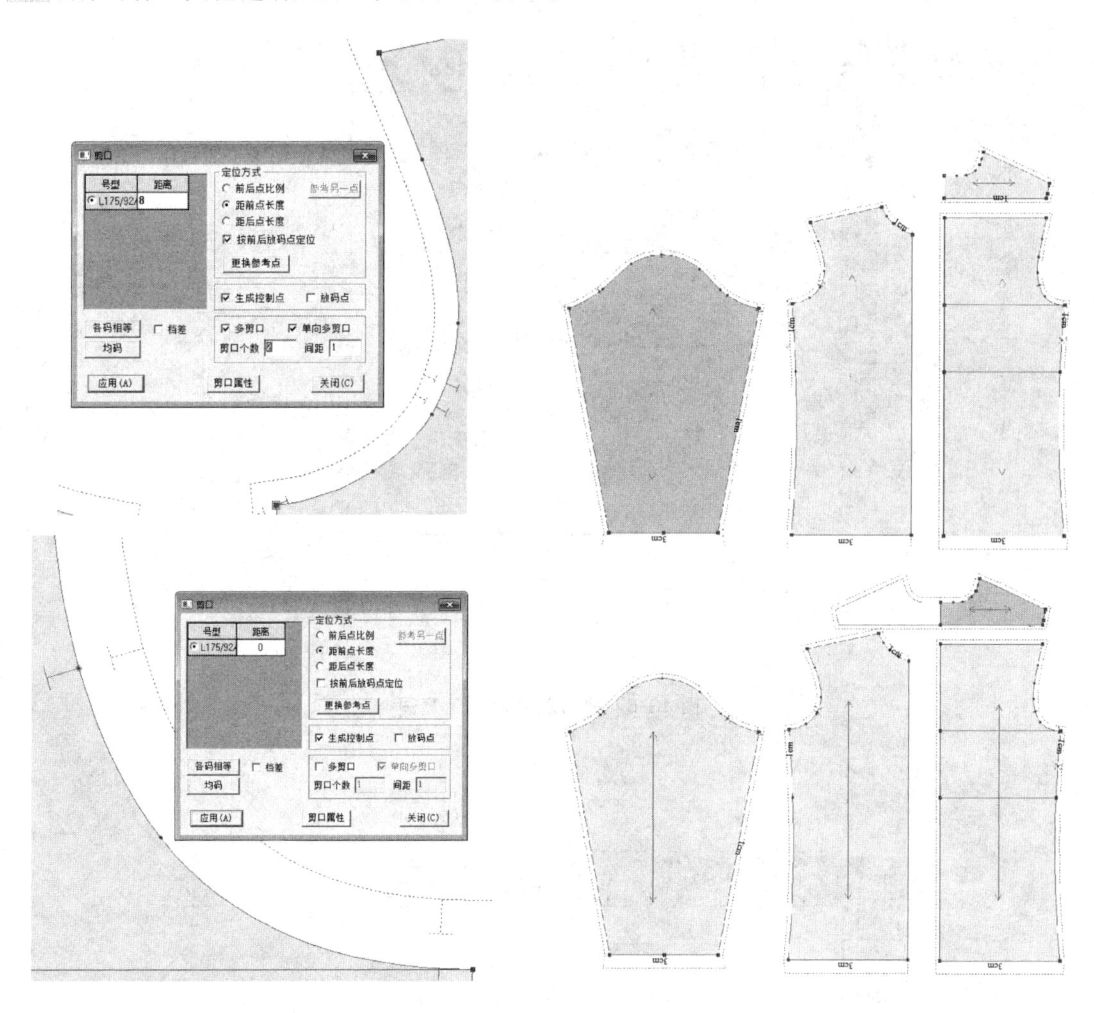

图 13-5　样片打剪口、展开示意图

第三节　裤子加缝份

一、加缝份步骤

（1）用剪刀工具剪切前、后裤片，并得到自动放缝份量图，如图 13-6 所示。

（2）单击隐藏结构线，如图 13-7 所示。

（3）用对称工具把腰头展开，如图 13-8 所示。

（4）修改裤脚口缝份，用加缝份工具框选裤脚口，如图 13-9 所示。

二、打剪口步骤

用剪口工具在相关点位打上剪口，方便后续定位制作，如图 13-10 所示。

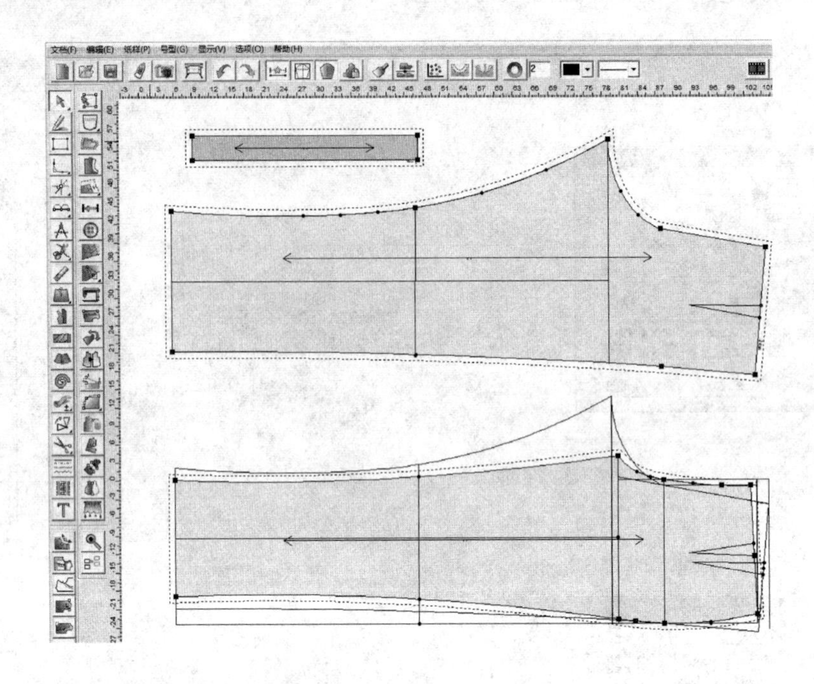

图 13-6 剪刀裁剪后的示意图

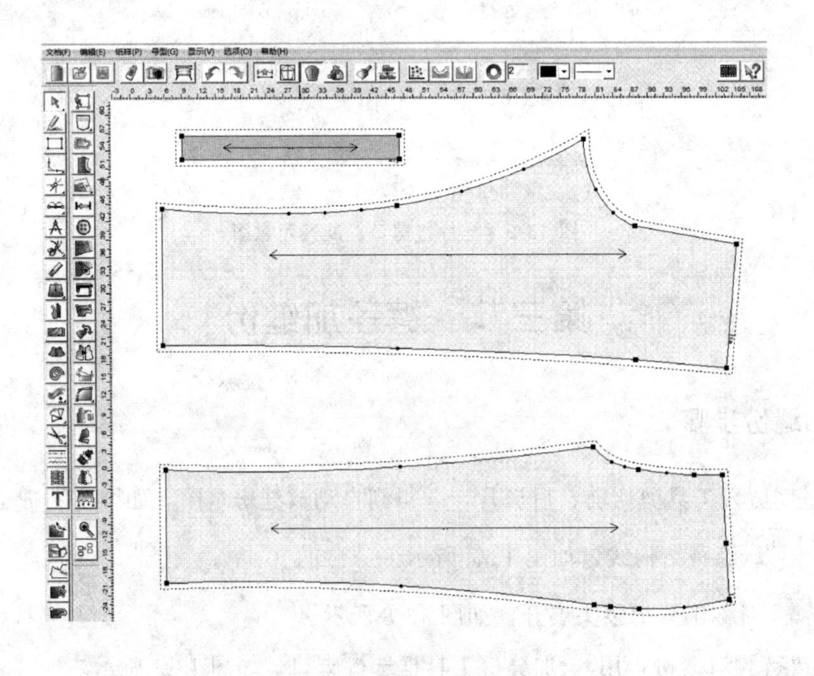

图 13-7 隐藏结构线示意图

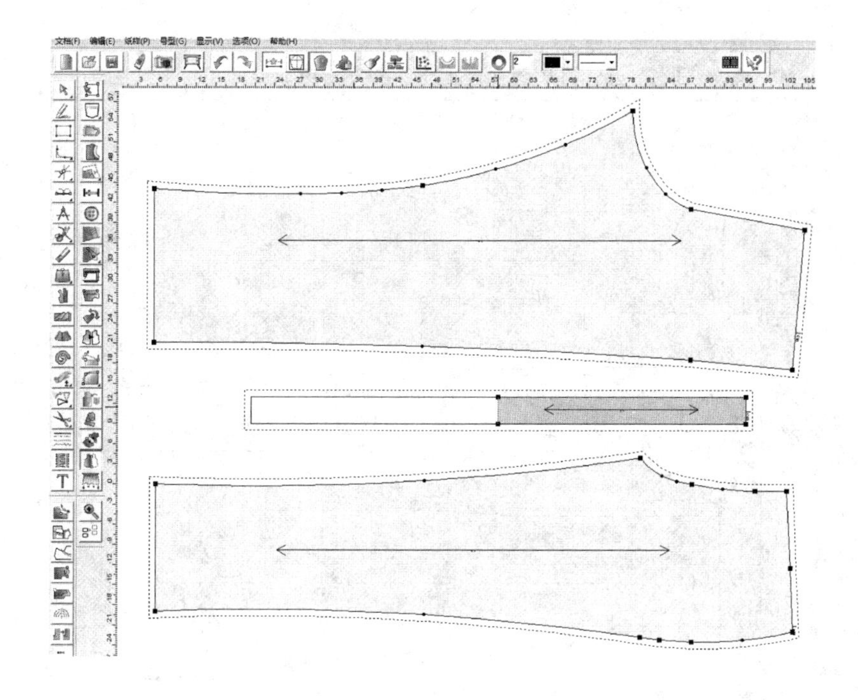

图 13-8　腰头展开示意图

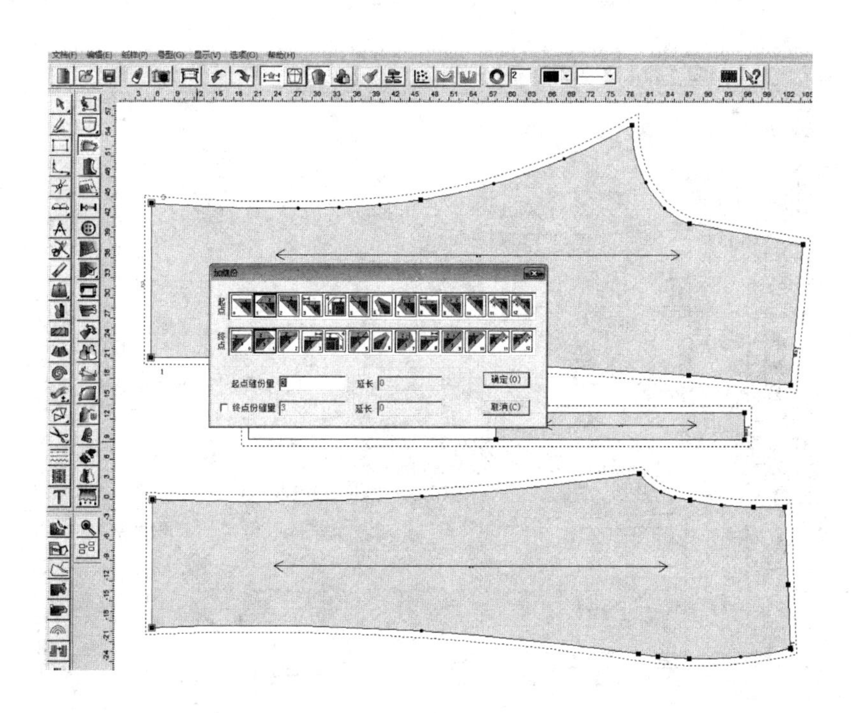

图 13-9

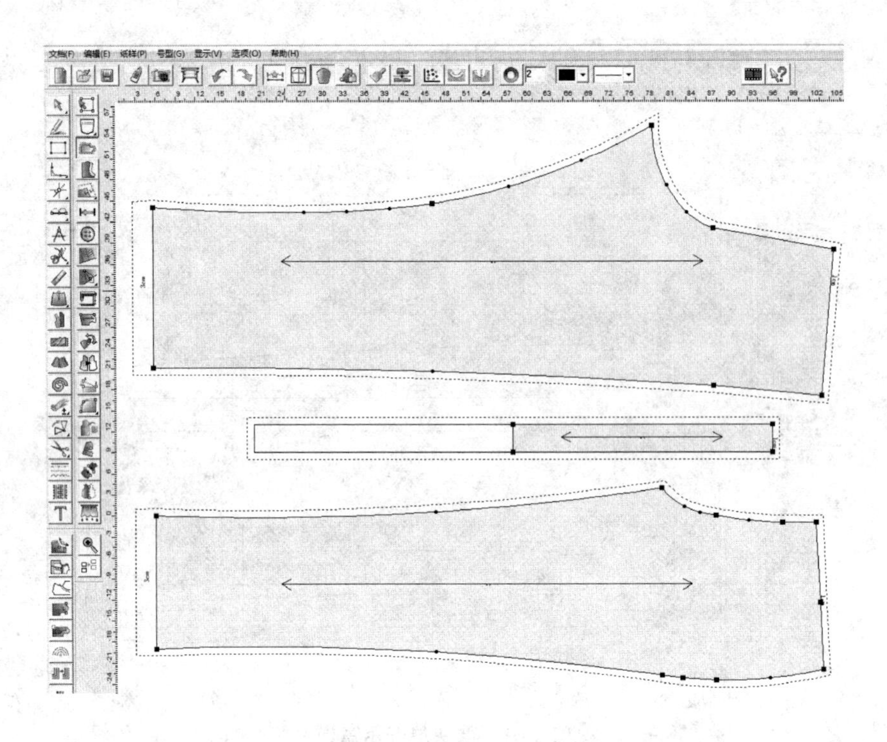

图 13-9　裤脚加缝份示意图

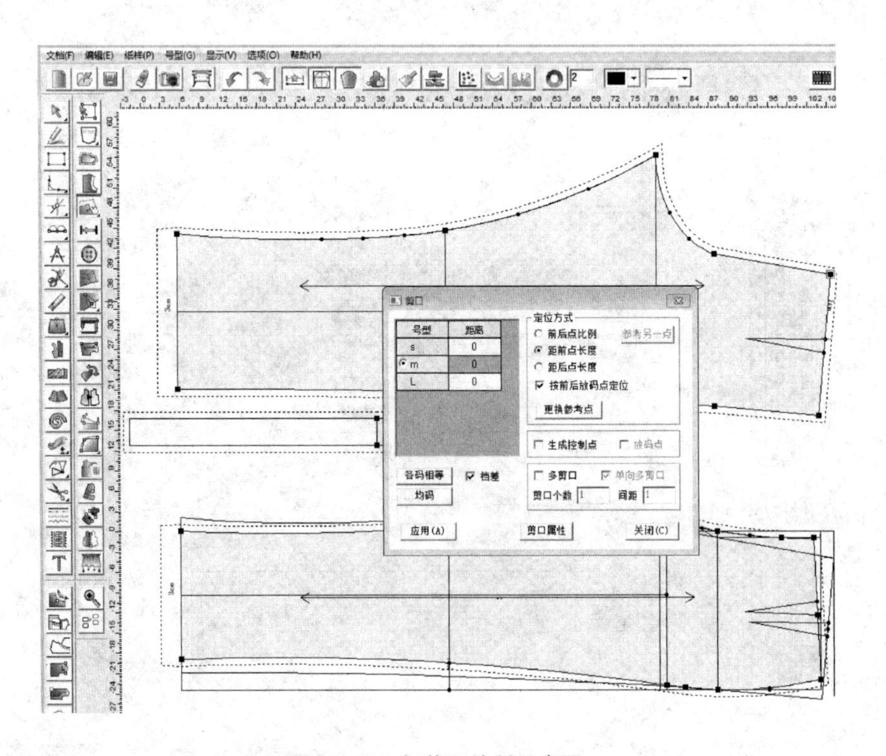

图 13-10　打剪口绘制示意图

第四节　女式春秋装加缝份与打剪口

一、加缝份步骤

用加缝份工具，单击任意一点，整个裁片加缝份。拖选或框选一条或多条线进行修改，系统里自动存储多种拐角类型，根据需要进行选择。

二、打剪口步骤

用剪口工具在需要打剪口的位置直接单击鼠标即可，直接用此工具可调整方向，如图 13-11 所示。

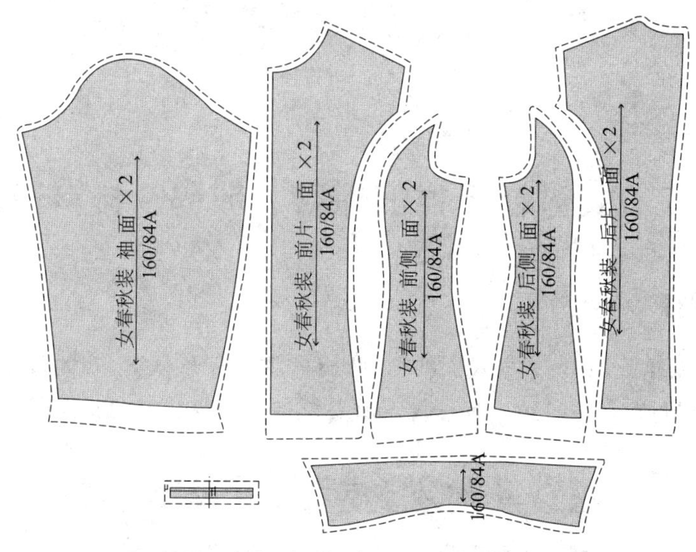

图 13-11　加缝份、打剪口示意图

第十四章 服装CAD纸样保存、放码、排料、加文字及输出

第一节 女衬衫纸样的保存、放码、排料及输出

一、纸样保存

（1）单击“纸样”菜单—“款式资料”，弹出“款式信息框”，在此设定“款式名”“客户名”“订单号”“布料”“颜色”，统一设定所有纸样的布纹线方向，如图14-1所示。

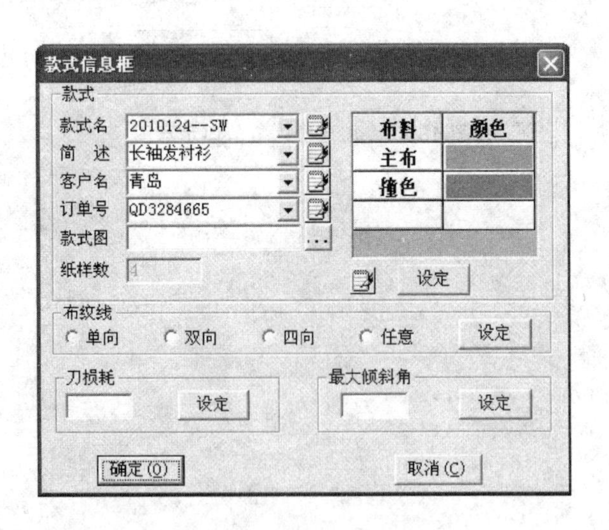

图14-1 款式信息示意图

（2）在纸样列表框的纸样上或工作区的纸样上双击鼠标左键，弹出“纸样资料”对话框，为各个纸样输入纸样的“名称”、“布料名”及“份数”，如图14-2所示。

（3）保存文档 每新做一款单击保存按钮，系统会弹出“文档另存为”对话框，选择合适的路径，存储文档，再次保存时单击即可。此步操作可以在做了一些步骤后就保

存，养成随时保存文档的好习惯。

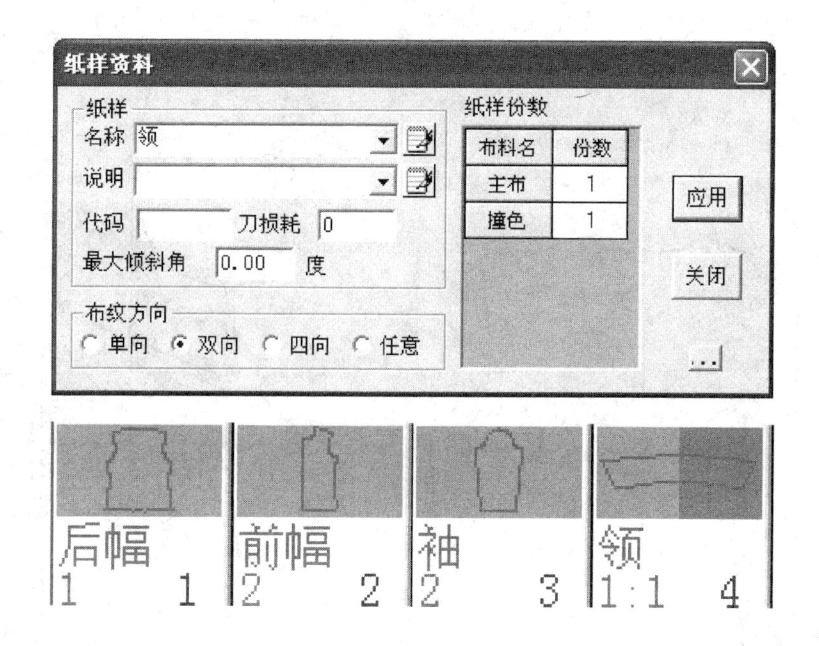

图 14-2 纸样资料示意图

二、样板放码

（1）放码　首先编辑号型规格表。单击“号型”菜单—“号型编辑”，增加需要的号型并设置好各号型的颜色，如图 14-3 所示。

设置号型规格表

号型名	☑	☑S	⊙M	☑L	☑XL	☑
衣长			64			
胸围			98			
肩宽			40			
背长			39			
领宽			16			
前领深			9			
袖长			54			
袖肥			32			
袖口			12			

打开　存储　删除　插入　取消　确定

cm　组间档差　组内档差　指定基码　计算列　导入旧号文件　清除空白行列　分组

图 14-3 放码号型编辑示意图

（2）单击快捷工具栏中的显示结构线使其弹起，单击显示样片使其按下去，按“F7”键把缝份线隐藏，把前、后幅纸样放入工作区，摆好位置，单击点放码图标，弹出“点放码表”，把自动判断正负按钮选中，如图 14-4 所示。

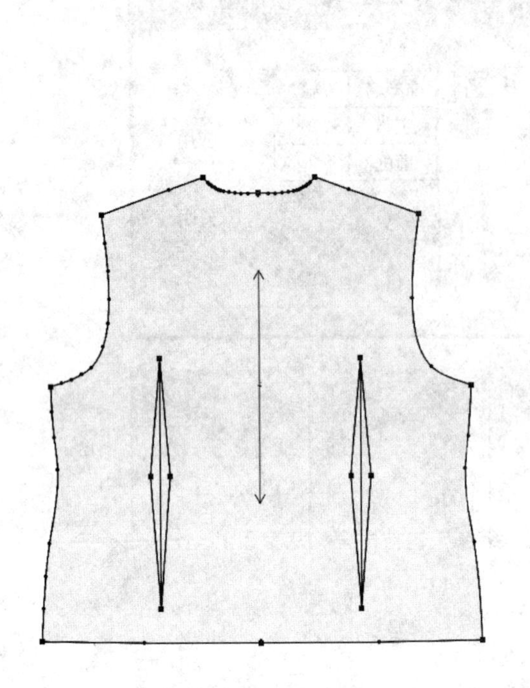

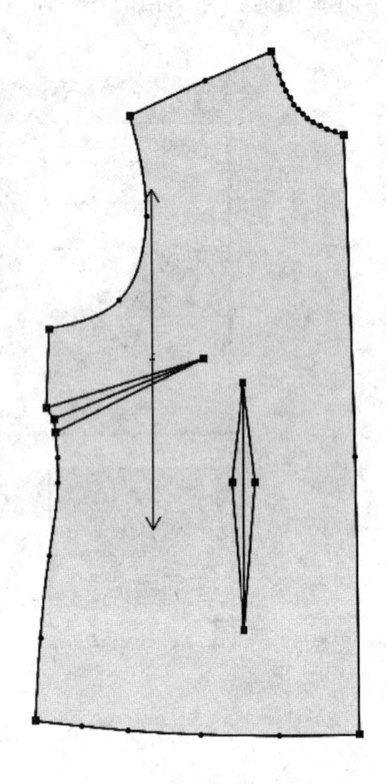

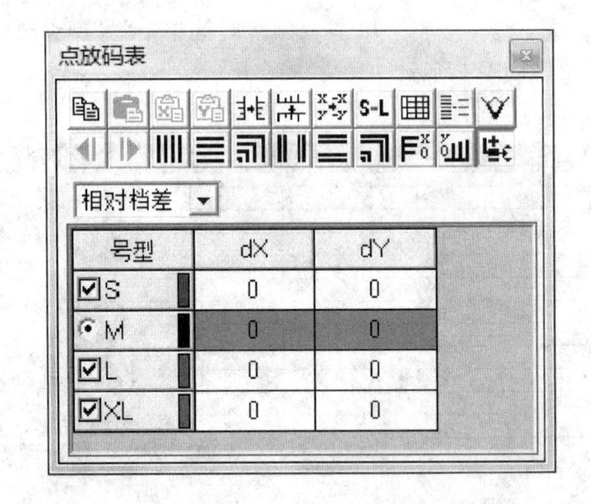

图 14-4 “点放码表”示意图（一）

（3）用选择纸样控制点工具框选放码量相同的放码点，如前、后幅侧缝放码点，在“点放码表”的“dX”中除基码外的任一个码中输入“1”，单击 X 相等，如图 14-5 所示。

（4）同样的操作完成前后肩宽、前后领宽。

（5）选中前、后幅下脚放码点，如果衣长的个别码档差不一样，可以先用 Y 相等，再在不相等的码中输入不同的放码值，再用 Y 不等距，如图 14-6 所示。

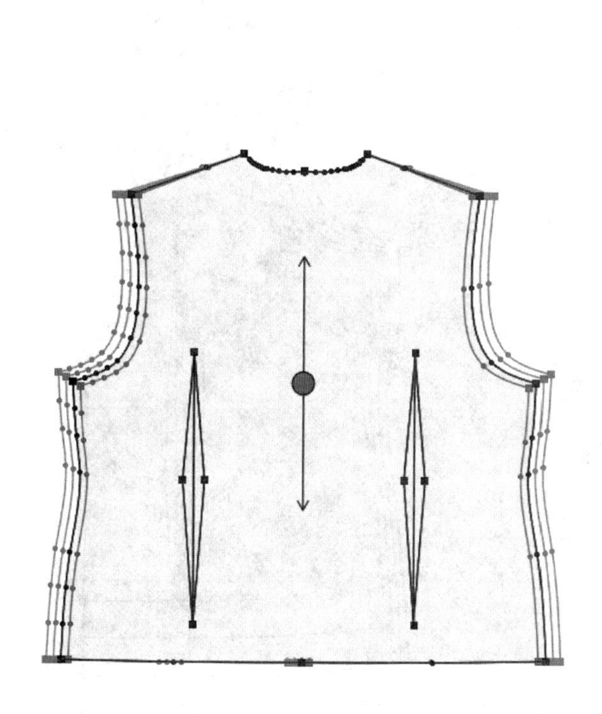

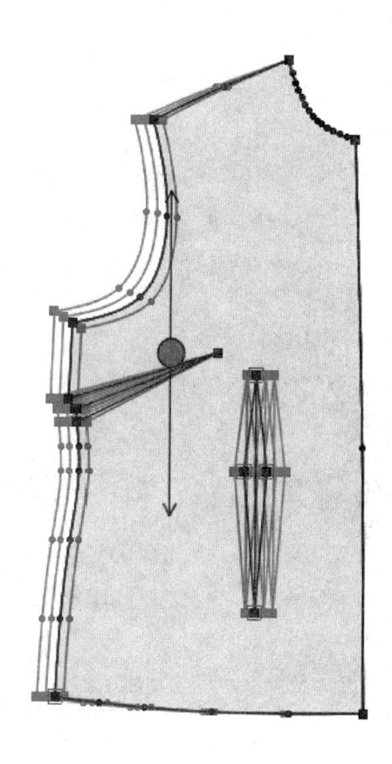

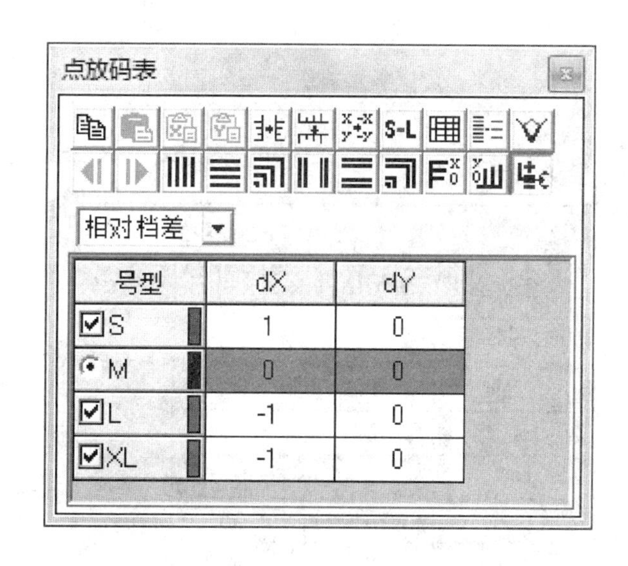

号型	dX	dY
S	1	0
M	0	0
L	-1	0
XL	-1	0

图 14-5 “点放码表”示意图（二）

（6）单击自动判断正负按钮，使其不要选中，用同样的方法对前、后幅的腰节长、袖窿深、前领深放码。分别用 V 形省、锥形省工具对腋下省与菱形省放码，如图 14-7 所示。

（7）同样用“点放码表”对袖、领放码，并用比较长度工具检查各码袖山曲线与袖窿曲线的差值，如图 14-8 所示。

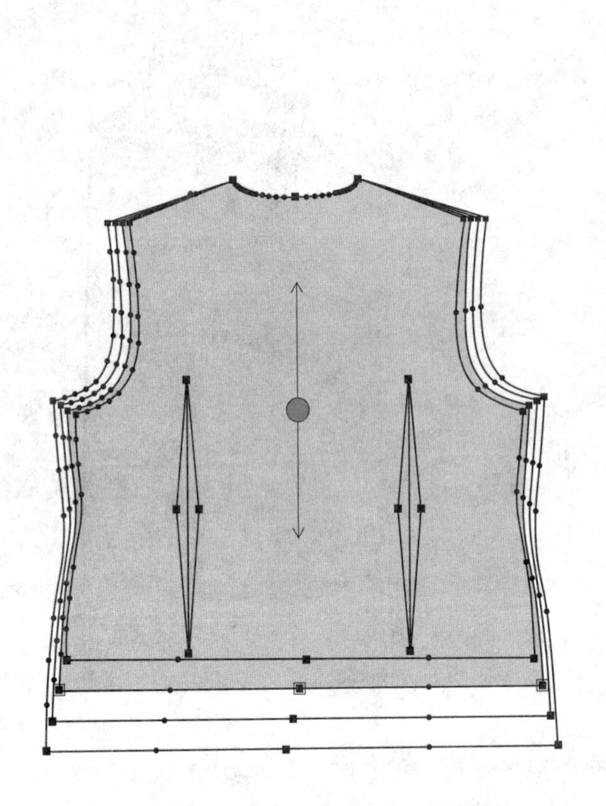

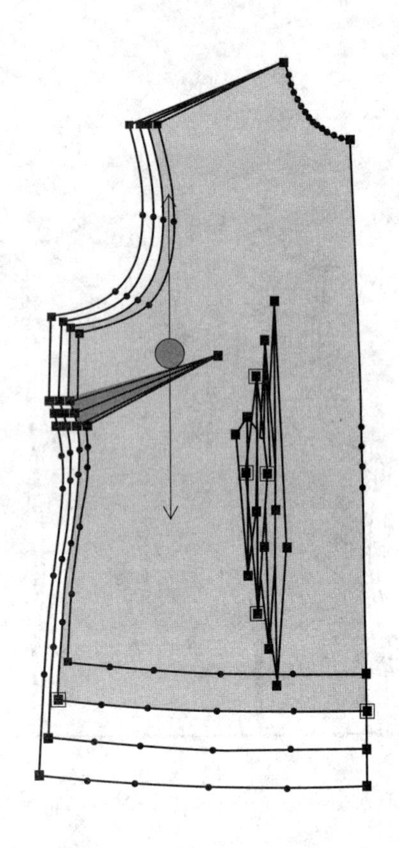

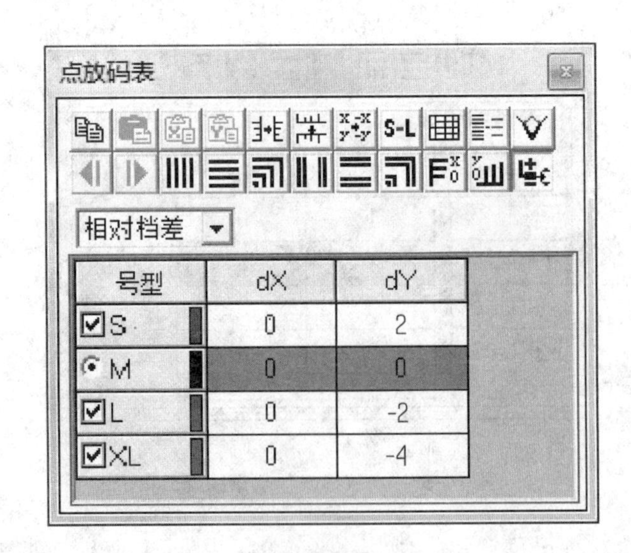

图 14-6 “点放码表”示意图

（8）绘图 把需要绘制的所有纸样放置于工作区中，检查纸样布纹线信息是否显示（“选项”—“系统设置”—“布纹线设置/打印绘图”）。

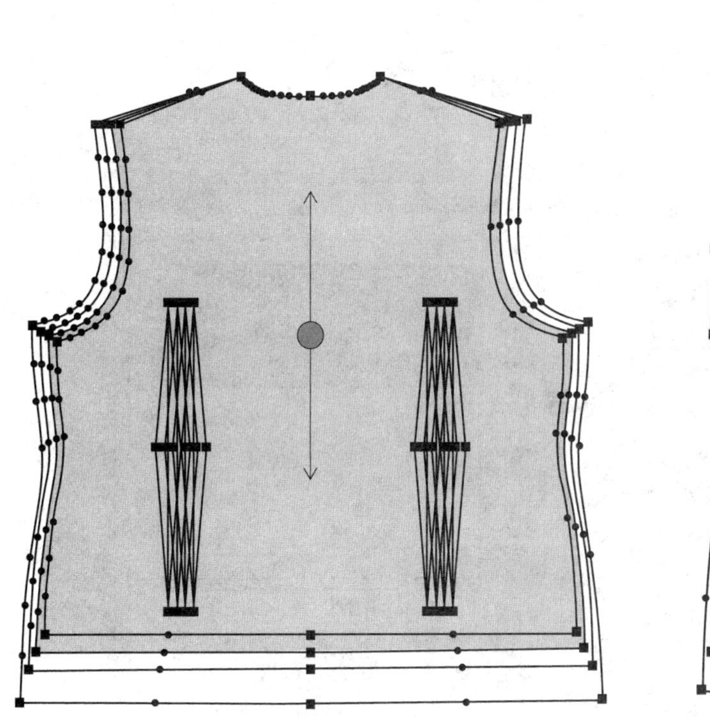
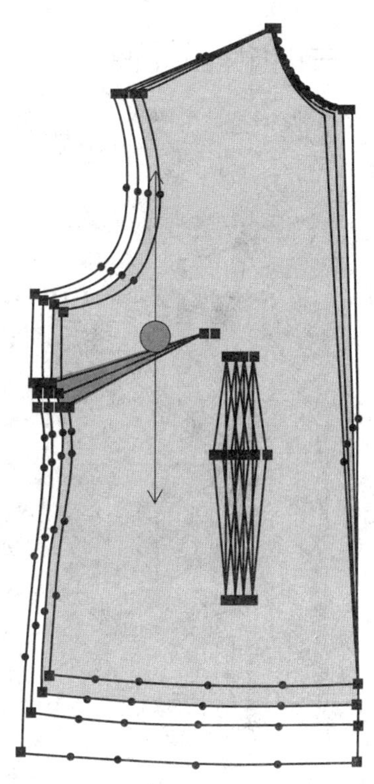

图 14-7 腰节长、袖窿深、前领深放码示意图

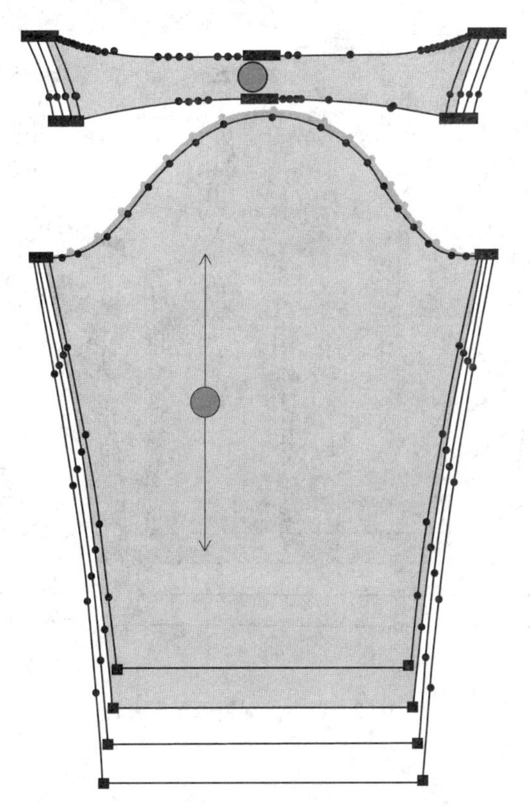

图 14-8 用“点放码表”对袖、领放码示意图

三、纸样自动排列

单击“编辑”菜单—“自动排列绘图区”，如图 14-9 所示。

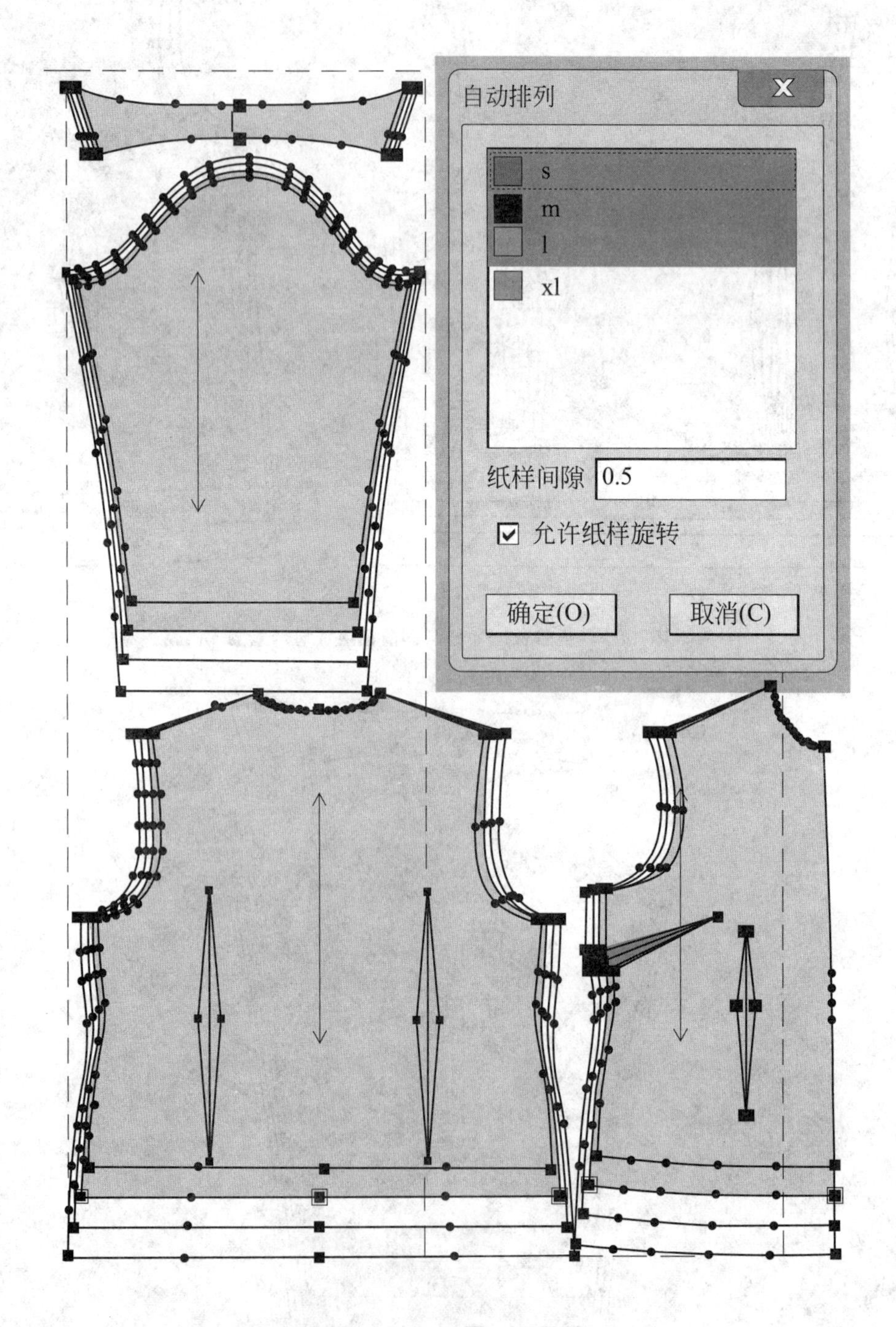

图 14-9 自动排列绘图区示意图

四、纸样输出

单击绘图，在弹出的对话框中选择合适的选项，“确定”即可绘出纸样，如图 14-10 所示。

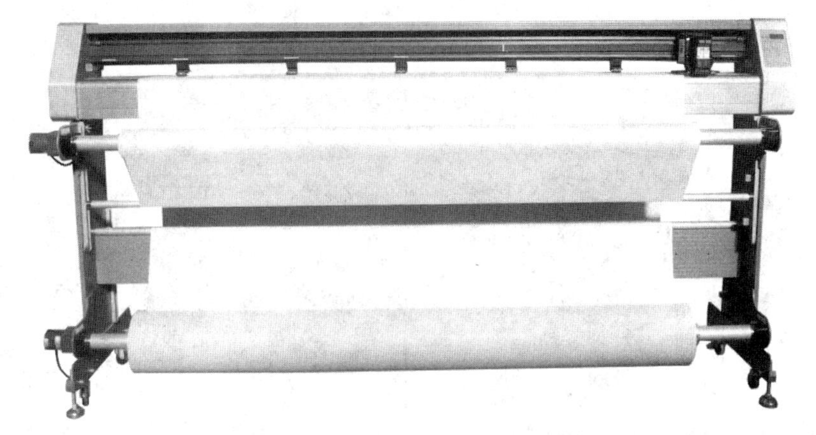

图 14-10 绘图仪示意图

第二节 男衬衫纸样输出及保存

一、纸样输出

(1) 用绘图工具打印纸样，单击左键菜单栏中的绘图工具，在弹出的对话框中选择相关数据，单击“确定”即可，如图 14-11 所示。

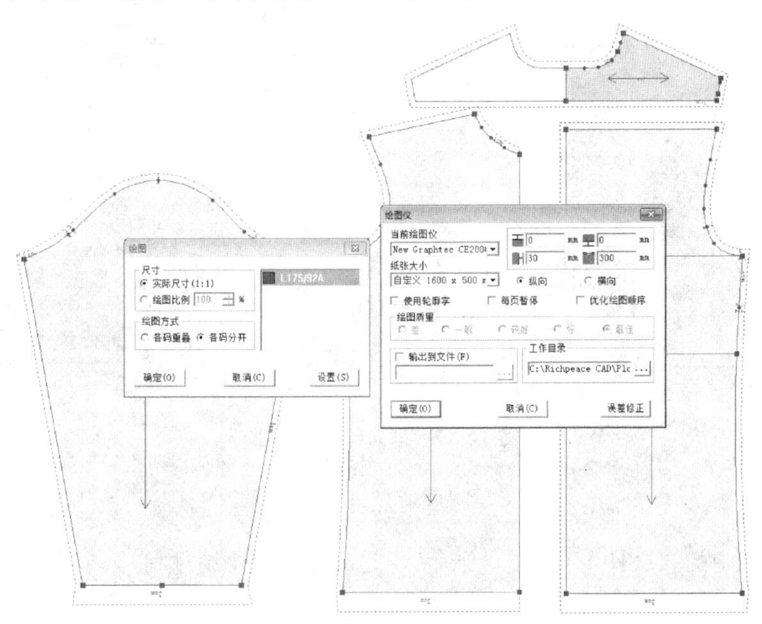

图 14-11 打印纸样示意图

（2）按下键盘上的“F10”键显示纸样宽度，可以单击菜单栏中“编辑”选择“自动排列绘图区”，再用旋转衣片工具调整样片，如图 14-12 所示。

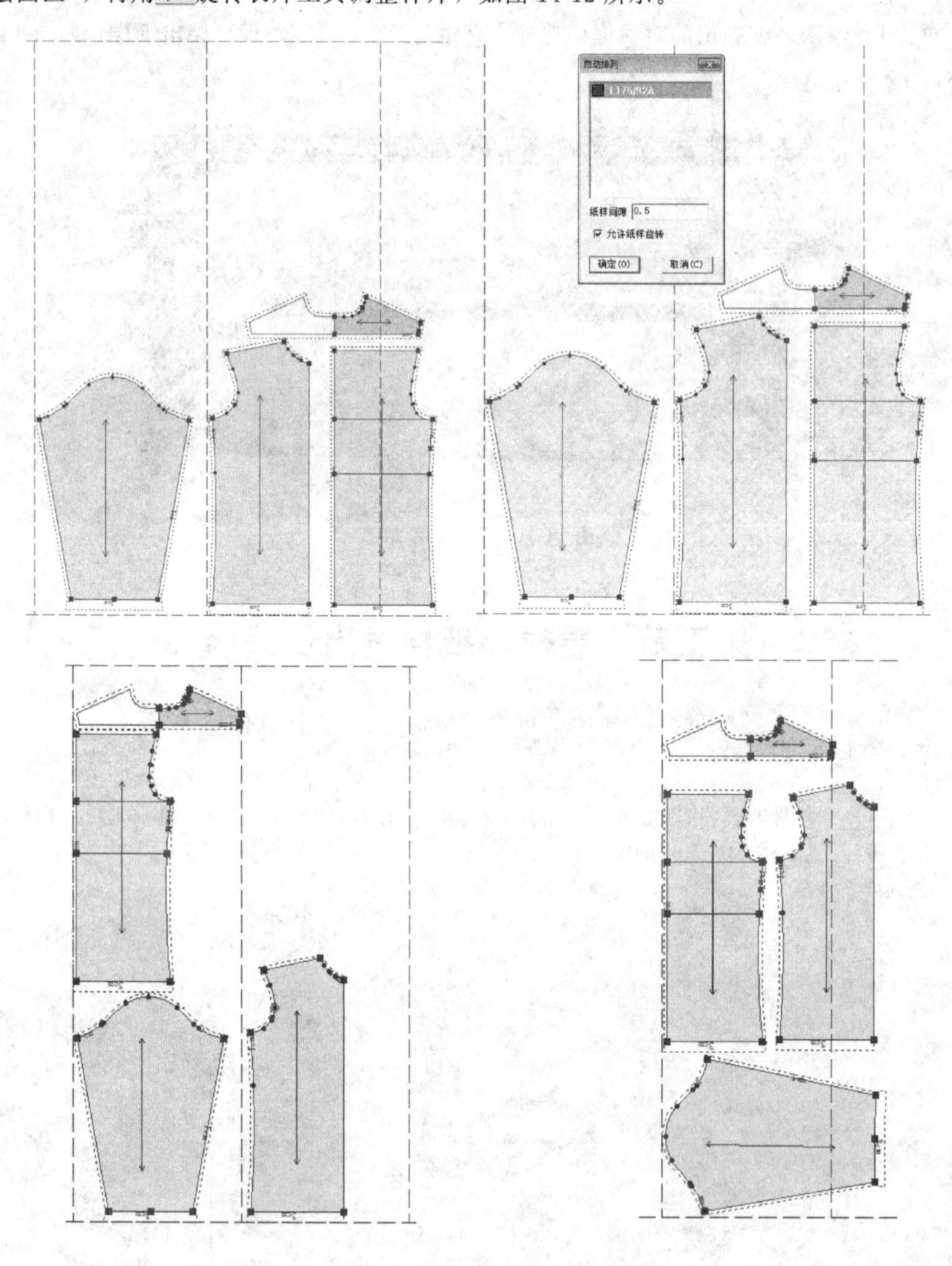

图 14-12　排列绘图示意图

二、保存

单击菜单栏中的“文件”，单击“保存”，完成男衬衫绘制过程。

附　　录

附录 1　服装 CAD 常用快捷键表

一、快捷键定义

快捷键，又称为快速键或热键，指通过某些特定的按键、按键顺序或按键组合来完成一个操作，很多快捷键往往与如“Ctrl”键、“Shift”键、“Alt”键、“Fn”键等配合使用。快捷键的有效范围不一定相同，不论当前焦点在哪里、运行什么程序，按下时都能起作用，快捷键的运用能大大提高操作的速度。

二、快捷键作用

服装 CAD 快捷功能键简表，如以下内容所示。

服装 CAD 设计与放码系统的键盘快捷键简表

快捷键	功　能	快捷键	功　能
A	选择与修改工具	O	钻孔/扣位
B	相交等距线	P	加点
C	圆规	Q	不相交等距线
D	等份规	R	比较长度
E	橡皮擦	S	矩形
F	智能笔	T	单向靠边
G	成组粘贴/成组移动	V	连角
H	双向靠边	W	剪刀
I	总长度	Z	各码按点或线对齐
J	移动旋转粘贴	F1	帮助
K	对称粘贴	F2	纸样关联
L	皮尺/测量长度工具	F3	左右窗口最大化
M	对称调整	F4	仅显示基码
N	移动旋转调整	F5	缝份线变为实线

续表

快捷键	功　能	快捷键	功　能
F7	显示/隐藏缝份线	Ctrl+S	保存
F8	两个纸样缝份量关联计算	Ctrl+V	粘贴放码量
F9	显示/隐藏缝份值	Ctrl+W	锁定纸样
F10	显示/隐藏绘图分页线	Ctrl+Z	撤销
F11	读数化板	Ctrl+D	删除纸样
F12	更新全部纸样	Ctrl+E	号型编辑
Ctrl+I	纸样资料	Ctrl+F	显示/隐藏放码点
Ctrl+J	调整布纹线长度	Ctrl+G	清除选中纸样放码量
Ctrl+K	显示/隐藏控制点	Shift+Q	XY 等距放码
Ctrl+L	款式资料	Shift+B	XY 不等距放码
Ctrl+M	清除当前选中纸样	Shift+X	X 相等放码
Ctrl+N	新建	Shift+Y	Y 相等放码
Ctrl+O	打开	Tab	选中下一个纸样
Ctrl+P	打印草图	Ctrl	不抓取点
Ctrl+R	重新生成布纹线	ESC	取消当前的操作
Shift	用曲线工具时，按住“Shift”键可画直线		
空格键	使用任何工具时，按住“空格键”不放，变成放大镜的功能。在右工作区，按下空格键，然后松开，变成移动工具		
回车键	文字编辑的换行操作，当前选中样点属性		
U	按“U”键同时，单击工作区样片可放回纸样到列表框中		
X	与拷贝放码点工具结合使用，可以复制 X 方向的放码量		
Y	与拷贝放码点工具结合使用，可以复制 Y 方向的放码量		

排料系统的键盘快捷键简表

快捷键	功　能	快捷键	功　能
Ctrl+A	另存	Alt+1	文件夹
Ctrl+C	将工作区纸样全部放回到尺寸表中	Alt+2	纸样窗控制匣
Ctrl+F	当前状态与显示整张唛架间切换	Alt+3	控制匣
Ctrl+I	衣片资料	Alt+4	纸样窗
Ctrl+M	定义唛架	Alt+5	尺码列表框
Ctrl+N	新建	Alt+0	状态条
Ctrl+O	打开	空格键	工具切换
Ctrl+S	保存	F3	重新按号型数排列辅唛架上的样片
Ctrl+X	前进	F4	将选中样片的整套样片旋转 180°
Ctrl+Y	后退	F5	刷新
双击	双击唛架上选中纸样可将选中纸样放回到纸样窗内，双击尺码表中某一纸样，可将其放于唛架上		
8、2、4、6	可将唛架上选中纸样作向上（“8”）、向下（“2”）、向左（“4”）、向右（“6”）方向滑动，直到碰到其他纸样		
5、7、9	可将唛架上选中纸样进行 90°旋转（“5”）、垂直翻转（“7”）、水平翻转（“9”）		
1、3	可将唛架上选中纸样进行顺时针旋转（“1”）、逆时针旋转（“3”）		
←↑→↓	可将唛架上选中纸样向上移动（“↑”）、向下移动（“↓”）、向左移动（“←”）、向右移动（“→”），无论纸样是否碰到其他纸样		

注：9 个数字键与键盘最左边的 9 个字母键相对应，有相同功能：如下表：

1	2	3	4	5	6	7	8	9
Z	X	C	A	S	D		W	E

“8”&“W”、“2”&“X”、“4”&“A”、“6”&“D”键与“NumLock”键有关，当使用“NumLock”键时，按这几个键，选中的样片将会直接移至唛架的最上、最下、最左、最右部分。

附录2　数字化仪结构示意

类型	操　　作	示意图
开口辅助线	读完边线后，系统会自动切换在，用“1”键读入端点、中间点（按点的属性读入，如果是直线读入“1”键，如果是弧线读入“4”键）、“1”键读入另一端点，按“2”键完成 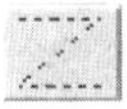	
闭合辅助线	读完边线后，单击后，根据点的属性输入即可，按“2”键闭合 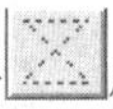	
内边线	读完边线后，单击后，根据点的属性输入即可，按“2”键闭合 	
V形省	读边线读到V形省时，先用“1”键单击在菜单上的V形省（软件默认为V形省，如果没读其他省而读此省时，不需要在菜单上选择），按“5”键依次读入省底起点、省尖、省底终点。如果省线是曲线，在读省底起点后按“4”键读入曲线点。因为省是对称的，弧线省时用“4”键读一边就可以了	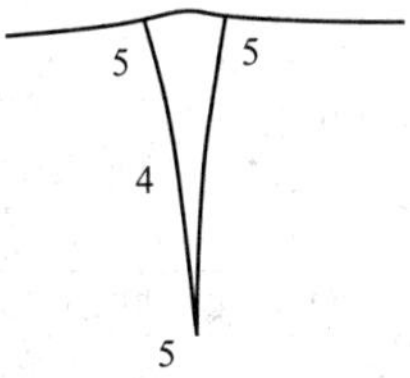
锥形省	读边线读到锥形省时，先用“1”键单击菜单上锥形省，然后用“5”键依次读入省底起点、省腰、省尖、省底终点。如果省线是曲线，在读省底起点后按“4”键读入曲线点。因为省是对称的，读省时用“4”键读一边就可以了	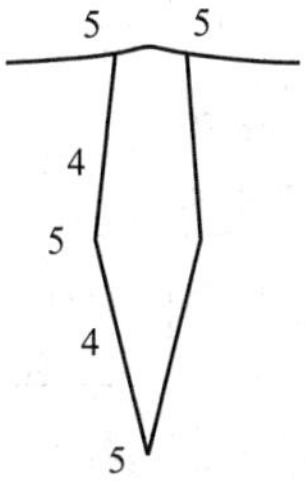
内V形省	读完边线后，先用“1”键单击菜单上的内V形省，再读操作同V形省	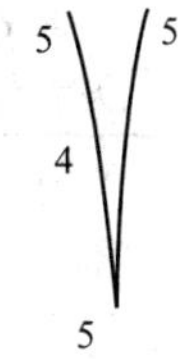
内锥形省	读完边线后，先用“1”键单击菜单上的内锥形省，再读锥形省操作同锥形省	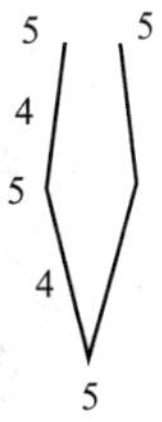
菱形省	读完边线后，先用“1”键单击菜单上的菱形省，按“5”键顺时针依次读省尖、省腰，再按“2”键闭合。如果省线是曲线，在读入省尖后可以按“4”键读入曲线点。因为省是对称的，读省时用“4”键读一边就可以了	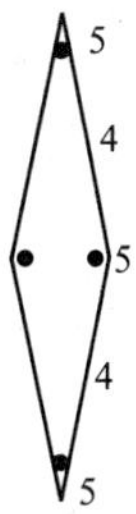

续表

类型	操　作	示意图
褶	读工字褶(明、暗)、刀褶(明、暗)的操作相同,在读边线时,读到这些褶时,先用“1”键选择菜单上的褶的类型及倒向,再用“5”键顺时针方向依次读入褶底、褶深。“1、2、3、4”表示读省顺序	1 5　4 5　2 5　3 5
剪口	在读边线读到剪口时,按点的属性选“1、4、7、A”其中之一再加“3”键读入,即可。如果在“读图”对话框中选择“曲线放码点”,在曲线放码上加读剪口,可以直接用“3”键读入	
布纹线	边线完成之前或之后,按“D”键读入布纹线的两个端点。如果不输入布纹线,系统会自动生成一条水平布纹线	D ⟷ D
扣眼	边线完成之前或之后,用“9”键输入扣眼的两个端点	
打孔	边线完成之前或之后,用“6”键单击孔心位置。	
圆	边线完成之前或之后,用“0”键在圆周上读三个点	
款式名	用“1”键先单击菜单上的“款式名”,再单击表示款式名的数字或字母。一个文件中款式名只读一次即可	
简述、客户名、订单号	用“1”键先单击菜单上的“简述、客户名、订单号”,输入相应信息即可	
纸样名	读完一个纸样后,用“1”键单击菜单上的“纸样名”,再单击对应名称	
布料、份数	读完一个纸样后,用“1”键单击菜单上的“布料、份数”输入相应信息即可	
文字串	读完纸样后,用“1”键单击菜单上的“文字串”,再在纸样上单击两点(确定文字位置及方向),再单击文字内容,最后单击菜单上的“回车”	

参 考 文 献

[1] 中华人民共和国国家标准．服装号型. 北京：中国标准出版社出版，1998.

[2] 陈义华．服装 CAD 实用教程——富怡 VS 日升. 北京：人民邮电出版社，2012.

[3] 陈桂林．男装 CAD 工业制板. 北京：中国纺织出版社，2012.

[4] 娜塔列. 英国经典服装纸样设计（提高篇）．刘驰，袁燕译. 北京：中国纺织出版社，2000.

[5] 罗戎蕾. 服装 CAD 基础. 北京：高等教育出版社，2009.

[6] 马仲领．服装 CAD 制板实用教程. 第 4 版. 北京：人民邮电出版社，2015.

[7] 袁燕．服装纸样构成．北京：中国轻工业出版社，2001.

[8] 吴厚林、吴杭．服装 CAD 应用教程．北京：中国轻工业出版社，2011.

[9] 文化服装学院．文化ファッション讲座．东京：日本文化出版局，1998.

[10] Helen Joseph. PATTERNMAKING for Fashion Design. The Fashion Center Los Angeeeles Trade-technical College，2001.